水利工程施工技术要点及管理探索

刘宗国　吴秀英　夏伟民　著

JC 吉林科学技术出版社

图书在版编目（CIP）数据

水利工程施工技术要点及管理探索 / 刘宗国，吴秀英，夏伟民著. -- 长春 : 吉林科学技术出版社，2022.9

ISBN 978-7-5578-9773-4

Ⅰ. ①水… Ⅱ. ①刘… ②吴… ③夏… Ⅲ. ①水利工程－工程施工②水利工程管理 Ⅳ. ①TV5②TV6

中国版本图书馆 CIP 数据核字(2022)第 179502 号

水利工程施工技术要点及管理探索

著　　刘宗国　吴秀英　夏伟民
出版人　宛　霞
责任编辑　周振新
封面设计　南昌德昭文化传媒有限公司
制　　版　南昌德昭文化传媒有限公司
幅面尺寸　185mm×260mm
开　　本　16
字　　数　280 千字
印　　张　13.75
印　　数　1-1500 册
版　　次　2022 年 9 月第 1 版
印　　次　2023 年 3 月第 1 次印刷

出　　版　吉林科学技术出版社
发　　行　吉林科学技术出版社
地　　址　长春市南关区福祉大路 5788 号出版大厦 A 座
邮　　编　130118
发行部电话/传真　0431—81629529　81629530　81629531
81629532　81629533　81629534
储运部电话　0431-86059116
编辑部电话　0431-81629510
印　　刷　三河市嵩川印刷有限公司

书　　号　ISBN 978-7-5578-9773-4
定　　价　100.00 元

《水利工程施工技术要点及管理探索》编审会

刘宗国　吴秀英　夏伟民
李　勇　荀明凯　张楠楠
谭宇静　张　娟　吴国义
顾　伟　杨　超　刘　城
王　可　彭　琦　康清权
王成山　苏正军　刘壮志
薛会香　王　楠

水是人类及其他生物赖以生存的不可缺少的重要物质，也是工农业生产、社会经济发展和生态环境改善不可替代的极为宝贵的自然资源。然而，自然界中的水资源是有限的，人口增长与经济社会发展对水资源需求量不断增加，水资源短缺和水环境污染问题日益突出，严重地困扰着人类的生存和发展。水资源的合理开发与利用，加强水资源管理与保护已成为当前人类为维持环境、经济和社会可持续发展的重要手段和保证措施。

水利工程地质学是调查、研究、解决与各种水利工程活动有关的地质问题的科学。它是地质学的分支学科，也是工程与技术科学的分支学科，是工程科学与地质科学相互渗透、交叉而形成的一门边缘科学。它以地学学科的理论为基础，应用数学、力学的知识与成果，以及工程学科的技术和方法来解决与工程规划、设计、施工和运营有关的地质问题。工程地质学主要是研究人类工程活动与地质环境之间的相互关系，以及工程与地质环境的相互耦合与协调，是服务于工程建设的应用学科。水利工程管理的基本任务是保持工程建筑物和设备的完整、安全，使其处于良好的技术状况；正确运用水利工程设备，从而控制、调节、分配、使用水资源，充分发挥其防洪，灌溉、供水，排水、发电，航运、环境保护等效益。做好新形势下的水利工程管理工作，人才队伍是保障。

在当前的市场竞争环境下，面对如此大的建设及管理维护的工程规模，大幅提升企业项目管理水平，降低施工成本，提高施工技术水平，创造企业经济效益，是水利施工企业立足国内，开拓国际市场的关键所在，水利施工企业的施工项目管理水平直接决定着企业的发展潜力，影响着水利工程建设的质量，因此水利施工企业的管理工作就必然成为水利建设管理的重要环节。

水利工程施工是研究水利工程建设的施工技术、施工组织与施工管理的学科。水是人类及万物赖以生存的最基本的条件之一，同时也是洁净的、可再生的能源。为此，全世界各国都在争相开发、利用和保护自己的水资源。要实现水利工程的技术创新，还需要投入大量的研发经费，培养相关的专业人才；作为水利工程人员也更应该刻苦学习，努力实践。本专著首先对水利工程的施工技术展开论述，接着对工程质量控制展开分析，最后结合工程的实际状况，提出了相关管理策略。

目录 CONTENTS

第一章 水利工程施工管理概述

第一节 水利工程施工管理的概念及要素

一、水利工程项目施工管理的定义

水利工程项目施工管理与其他行业工程项目施工管理一样，是随社会的发展进步和项目的日益复杂化，经过水利系统几代人的努力，在总结前人历史经验，吸纳其他行业成功模式和研究世界先进管理水平的基础上，结合本行业特点逐渐形成的一门公益性基础设施项目管理学科。水利工程项目施工管理的理念在当今社会人们的生产实践和日常工作中起到了极其重要的作用。对每一个工程，上级主管部门、建设单位、设计单位、科研单位、招标代理机构、监理单位、施工单位、工程管理单位、当地政府及有关部门甚至老百姓等和工程有关甚至无关的单位和个人，无不关心工程项目的施工管理，因此，学习和掌握水利工程项目施工管理对于从事水利行业的人员都有一定的积极作用，尤其对具有水利工程施工资质的企业和管理人员来说，学会并总结水利工程项目施工管理将提高工程项目实施效益和企业声誉，从而扩展企业市场，发展企业规模，壮大企业实力，振兴水利事业，更是作为一名水利建造师应该了解和熟悉的一门综合管理学科。

施工管理水平的提高对于中标企业特别是项目部来说，是缩短建设工期、降低施工成本、确保工程质量、保证施工安全、增强企业信誉、开拓经营市场的关键，历来被各专业施工企业所重视。施工管理涉及工艺操作、技术掌控、工种配合、经济运作和关系协调等综合活动，是管理战略和实施战术的良好结合及运用，因此，整个管理活动的主要程序及内容是：（1）从制定各种计划（或控制目标）开始，通过制定的计划（或控制目标）进行协调和优化，从而确定管理目标；（2）按照确定的计划（或控制目标）进行以组织、指挥、协调和控制为中心的连贯实施活动；（3）依据实施过程中反馈和收集的相关信息及时调整原来的计划（或控制目标）形成新的计划（或控制目标）；（4）按照新的计划（或控制目标）继续进行组织、指挥、协调、控制和调整等核心的具体实施活动，周而复始直至达到或者实现既定的管理目标。

水利工程项目施工管理就字面意思解释就是施工企业对其中标的工程项目派出专人，负责在施工过程中对各种资源进行计划、组织、协调和控制，最终实现管理目标的综合活动。这是最基本和最简单的概念理解，它包含三层意思。

一是水利工程项目施工管理是工程项目管理范畴，更是在管理的大范围内，领域是宽广的，内容是丰富的，知识和经验是综合的。

二是水利工程项目施工管理的对象就是水利水电工程项目施工全过程，对施工企业来说就是企业以往、在建和今后待建的各个工程项目的施工管理，对项目部而言，就是项目部本身正在实施的项目建设过程的管理。

三是水利工程项目施工管理是一个组织系统和实施过程，着重点是计划、组织和控制。

由此可见，水利工程项目施工管理随工程项目设计的日益发展和对项目施工管理的总结完善，已经从原始的意识决定行为上升到科学的组织管理以及总结提炼这种组织管理而形成的行业管理学科，也就是说它既是一种有意识地按照水利工程项目施工的特点和规律对工程项目实施组织和管理的活动，又是以水利工程项目施工组织管理活动为研究对象的一门新兴科学，专门研究和探求对水利工程项目施工活动怎样进行科学组织管理的理论和方法，从对客观实践活动进行理论总结到以理论总结指导客观实践活动，二者互相促进，相互统一，共同发展。

基于以上观点，我们给水利工程项目施工管理定义：水利工程项目施工管理是以水利工程建设项目施工为管理对象，通过一个临时固定的专业柔性组织，对施工过程进行有针对性和高效率的规划、设计、组织、指挥、协调、控制、落实和总结的动态管理，最终达到管理目标的综合协调和优化的系统管理方法。

所谓实现水利工程施工项目全过程的动态管理是指在施工项目的规定施工期内，按照一定总体计划和目标，不断进行资源的配置和协调，不断做出科学决策，从而使项目施工的全过程处于最佳的控制和运行状态，最终产生最佳的效果；所谓施工项目目标的综合协调与优化是指施工项目管理应综合协调好技术、质量、工期、安全、资源、资金、成本、文明环保、内外协调等约束性目标，在相对最短的时期内成功地达到合同约定的成果性目标并争取获得最佳的社会影响。水利工程施工项目管理的日常活动通常是围绕施工规划、施工设计、施工组织、施工质量、安全管理、资源调配、成本控制、工期控制、文明施工及环境保护等九项基本任务来展开的。

水利工程项目施工管理贯穿于项目施工的整个实施过程，它是一种运用既有规律又无定式且经济的方法，通过对施工项目进行高效率的规划、设计、组织、指导、控制、落实等手段，在时间、费用、技术、质量、安全等综合效果上达到预期目标。

水利工程项目施工的特点也表明它所需要的管理及其管理办法与一般作业管理不同，一般的作业管理只需对效率和质量进行考核，并注重将当前的执行情况与前期进行比较。在典型的项目环境中，尽管一般的管理办法一样适用，但管理结构须以任务（活动）定义为基础来建立，以便进行时间、费用和人力的预算控制，并对技术、风险进行管理。在水利工程项目施工管理过程中，项目施工管理者并不亲自对资源的调配负责，而是制订计划后通过有关职能部门调配并安排和使用资源，调拨什么样的资源、什么时间调拨、调拨数量多少等，取决于施工技术方案、施工质量和施工进度等要求。

水利工程项目施工管理根据工程类型、使用功能、地理位置和技术难度等不同其组织管理的程序和内容有较大的差异，一般来说，建筑物工程在技术上比单纯的土石方工程复杂，工程项目和工程内容比较繁杂，涉及的各种材料、机电设备、工艺程序、参建人员、职能部门、各种资源、管理内容等较多，不确定性因素占的比例较重，尤其是一些大型水电站、水闸、船闸和泵站等枢纽工程，其组织管理的复杂程度和技术难度远远高于土石方工程；同时，同一类型的工程因大小、地理位置和设计功能等之外，在组织管理上虽有类同但是因质量标准、施工季节、作业难度、地理环境等不同也存在很大的差别，因此，针对不同的施工项目制定不同的组织管理模式和施工管理方法是组织和管理好该项目的关键，不能生搬硬套一条路走到黑。目前水利工程项目施工管理已经在几乎所有的水利工程建设领域中被广泛的应用。

水利工程项目施工管理是以项目经理负责制为基础的目标管理。一般来讲，水利工程施工管理是按任务（垂直结构）而不是按职能（平行结构）组织起来的。施工管理的主要任务一般包括项目规划、项目设计、项目组织、质量管理、资源调配、安全管理、成本控制、进度控制和文明环保措施等九大项。常规的水利工程施工管理活动通常是围绕这九项基本任务来展开的，这也是项目经理的主要工作线和面。施工管理自诞生以来发展迅速，目前已发展为三维管理体系。

（一）时间维

把整个项目的施工总周期划分为若干个阶段计划和单元计划，进行单元和阶段计划控制，各个单元计划实现了就能保证阶段计划实现，各个阶段计划完成就能确保整个计划的落实，即我们常说的“以单元工期保阶段工期，以阶段工期保整体工期”

（二）技术维

针对项目施工周期的各不同阶段和单元计划，制定和采用不同的施工方法和组织管理方法并突出重点。

（三）保障维

对项目施工的人、财、物、技术、制度、信息、协调等的后勤保障管理。

二、水利工程项目施工管理的要素

要理解水利工程项目施工管理的定义就必须理解项目施工管理所涉及的有关直接和间接要素，资源是项目施工得以实施的最根本保证，需求和目标是项目施工实施结果的基本要求，施工组织是项目施工实施运作的核心实体，环境及协调是项目施工取得成功的可靠依据。

（一）资源

资源的概念和内容十分广泛，可以简单地理解为一切具有现实和潜在价值的东西都是资源，包括自然资源和人造资源、内部资源和外部资源、有形资源和无形资源。诸如人力和人才、材料、资金、信息、科学技术、市场、无形资产、专利、商标、信誉以及社会关系等。在当今社会科学技术飞速发展的时期，知识经济的时代正向我们走来，知识作为无形资源的价值表现得更加突出。资源轻型化、软化的现象值得我们重视。在工程施工管理中，我们要及早摆脱仅管好、用好硬资源的历史，尽早学会和掌握学好、用好软资源，这样才能跟上时代的步伐，才能真正组织和管理好各种工程项目的施工过程。

水利工程项目施工管理本身作为管理方法和手段，随社会的进步和高科技在工程领域的应用和发展，已经成为一种广泛的社会资源，它给社会和企业带来的直接和间接效益不是用简单的数字就可以表达出来的。

由于工程项目固有的一次性特点，工程施工项目资源不同于其他组织机构的资源，它具有明显的临时拥有和使用特性；资金要在工程项目开工后从发包方预付和计量，特殊情况下中标企业还要临时垫支；人力（人才）需要根据承接的工程情况挑选和组织甚至招聘；施工技术和工艺方法没有完全的成套模式，只能参照以往的经验和相关项目的实施方法，经总结以及分析后，结合自身情况和要求制定；施工设备和材料必须根据该工程具体施工方法和设计临时调拨和采购，周转材料和部分常规设备还可以在工程所在地临时租赁；社会关系在当今是比较复杂的，一个工程一个人群环境，需要有尽量适应新环境和新人群的意识，不能我行我素，固执己见，要具备适应新的环境和人群的能力和素质；执行的标准和规程一个项目一套制度，即使同一个企业安排同样数量的管理人员也是数同人不同，即使人同项目内容和位置等也不同。因此，水利工程项目施工过程中资源需求变化很大，有些资源用尽前或不用后要及时偿还或遣散，如永久材料和人力资源及周转性材料和施工设备等，在施工过程中根据进度要求随时有增减，各单元及阶段计划变化较大。任何资源积压、滞留或短缺都会给项目施工带来损失，因此，合理、高效地使用和调配资源对工程项目施工管理尤为重要，学会和掌握了对各种施工资源的有序组织、合理使用和科学的调配，就掌握了水利工程项目施工管理的精华，就可以立于项目管理的不败之地。

（二）需求和目标

水利工程项目施工其利益相关者的需求和目标是不同和复杂的。通常把需求分为两类：一类是必须满足的基本需求，另一类是附加获取的期望要求。

就工程项目部而言，其基本需求包括工程项目实施的范围内容、质量要求、利润或成本目标、时间目标、安全目标、文明施工和环境保护目标以及必须满足的法规要求和合同约定等。在一定范围内，施工质量、成本控制、工期进度、安全生产、文明施工和环境保护等五者是相互制约的。一般而言，当工期进度要求不变时，施工质量要求越高，则施工成本就越高；当施工成本不变时，施工质量要求越高，则工期进度相对越慢；当施工质量标准不变时，施工进度过快或过慢都会导致施工成本增加；在施工进度相对紧张的时期，往往会放松安全管理，造成各种事故的发生反而延缓了施工时间；文明施工和环境保护要达标必然直接增加工程成本，往往被一些计较效益的管理者忽视，有的干脆应付或放弃。殊不知，做好文明施工和环境保护工作恰恰给安全生产、施工环境、工程质量和工期目标等综合方面创造了有利条件，这个目标的实现可能会给项目或企业产生意想不到的间接效益和社会影响。施工管理的目的是谋求快、好、省、安全、文明和赞誉等的有机统一，好中求快，快中求省，好、快、省中求安全和文明并最终获得最佳赞誉，是每一个工程项目管理者所追求的最高目标。

如果把项目实施的范围和规模一起考虑在内的话，可以将控制成本替代追求利润作为项目管理实现的最终目标（施工项目利润＝施工项目收益一施工实际成本）。工程项目施工管理要寻求使施工成本最小从而达到利润最大的工程项目实施策略和规划。因而，科学合理地确定该工程相应的费用成本是实现最好效益的基础和前提。

期望要求是企业常常通过该项目的实施树立形象、站稳市场、开辟市场、争取支持、减少阻力、扩大影响并获取最大的间接利益。比如，一个施工企业以前从未打入某一地区或一个分期实施的系列工程刚开始实施，有机会通过第一个中标项目进入了当地市场或及早进入该系列工程，明智的企业决策者对该项目一定很重视，除了在项目部人员和设备配置上花费超出老市场或单期工程的代价外，还会要求项目部在确保工程施工硬件的基础上，完善软件效果。“硬件创造品牌，软件树立形象，硬软结合产生综合效益”，这是任何正规企业的管理者都应该明白的道理，因此，一个新市场的新项目或一个系列工程的第一次中标对急于开辟该市场或稳定市场的企业来说无异于雪中送炭，重视的绝不仅仅是该工程建设的质量和眼前的效益，而是通过组织管理达到施工质量优良、施工工期提前、安全生产保障、施工成本最小、文明施工和环境保护措施有效、关系协调有力、业主评价良好、合作伙伴宣传、设计和监理放心、运行单位满意、主管部门高兴、地方政府支持、社会影响良好等综合效果。在此强调新市场项目或分期工程，并不是说对一些单期工程或老市场的项目企业就可以不重视，同样应当根据具体情况制定适合工程项目管理的考核目标和计划，只是期望要求有所侧重而已。任何时候企业的愿望都是好的，如果项目部尤其是项目经理能真正不辜负企业的期望将项目组织和管理好，就完全可以达到了企业预期的愿望。而现实工作中背离愿望或一味地追求愿望最终适得其反的工程项目不乏其数，成败主要决定于企业对项目制定什么样的政策、选派什么样的经理、配备什么样的班子了。项目施工的管理者是决定成败的根本，而成功的管理者来源于具有综合能力与素质的人才，在此，愿施工企业的决策者都能重视人才、培养人才、锻炼人才、吸纳人才、利用人才、团结人才、调动人才、凝聚人才。人才的诞生和去留主要决定在企业的政策、行动和落实上，其次，与企业风气、领导者的作风、企业氛围、社会环境等也有很大关系。作为企业主管者，要经常思考怎样吸纳和积聚人才，怎样培养和使用人才，怎样激励和发展人才，有利的想到了就做，想不到的应该学，就怕不想不做又不学，更怕想歪、做歪和学歪。作为一个管理者，抓住人才，并用好用活人才，几乎就抓住了一切。

对于在工程项目施工过程中项目部所面对的其他利益相关者，如发包方、设计单位、监理单位、地方相关部门、当地百姓、供货商、分包商等，它们的需求又和项目部不同，各有各的需求目标，在此不一一阐述。

总之，一个施工项目的不同利益相关者各有不同的需求，有的相差甚远，甚至是互相抵触和矛盾的。这就更需要工程项目管理者对这些不同的需求者加以协调和分别，统筹兼顾，分类管理，以取得大局稳定和平衡，最大限度地调动工程项目所有利益相关者的积极性，减少了他们对工程项目施工组织管理带来的阻力和消极影响。

（三）施工组织

组织就是把多个本不相干的个人或群体联系起来，做一个人或独立群体无法做成的事，是管理的一项功能。项目施工组织不是依靠企业品牌和成功项目的范例就可以成功。作为一个项目经理来说，要管理好一个项目，首要的问题就是要懂得如何组织，而成功的组织又要充分考虑工程建设项目的组织特点，抓不住项目特点的组织将是失败的组织。例如，工程项目施工组织过程中经常会遇到别的项目不曾出现过的问题，这些问题的解决主要依靠项目部本身，但也可以咨询某一个有经验的局外人或企业主管部门，甚至动用私人关系；对工程项目的质量及安全等检查又是不同的组织发起，比如工程主管部门、发包单位、主管部门和发包单位组成的团队；而工程项目的验收、审计等可能还要委托或组建新的机构，例如，专家、领导、项目法人、审计机构等，总之，项目施工组织是在不断地更替和变化，必须针对所有更替和变化有一定预见性和掌控协调能力。要想成功组织好一个项目，首要的是抓住人员的组织，人员组织的基本原则是因事设人，事是死的人是活的，事是通过人做出来的。人员的组织和使用必须根据工程项目的具体任务事先设置相应的组织机构，使组织起来的人员各有其位，根据机构的职能对应选人。事前选好人，事中用活人，事后激励人，是项目经理用人之道。人员组织和使用原则是根据工期进度事始人进、事毕人迁，及时调整，直至撤销机构撤走全部人员。工程施工项目因一次性特点所决定，与企业本部和社会常设机构等不同，讲究机构设置要灵活，组织形式要实用，人员进出不固定，柔性变性更突出，这就要求项目经理首先要具备一定的预见性和协调能力。安排某个人员来前就要考虑其走时，考虑走的又要调整来的。对人员的组织和使用，必须避免或尽量减少“定来不定走，定坑不挪窝，不用走不得，用者调不来”的情况发生。

工程项目施工组织的柔性还反映在各个项目利益相关者之间的联系都是有条件的、松散的甚至临时性的，所有利益相关者是通过合同、协议、法规、义务、各种社会关系、政治目的、经济利益等结合起来的，所以，在项目组织过程中要有针对性地加以区别组织；工程项目施工组织不像其他工作组织那样有明晰的组织边界，项目利益相关者及其部分成员在工程项目实施前属于其他项目组织，该项目实施后才属于同一个项目组织，有的还兼顾其他项目组织，而在工程项目实施中途或完毕后可能又属于另一个项目组织。如许多水利工程项目法人，在该工程建设前可能是另一个部门或单位的负责人，工程建设开始前调到水利部门任要职，待工程项目竣工后成功者可能又提职到新的岗位或部门。再如，材料或劳务供应者，在该项目实施前就已经为其他施工企业提供货源或人力，在该项目实施后才和项目部合作，同时，有可能还给原来和其他新项目等提供服务。另外工程施工项目中各利益相关者的组织形式也是多种多样、五花八门的，有的是政府部门，有的是事业单位，有的是国有公司，有的是个体经营者等，这些差异都决定着项目管理者在组织时要有不同的措施。

因此，水利工程施工项目管理在上述意义上不同于政府部门、军队、工厂、学校、超市、宾馆等有相对规律性和固定模式的管理，必须具备超前的应变反应能力和稳定的处事心理素质才能及时适应工程施工项目组织的特点并发挥出最佳水平。

工程项目的施工组织结构对于工程项目的组织管理产生重要影响，这与一般的项目组织是相同的。一般的项目组织结构主要有三种结构形式：职能式结构、项目单列式结构和矩阵式结构。就常规来讲，职能式结构有利于提高效率，是按既定的工作职责和考核指标进行工作和接受考核，职责明确，目标明晰；项目单列式结构有利于取得效果，抓住主因带动一般，有始有终，针对性强；矩阵式结构兼具两者优点，但也带来某些不利因素。比如，企业承接不同的项目后，首先，在企业内部要面临各个项目部必然在企业内争夺人力和设备等资源，一个项目经理有分公司或项目建管部经理和企业老总等两个以上顶头上司，多个企业管理考核职能部门；其次，在项目所在地，项目部又是临时机构，派去的全是临时人员，针对的是新的环境和合作者，事难处，人难管，关系难协调，环境难适应，内外加起来管自己的人比自己管的人可能还多。对项目经理来说哪个能管着自己的也得听，而对上级的主管部门和相关职能部门来说，由于责任在身无论是谁在位都要去管，项目经理最终面临的结果往往是：项目组织管理差了尤其是出了质量、安全等重大责任问题，有权管着自己的不负责任者想尽办法尽量躲开或回避，不愿承担责任，而自己能管了的又承担不了多少责任，牺牲的首当其冲就是项目经理；项目干出成绩和效益了，沾光的会不请自来，管着自己的说是我们领导得好，自己管着的说是我们干得好，苦笑的也是项目经理。因为，项目经理这个岗位权力和优势在某种程度上来讲远远少于责任和劣势，所以，建造师要成为一个成功的项目经理，必须在实践工作中充分学习和掌握相关知识和经验，施工组织是工程项目管理成功与否的关键和前提，不要眼光只盯在这个岗位的好处上，而要具体深刻地看到这个岗位的风险和危机，同时，公正地评价自己在项目组织方面的实力和条件能否胜任这项工作，结合项目实施中其他管理，决定自己是否可以成为一个项目的管理成功者。如果对施工组织就无头无序，即使在某些方面已经成为一名不错的建造师了，也不能成为一名成功的项目经理。工程项目一次性的特点务必要引起企业管理者和所有建造师的极度重视，成功和失败都是一次性的，一旦失败后悔来不及，因此，作为企业主管者在挑选项目经理时一定要慎重，力争做到在几名当中综合比较和筛选，达到优中最优，作为建造师本人在赴任项目经理岗位前更要谨慎，必须做到针对该项目特点全面、公正地衡量自己，即使在以往的项目中已经是胜利者，但对于新项目也需要重新审视自己，量力而行，一旦失误尤其是大的失误将是企业、自己和社会的多重损失且无法弥补。同时，如果一个建造师通过实践锻炼和经验积累，掌握了一个项目经理应掌握的组织、管理及技术等，充分发挥个人才能组织和管理好每个工程项目，又是企业、个人和社会的一大幸事，更是自身价值与能力的充分展现。

（四）环境和协调

要使工程项目施工管理取得成功，项目经理除了需要对项目本身的组织及其内部环境有充分的了解外，还需要对工程项目所处的外部环境有正确的认识和把握，同时，根据内外部环境加以有效协调和驾驭，才能达到内部团结合作，外部友好和谐。内外部环境和协调涉及的领域十分广泛，每个领域的历史、现状和发展趋势都可能对工程项目施工管理产生或多或少的影响，在某种特定情况下甚至是决定性的影响。

第二节　水利工程施工管理的特点及职能

一、施工管理的特点

几乎所有的基础设施工程建设项目，其施工管理与传统的部门管理和工厂生产线管理相比最大特点是基础设施工程项目施工管理注重于综合性和可塑性，并且基础设施工程项目施工管理工作有严格的工期限制。基础设施工程项目施工管理必须通过预先不确定的过程，在确定的工期限度内建设成同样是无法预先判定的设计实体，因此，需求目标和进度控制常对工程项目施工管理产生很大的影响。仅仅就水利工程项目施工管理来说，一般表现在 7 个方面。

第一，水利工程项目施工管理的对象是企业承建的所有工程项目，对一个项目部而言，就是项目部正在准备进场建设或正在建设管理之中的中标工程。水利工程项目施工管理是针对该工程项目的特点而形成的一种特有的管理方式，因而其适用对象是水利工程项目尤其是类似设计的同类工程项目；鉴于水利工程项目施工管理越来越讲究科学性和高效性，项目部有时会将重复性的工序和工艺分离出来，根据阶段工期的要求确定起始和终结点，内部进行分项承包，承包者将所承包的部位按整个工程项目的施工管理来组织和实施，以便于在其中应用和探索水利工程项目施工管理的成功方法和实践经验。

第二，水利工程项目施工管理的全过程贯穿系统工程的含义。水利工程项目施工管理把要施工建设的工程项目看成一个完整的系统，依据系统论将整体进行分解最终达到综合的原理，先将系统分解为许多责任单元，再由责任者分别按相关要求完成单元目标，然后把各单元目标汇总、综合成最终的成果；同时，水利工程项目施工管理把工程项目实施看成一个有始有终的生命周期过程，强调阶段计划对总体计划的保障率，促使管理者不得忽视其中的任何阶段计划以免影响总体计划，甚至造成总体计划落空。

第三，水利工程项目施工管理的组织具有特殊性或个性。水利工程项目施工管理的一个最明显的特征就是其组织的个性或特殊性。其特殊性或个性表现在以下 6 个方面。

（一）具有“基础设施工程项目组织”的概念和内容

水利工程项目施工管理的突出特点是将工程项目施工过程本身作为一个组织单元，管理者围绕该工程项目施工过程来组织相关的资源。

（二）水利工程项目施工管理的组织是临时性的或阶段性的

由于水利工程项目施工过程对该工程而言是一次性完成的，而该工程项目的施工过程组织是为该工程项目的建设服务的，该工程项目施工完毕并验收合格达到运行标准，其管理组织的使命也就自然宣告结束了。

（三）水利工程项目施工管理的组织是可塑性的

所谓可塑性即是可变的、有柔性和弹性的。因此，水利工程项目的施工组织不受传统的固定建制的组织形式所束缚，而是根据该工程项目施工管理组织总体计划组建对应的组织形式，同时，在实施过程中，又可以根据对各个阶段计划具体需要，适时地调整和增减组织的配置，以灵活、简单、高效和节省的组织形式来完成组织管理过程。

（四）水利工程项目施工管理的组织强调其协调控制职能

水利工程项目施工管理是一个综合管理过程，其组织结构的规划设计必须充分考虑有利于组织各部分的协调与控制，从而保证该工程项目总体目标的实现。因此，目前水利工程项目施工管理的组织结构多为矩阵结构，而非直线职能结构。

（五）水利工程项目施工管理的组织因主要管理者的不同而不同

即使同一个主要管理者对不同的水利工程项目也有不同的组织形式。这就是说，工程项目经理或经理班子是决定组织形式的根本。同一个工程项目，委派不同的项目经理就会出现不同的组织形式，工程项目组织形式因人而异；同一个项目经理前后担任两个工程项目的负责人，两个项目部的组织形式也会有所差别，同时，工程项目组织形式还因时间和空间不同而不同。

（六）水利工程项目施工管理的组织因其他资源及施工条件不同而不同

其他资源是指除了人力资源以外的所有资源，材料、施工设备、施工技术、施工方案、当地市场、工程资金等与工程项目建设组织过程相关的有形和无形资源，所有这些资源均因工程所处的位置、时间、要求等不同而差别很大，所以，资源的变化必然导致工程项目施工组织形式发生变化；施工条件是指工程所处的地理位置、自然状况、交通情况、发包人建管要求、当地材料及劳力供应、地方风俗习惯、地方治安情况、设计和监理单位水平、主管部门管理能力等，这些条件的变化往往影响着工程项目施工组织形式的变动和调整。

由此可见，水利工程项目管理成功与否，与项目经理和其团队现场管理水平、综合能力、业务素质、适应性及协调力等有极大的关系，同时，能否根据水利工程施工过程把握和处理好各种变化因素及柔性程度，是项目班子尤其是项目经理的主要工作内容。

第四，水利工程项目施工管理的体制是一种基于团队管理的个人负责制。由于工程项目施工系统管理的要求，需要集中权力以控制工程实施正常进行，因而项目经理是一个关键职位，他的组织才能、管理水平、工作经验、业务知识、协调能力、个人威信、为人素质、工作作风、道德观念、处事方法、表达能力以及事业心和责任感等综合素质，直接关系到项目部对工程项目组织管理的结果，所以，项目经理是完成工程项目施工任务的最高责任者、组织者和管理者，是项目施工过程中责、权、利的主体，在整个工程项目施工活动中占有举足轻重的地位，因此，项目经理必须由企业总经理聘任，以便其成为企业法人代表在该工程项目上的全权委托代理人。项目经理不同于企业职能部门的负责人，他应具备综合的知识、经验、素质和水平，应该是一个全能型的人才。由于实行项目经理责任制，因此，除特殊情况外，项目经理在整个工程项目施工过程中是固定不变的，必须自始至终全力负责该项目施工的全过程活动，直至工程项目竣工，项目部解散。为和国际接轨并完善和提高了项目经理队伍的后备力量，国家推行注册建造师制度，要求项目经理必须具备注册建造师资格，而注册建造师又是通过考试的方式产生的，这就必然发生不具备项目经理水平和能力的人因为具备文化水平和考试能力而获得建造师资格，而有些真正具备项目经理能力的人因不具备文化水平和考试能力而被置于建造师队伍之外从而与项目经理岗位无缘。这是当前带有一定普遍性的问题，希望具备建造师资格的人员能及时了解和掌握项目经理岗位真正的精髓，多参加一些工程项目的建设管理工作，并通过实践积累和总结一个项目经理应该具备的素质和能力，在不久的将来自己能胜任项目经理岗位的工作，而不仅仅只会纸上谈兵。没有从事一定工程技术、管理实践的建造师很难成为一名合格的项目经理。

第五，水利工程项目施工管理的方式简单地说就是单一的目标管理，具体一点说是一种多层次的目标管理方式。由于水利工程项目的特殊性所决定，涉及的专业领域比较宽广，而每一个工程项目管理者只能对某一个或几个领域有研究和熟悉，对其他专业只能在日常工作中对其有所了解但不可能像该领域的内行那样达到精通，对每一个专业领域都熟知的工程项目管理者是没有的，成功的项目组织和管理者是不是一个所有领域的专家或熟练工并不重要，重要的是管理者会不会使用专家和熟练工，懂不懂得尊重别人的意见和建议，善不善于集众家所长于一身用于组织和管理工作。现在已进入高科技时代，管理者研究的是怎样管理、怎样组织和分配好各种资源，没有必要也不必事无巨细的亲自操作，对于大多数工程项目实施过程而言也不可能做到，而是以综合协调者的身份，向被授权的科室和工段负责人讲明所承担工作的责任和义务以及考核要点，协商确定目标以及时间、经费、工作标准的限定条件，具体工作则由被授权者独立处理，被授权者应经常反馈信息，管理者应经常检查督促并在遇到困难需要协调时及时给予有关的支持和帮助。可见，水利工程项目施工管理的核心在于要求在约束条件下实现项目管理的目标，其实现的方法具有灵活性和多样性。

第六，水利工程项目施工管理的要点是创造和保持着一种使工程项目顺利进行的良好环境和有利条件。所以，管理就是创造和保持适合工程实施的环境和条件，使置身于其中的人力等资源能在协调者的组织中共同完成预定的任务，最终达到既定的目标。这一特点再次说明了工程项目管理是一个过程管理和系统管理，而不仅仅是技术高低和单单完成技术过程。由此可见，及时预见和全面创造各种有利条件，正确及时地处理各种计划外的意外事件才是工程项目管理的主要内容。

第七，水利工程项目施工管理的方式、方法、工具和手段具有时代性、灵活性和开放性。在方式上，应积极采用国际和国内先进的管理模式，像目前在各建筑领域普遍推广的项目经理负责制就是吸纳了国外的先进模式，结合我国的国情和行业特点而实行的有效管理方式；在管理方法上，应尽量采用科学先进、直观有效的管理理论和方法，如网络计划在基础设施工程施工中的应用对编制、控制和优化工程项目工期进度起到了重要作用，是以往流线图和横道图无法比拟和实现的，采用目标管理、全面质量管理、阶段工期管理、安全预防措施、成本预测控制等理论和方法等，都为控制和实现工程项目总目标起到积极作用；在工具方面，采用跟上时代发展潮流的先进或专用施工设备和工器具，运用电子计算机进行工程项目施工过程中的信息处理、方案优化、档案管理、财务和物资管理等，不仅证明企业的势力，更提高了工程项目施工管理的成功率，完善了工程项目的施工质量，加快了项目的施工进度；同时，在手段方面，管理者既要针对项目实施的具体情况，制定和完善简洁、易行、有力、公正的各种硬性制度和措施，又要实行人性化管理，使参建者心中不禁明白自己应该干什么不应该干什么，该干的干好以后结果是什么，不该干的干了要面对的是什么，还要让所有人员真正亲身感受到在工地现场处处有亲情、处处有温暖、处处受尊重，打造出团结、和谐、关爱的施工氛围，必然能收到奋进、互助、朝气的工作热情。施工人员尤其是我们水利工程的施工人员的确不容易，不仅要远离亲人还要到偏僻的地方过着几乎与繁华城市隔绝的艰苦生活，要收住他们的心不只是经济问题，在某种程度上关注与体贴显得更为重要。

二、施工管理的职能

水利工程项目施工管理最基本的职能有：计划、组织和评价与控制。

（一）工程项目施工计划

工程项目施工计划就是根据该工程项目预期目标的要求，对该工程项目施工范围内的各项活动做出有序合理的安排。它系统地确定工程项目实施的任务、工期进度和完成施工任务所需的各种资源等，使工程项目在合理的建设工期内，用尽可能低的成本，达到尽可能高的质量标准，满足工程的使用要求，让发包人满意，让社会放心。任何工程项目管理都要从制订项目实施计划开始，项目实施计划是确定项目建设程序、控制方法和监督管理的基础及依据。工程项目实施的成败首先取决工程项目实施计划编制的质量，好的实施计划和不切实际的实施计划其结果会有天壤之别。工程项目实施计划一经确定，应作为该工程项目实施过程中的法律来执行，是工程项目施工中各项工作开展的基础，是项目经理和项目部工作人员的工作准则和行为指南。工程项目实施计划也是限定和考核各级执行人责权利的依据，对于任何范围的变化都是一个参照点，从而成为对工程项目进行评价和控制的标准。工程项目实施计划在制定时应充分依据国家的法律、法规和行业的规程、标准，充分参照企业的规章和制度，充分结合该工程的具体情况，充分运用类似工程成功的管理经验和方式方法，充分发挥该项目部人员的聪明才智。工程项目实施计划按其作用和服务对象一般分为五个层次：决策型计划、管理型计划、控制型计划、执行型计划、作业型计划。

水利工程项目实施计划按其活动内容细分为：工程项目主体实施计划、工期进度计划、成本控制计划、资源配置计划、质量目标计划、安全生产计划、文明环保计划、材料供应计划、设备调拨计划、阶段验收计划、竣工验收计划及交付使用计划等。

（二）工程项目组织有两重含义

一是指项目组织机构设置和运行，二是指组织机构职能。工程项目管理的组织，是指为进行工程项目建设过程管理、完成工程项目实施计划、实现组织机构职能而进行的工程项目组织机构的建立、组织运行与组织调整等组织活动。工程项目管理的组织职能包括五个方面：工程项目组织设计、工程项目组织联系、工程项目组织运行，工程项目组织行为与工程项目组织调整。工程项目组织是实现项目实施计划、完成项目既定目标的基础条件，组织的好坏对能否取得项目成功具有直接的影响，只有在组织合理化的基础上才谈得上其他方面的管理。基础工程项目的组织方式根据工程规模、工程类型、涉及范围、合同内容、工程地域、建管方式、当地风俗、自然环境、地质地貌、市场供应等因素的不同而有所不同，典型的工程项目组织形式有三种。

1. 树型组织

是指从最高管理层到最低管理层，按层级系统以树状形式展开的方式建立的工程项目组织形式，包括直线制、职能制、直线职能综合制、纯项目型组织等多个种类。树型组织比较适合于单一的、涉及部门不多的、技术含量不高的中小型工程建设项目。当前的趋势是树型组织日益向扁平化的方向发展。

2. 矩阵形组织

矩阵形组织是现代典型的对工程项目实施管理应用最广泛的组织形式，它按职能原则和对象（工程项目或产品）原则结合起来使用，形成了一个矩阵形结构，使同一个工程项目工作人员既参加原职能科室或工段的工作，又参加工程项目协调组的工作，肩负双重职责同时受双重领导。矩阵形组织是目前最为典型和成功的工程项目实施组织形式。

3. 网络型组织

网络型组织是企业未来和工程项目管理进步的一种理想组织形式，它立足于以一个或多个固定连接的业务关系网络为基础的小单位的联合。它以组织成员间纵横交错的联系代替了传统的一维或二维联系，采用平面性和柔性组织体制的新概念，形成了充分分权与加强横向联系的网络结构。典型的网络型组织不仅在基础设施工程领域开始探索和使用，在其他领域也在逐步完善和推行，例如虚拟企业、新兴的各种项目型公司等也日益向网络型组织的方向发展。

（三）项目评价与控制

项目计划只是对未来做出的预测和提前安排，由于在编制项目计划时难以预见的问题很多，所以在项目组织实施过程中往往会产生偏差。如何识别这些实际偏差、出现偏差如何消除并及时调整计划对管理者来说是对工程项目评价和控制的关键，以确保工程项目预定目标的实现，这就是工程项目管理的评价和控制职能所要解决的主要问题。这里所说的工程项目评价不同于传统意义上的项目评价，应根据项目具体问题具体对待，不是一概而论。不同性质的项目有其不同的特点和要求，应根据具体特点和要求进行切实的评价和控制。工程施工项目评价是该工程项目控制的基础和依据，工程项目施工控制则是对该工程项目施工评价的根本目的和整体

第二章 施工导流与降排水

第一节 施工导流的概念

河床上修建水利水电工程时，为使水工建筑物能在干地施工，需要用围堰围护基坑，并将河水引向预定的泄水建筑物泄向下游，这就是施工导流。

第二节 施工导流的设计与规划

施工导流的方法大体上分为两类：一类是全段围堰法导流（河床外导流），另一类是分段围堰法导流（河床内导流）。

一、全段围堰法导流

全段围堰法导流是在河床主体工程上下游各建一道拦河围堰，使上游来水通过预先修筑的临时或永久泄水建筑物（如明渠、隧洞等）泄向下游，主体建筑物在排干的基坑中进行施工，主体工程建成或接近建成时再封堵临时泄水道。这种方法的优点是工作面大，河床内的建筑物在一次性围堰的围护下建造，如能利用水利枢纽中的永久泄水建筑物导流，可大大节约工程投资。

全段围堰法按泄水建筑物的类型不同可分为明渠导流、隧洞导流、涵管导流等。

（一）明渠导流

上下游围堰一次拦断河床形成基坑，保护了主体建筑物干地施工，天然河道水流经河岸或滩地上开挖的导流明渠泄向下游的导流方式称明渠导流。

1. 明渠导流的适用条件

若坝址河床较窄，或河床覆盖层很深，分期导流困难，且具备下列条件之一，可考虑采用明渠导流：（1）河床一岸有较宽的台地、场口或古河道；（2）导流流量大，地质条件不适于开挖导流隧洞；（3）施工期有通航、排冰、过木要求；（4）总工期紧，不具备洞挖经验和设备。

国内外工程实践证明，在导流方案比较过程中，若明渠导流和隧洞导流均可采用，一般倾向于明渠导流。这是因为明渠开挖可采用大型设备，加快施工进度，对主体工程提前开工有利。施工期间河道有通航、过木和排冰要求时，明渠导流明显更有利。

2. 导流明渠布置

导流明渠布置分在岸坡上和在滩地上两种布置形式。

（1）导流明渠轴线的布置

导流明渠应布置在较宽台地、垭口或古河道一岸；渠身轴线要伸出上下游围堰外坡脚，水平距离要满足防冲要求，一般为 50 ～ 100 m；明渠进出口应与上下游水流相衔接，与河道主流的交角以小于 30。为宜；为保证水流畅通，明渠转弯半径应大于 5 倍渠底宽；明渠轴线布置应尽可能缩短明渠长度和避免深挖方。

（2）明渠进出口位置和高程的确定

明渠进出口力求不冲、不淤和不产生回流，可以通过水力学模型试验调整进出口形状和位置，以达到这一目的；进口高程按截流设计选择，出口高程一般由下游消能控制；进出口高程和渠道水流流态应满足施工期通航、过木和排冰要求；在满足上述条件下，尽可能抬高进出口高程，从而减小水下开挖量。

3. 导流明渠断面设计

（1）明渠断面尺寸的确定

明渠断面尺寸由设计导流流量控制，并受地形地质和允许抗冲流速影响，应按不同的明渠断面尺寸与围堰的组合，通过综合分析确定。

（2）明渠断面形式的选择

明渠断面一般设计成梯形，渠底为坚硬基岩时，可设计成矩形。有时为满足截流和通航的不同目的，也可设计成复式梯形断面。

（3）明渠糙率的确定

明渠糙率大小直接影响到明渠的泄水能力，而影响糙率大小的因素有衬砌材料、开挖方法、渠底平整度等，可根据具体情况查阅有关手册来确定。对大型明渠工程，应通过模型试验选取糙率。

4. 明渠封堵

导流明渠结构布置应考虑后期封堵要求。当施工期有通航、过木和排冰任务，明渠较宽时，可在明渠内预设闸门墩，以利于后期封堵。施工期无通航、过木和排冰任务时，应于明渠通水前，将明渠坝段施工到适当高程，并设置导流底孔和坝面口，使二者联合泄流。

（二）隧洞导流

上下游围堰一次拦断河床形成基坑，保护主体建筑物干地施工，天然河道水流全部由导流隧洞宣泄的导流方式称之为隧洞导流。

1. 隧洞导流的适用条件

导流流量不大，坝址河床狭窄，两岸地形陡峻，如一岸或两岸地形、地质条件良好，可考虑采用隧洞导流。

2. 导流隧洞的布置

一般应满足以下要求：（1）隧洞轴线沿线地质条件良好，足以保证隧洞施工和运行的安全；（2）隧洞轴线宜按直线布置，如有转弯，转弯半径不小于5倍洞径（或洞宽），转角不宜大于60°，弯道首尾应设直线段，长度不应小于3～5倍洞径（或洞宽）；进出口引渠轴线与河流主流方向夹角宜小于30°；（3）隧洞间净距、隧洞与永久建筑物间距、洞脸与洞顶围岩厚度均应满足结构和应力要求；（4）隧洞进出口位置应保证水力学条件良好，并伸出堰外坡脚一定距离，一般距离应大于50 m，以满足围堰防冲要求。进口高程多由截流控制，出口高程由下游消能控制，洞底按需要设计成缓坡或急坡，以免设计成反坡。

3. 导流隧洞断面设计

隧洞断面尺寸的大小取决于设计流量、地质和施工条件，洞径应控制在施工技术和结构安全允许范围内。当前，国内单洞断面尺寸多在200 m^2以下，单洞泄量不超过2 000～2 500 m^3/s。

隧洞断面形式取决于地质条件、隧洞工作状况（有压或无压）及施工条件。常用断面形式有圆形、马蹄形、方圆形。圆形多用于高水头处，马蹄形多用于地质条件不良处，方圆形有利于截流和施工。国内外导流隧洞多采用方圆形。

洞身设计中，糙率n值的选择是十分重要的问题。糙率的大小直接影响断面的大小，而衬砌与否、衬砌的材料和施工质量、开挖的方法和质量则是影响糙率大小的因素。一般混凝土衬砌糙率值为0.014～0.017；不衬砌隧洞的糙率变化较大，光面爆破时为0.025～0.032，一般炮眼爆破时为0.035～0.044。设计时根据具体条件，查阅有关手册确定。对于重要的导流隧洞工程，应通过水工模型试验验证其糙率的合理性。

导流隧洞设计应考虑后期封堵要求，布置封堵闸门门槽及启闭平台设施。有条件者，导流隧洞应与永久隧洞结合，以利节省投资（如小浪底工程的三条导流隧洞后期改建为三条孔板消能泄洪洞）。一般高水头枢纽，导流隧洞只可能与永久隧洞部分相结合，中低水头则有可能全部相结合。

（三）涵管导流

涵管导流一般在修筑土坝、堆石坝工程中采用。

涵管通常布置在河岸岩滩上，其位置在枯水位以上，这样可在枯水期不修围堰或只修一小围堰。先将涵管筑好，然后修上下游全段围堰，将河水引经涵管下泄。

涵管一般是钢筋混凝土结构。当有永久涵管可以利用或修建隧洞有困难时，采用涵管导流是合理的。在某些情况下，可在建筑物基岩中开挖沟槽，必要时予以衬砌，然后封上混凝土或钢筋混凝土顶盖，形成涵管。利用这种涵管导流往往可以获得经济可靠的效果。由于涵管的泄水能力较低，所以一般用在导流流量较小的河流上或只用来担负枯水期的导流任务。

为防止涵管外壁与坝身防渗体之间的渗流，通常在涵管外壁每隔一定距离设置截流环，以延长渗径，降低渗透坡降，减少渗流的破坏作用。此外，必须严格控制涵管外壁防渗体的压实质量。涵管管身的温度缝或沉陷缝中的止水必须严格施工。

二、分段围堰法导流

分段围堰法也称为分期围堰法或河床内导流，就是用围堰将建筑物分段分期围护起来进行施工的方法。

所谓分段，就是从空间上将河床围护成若干个干地施工的基坑段进行施工。所谓分期，就是从时间上将导流过程划分成阶段。导流的分期数和围堰的分段数并不一定相同，因为在同一导流分期中，建筑物可以在一段围堰内施工，也可以同时在不同段内施工。必须指出的是，段数分得越多，围堰工程量愈大，施工也愈复杂；同样，期数分得愈多，工期有可能拖得愈长。因此，在工程实践中，二段二期导流法采用得最多（如葛洲坝工程、三门峡工程等都采用了此法）。只有在比较宽阔的通航河道上施工，不允许断航或其他特殊情况下，才采用多段多期导流法（如三峡工程施工导流就采用二段三期导流法）。

分段围堰法导流一般适用河床宽阔、流量大、施工期较长的工程，特别是通航河流和冰凌严重的河流上。这种导流方法的费用较低，国内外一些大中型水利水电工程采用较多。分段围堰法导流，前期由束窄的原河道导流，后期可利用事先修建好的泄水道导流。常见泄水道的类型有底孔导流、坝体缺口导流等。

（一）孔导流

利用设置在混凝土坝体中的永久底孔或临时底孔作为泄水道，是二期导流经常采用的方法。导流时让全部或部分导流流量通过底孔宣泄到下游，保证后期工程的施工。若是临时底孔，则在工程接近完工或需要蓄水时要加以封堵

采用临时底孔时，底孔的尺寸、数目和布置要通过相应的水力学计算确定。其中，底孔的尺寸在很大程度上取决于导流的任务（过水、过船、过木和过鱼），以及水工建筑物结构特点和封堵用闸门设备的类型。底孔的布置要满足截流、围堰工程以及本身封堵的要求。如底坎高程布置较高，截流时落差就大，围堰也高。但封堵时的水头较低，封堵就容易。一般底孔的底坎高程应布置在枯水位之下，以保证枯水期泄水。当底孔数目较多时，可把底孔布置在不同的高程，封堵时从最低高程的底孔堵起，这样可以减小封堵时所承受的水压力。

临时底孔的断面形状多采用矩形，为改善孔周的应力状况，也可采用有圆角的矩形。按水工结构要求，孔口尺寸应尽量小，但某些工程由于导流的流量较大，只好采用尺寸较大的底孔。

底孔导流的优点是挡水建筑物上部的施工可以不受水流的干扰，有利于均衡连续施工，这对修建高坝特别有利。当坝体内设有永久底孔可以用来导流时，更为理想。底孔导流的缺点是：由于坝体内设置了临时底孔，钢材用量增加；如果封堵质量不好，会削弱坝体的整体性，还有可能漏水；在导流过程中底孔有被漂浮物堵塞的危险；封堵时由于水头较高，安放闸门及止水等均较困难。

（二）坝体缺口导流

混凝土坝施工过程中，当汛期河水暴涨暴落，其他导流建筑物不足以宣泄全部流量时，为了不影响坝体施工进度，使坝体在涨水时仍能继续施工，可以在未建成的坝体上预留缺口，以便配合其他建筑物宣泄洪峰流量。待洪峰过后，上游水位回落，再继续修筑缺口。所留缺口的宽度和高度取决于导流设计流量、其他建筑物的泄水能力、建筑物的结构特点和施工条件。采用底坎高程不同的缺口时，为避免高低缺口单宽流量相差过大，产生高缺口向低缺口的侧向泄流，引起压力分布不均匀，需要适当控制高低缺口间的高差。

在修建混凝土坝，尤其是大体积混凝土坝时，由于这种导流方法比较简单，常被采用。上述两种导流方式一般只适用于混凝土坝，特别是重力式混凝土坝。至于土石坝或非重力式混凝土坝，采用分段围堰法导流，常与隧洞导流、明渠导流等河床外导流方式相结合。

第三节　施工导流挡水建筑物

围堰是导流工程中临时的挡水建筑物，用来围护施工中的基坑，保证水工建筑物能在干地施工。在导流任务结束后，如果围堰对永久建筑物的运行有妨碍或没有考虑作为永久建筑物的一部分应予拆除。

按所使用的材料，水利水电工程中经常采用的围堰可分为土石围堰、混凝土围堰、钢板桩格形围堰和草土围堰等。

按围堰与水流方向的相对位置，可分为横向围堰和纵向围堰。按导流期间基坑淹没条件，可分为过水围堰和不过水围堰。过水围堰除需要满足一般围堰的基本要求外，还要满足围堰顶过水的专门要求。

选择围堰形式时，必须根据当时当地的具体条件，在满足下述基本要求的原则下，通过技术经济比较加以确定：（1）具有足够的稳定性、防渗性、抗冲性和一定的强度；（2）造价低，构造简单，修建、维护与拆除方便；（3）围堰的布置应力求使水流平顺，不发生严重的水流冲刷；（4）围堰接头和岸边连接都要安全可靠，不致因集中渗漏等破坏作用而引起围堰失事；（5）必要时，应设置抵抗冰凌、船筏冲击和破坏的设施。

一、围堰的基本形式和构造

（一）土石围堰

土石围堰是水利水电工程中采用最为广泛的一种围堰形式。它是用当地材料填筑而成的，不仅可以就地取材和充分利用开挖弃料作围堰填料，而且构造简单，施工方便，易于拆除，工程造价低，可以在流水中、深水中、岩基或有覆盖层的河床上修建。但其工程量较大，堰身沉陷变形也较大。如柘溪水电站的土石围堰一年中累计沉陷量最大达 40.1 cm，为堰高的 1.75%。一般为 0.8% ～ 1.5%。

因土石围堰断面较大，一般用于横向围堰。但在宽阔河床的分期导流中：由于围堰束窄，河床增加的流速不大，也能作为纵向围堰，但需注意防冲设计，以确保围堰安全。

土石围堰的设计与土石坝基本相同，但其结构形式在满足导流期正常运行的情况下应力求简单、便于施工。

（二）混凝土围堰

混凝土围堰的抗冲与抗渗能力强，挡水水头高，底宽小，易与永久混凝土建筑物相连接，必要时还可以过水，因此采用得比较广泛。在国外，采用拱形混凝土围堰的工程较多。近年来，国内贵州省的乌江渡、湖南省凤滩等水利水电工程也采用过拱形混凝土围堰作为横向围堰，但多数还是以重力式围堰作纵向围堰，如三门峡、丹江口、三峡等水利工程的混凝土纵向围堰均为重力式混凝土围堰。

1. 拱形混凝土围堰

拱形混凝土围堰一般适用于两岸陡峻、岩石坚固的山区河流，常采用隧洞及允许基坑淹没的导流方案。通常围堰的拱座是在枯水期的水面以上施工的。对围堰的基础处理：当河床的覆盖层较薄时，需进行水下清基；当覆盖层较厚时，则可灌注水泥浆防渗加固。堰身的混凝土浇筑则要进行水下施工，所以难度较高。在拱基两侧要回填部分砂砾料以利灌浆，形成阻水帷幕。

拱形混凝土围堰由于利用混凝土抗压强度高的特点，与重力式相比，断面较小，可节省混凝土工程量。

2. 重力式混凝土围堰

采用分段围堰法导流时，重力式混凝土围堰往往可兼作第一期和第二期纵向围堰，两侧均能挡水，还能作为永久建筑物的一部分，如隔墙、导墙等。重力式围堰可做成普通的实心式，与非溢流重力坝类似。也可做成空心式，如三门峡工程的纵向围堰。

纵向围堰需抗御高速水流的冲刷，所以一般修建在岩基之上。为保证混凝土的施工质量，一般可将围堰布置在枯水期出露的岩滩上。如果这样还不能保证干地施工，则通常需另修土石低水围堰加以围护。

重力式混凝土围堰现在有普遍采用碾压混凝土的趋势，如三峡工程三期上游横向围堰及纵向围堰均采用碾压混凝土。

（三）钢板桩格形围堰

钢板桩格形围堰是重力式挡水建筑物，由一系列彼此相接的格体构成。按照格体的平面形状，可分为圆筒形格体、扇形格体和花瓣形格体。这些形式适用于不同的挡水高度，应用较多的是圆筒形格体。它由许多钢板桩通过锁口互相连接而成为格形整体。钢板桩的锁口有握裹式、互握式和倒钩式三种。格体内填充透水性强的填料，如砂、砂卵石或石渣等。在向格体内填料时，必须保持在各格体内的填料表面大致均衡上升，因为高差太大会使格体变形。

钢板桩格形围堰的优点有：坚固、抗冲、抗渗、围堰断面小，便于机械化施工；钢板桩的回收率高，可达 70% 以上；尤其适用于在束窄度大的河床段作为纵向围堰。但由于需要大量的钢材，且施工技术要求高，在我国目前仅应用于大型工程中。

圆筒形格体钢板桩围堰一般适用的挡水高度小于 18 m，可以建在岩基上或非岩基上。圆筒形格体钢板桩围堰也可作为过水围堰。

圆筒形格体钢板桩围堰的修建由定位、打设模架支柱、模架就位、安插钢板桩、打设钢板桩、填充料渣、取出模架及其支柱和填充料渣到设计高程等工序组成。

圆筒形格体钢板桩围堰通常需在流水中修筑，受水位变化和水面波动的影响较大，故施工难度较大。

（四）草土围堰

草土围堰是一种以麦草、稻草、芦柴、柳枝和土为主要原料的草土混合结构。我国运用它已经有 2 000 多年的历史。这种围堰主要用于黄河流域的渠道春修堵口工程中。新中国成立后，在青铜峡、盐锅峡、八盘峡、黄坛口等工程中均得到应用。草土围堰施工简单、速度快、取材容易、造价低，拆除也方便，具有一定的抗冲、抗渗能力，堰体的容重较小，特别适用于软土地基。但这种围堰不能承受较大的水头，所以仅限水深不超过 6 m、流速不超过 3.5 m/s、使用期两年以内的工程。草土围堰的施工方法比较特殊，就其实质来说也是一种进占法。按其所用草料形式的不同，可分为散草法、捆草法、埽捆法三种；按其施工条件可分为水中填筑与干地填筑两种。由于草土围堰本身的特点，水中填筑质量比干填法容易保证，这是与其他围堰所不同的。实践中的草土围堰普遍采用捆草法施工。

二、围堰的平面布置

围堰的平面布置主要包括围堰内基坑范围确定和分期导流纵向围堰布置两项内容。

（一）围堰内基坑范围确定

围堰内基坑范围大小主要取决于主体工程的轮廓以及相应的施工方法。当采用一次拦断法导流时，围堰基坑是由上下游围堰和河床两岸围成的。当采用分期导流时，围堰基坑由纵向围堰与上下游横向围堰围成。在上述两种情况下，上下游横向围堰的布置，都取决于主体工程的轮廓。通常基坑坡趾距离主体工程轮廓的距离不应小于20～30 m，以便布置排水设施、交通运输道路，堆放材料和模板等。至于基坑开挖边坡的大小，则与地质条件有关。当纵向围堰不作为永久建筑物的一部分时，基坑坡趾距离主体工程轮廓的距离，一般不小于2.0 m，以便布置排水导流系统和堆放模板。如果无此要求，只需留0.4～0.6 m。至于基坑开挖边坡的大小，则与地质条件有关。

实际工程的基坑形状和大小往往是很不相同的。有时可以利用地形以减小围堰的高度和长度；有时为照顾个别建筑物施工的需要，将围堰轴线布置成折线形；有时为了避开岸边较大的溪沟，也采用折线布置。为保证基坑开挖和主体建筑物的正常施工，基坑范围应当有一定富余。

（二）分期导流纵向围堰布置

在分期导流方式中，纵向围堰布置是施工中的关键问题，选择纵向围堰位置，实际上就是要确定适宜的河床束窄度。束窄度就是天然河流过水面积被围堰束窄的程度，一般可用下式表示：

$$K=\frac{A_2}{A_1}\times 100\%$$

式中：K —— 河床的束窄度，一般取值为47%～68%；

A_1 —— 原河床的过水面积，m^2；

A_2 —— 围堰和基坑所占据的过水面积，m^2。

适宜的纵向围堰位置与以下主要因素有关。

1. 地形地质条件

河心洲、浅滩、小岛、基岩露头等都是可供布置纵向围堰的有利条件，这些部位便于施工，并有利于防冲保护。例如，三门峡工程曾巧妙地利用了河心的几个礁岛来布置纵、横围堰。葛洲坝工程施工初期，也曾利用了江心洲作为天然的纵向围堰。三峡工程利用江心洲三斗坪作为纵向围堰的一部分。

2. 水工布置

尽可能利用厂坝、厂闸、闸坝等建筑物之间的隔水导墙作为纵向围堰的一部分。例如，葛洲坝工程就是利用厂闸导墙，三峡、三门峡、丹江口工程则利用厂坝导墙作为二期纵向围堰的一部分。

3. 河床允许束窄度

河床允许束窄度主要与河床地质条件及通航要求有关。对于非通航河道，如河床易冲刷，一般允许河床产生一定程度的变形，只要能保证河岸、围堰堰体和基础免受淘刷即可。束窄流速常可允许达到3 m/s左右，岩石河床允许束窄度主要视岩石的抗冲流速而定。

对于一般性河流和小型船舶而言，当缺乏具体研究资料时，可参考以下数据：当流速小于 2.0 m/s 时，机动木船可以自航；当流速小于 3.0 ～ 3.5 m/s，且局部水面集中落差不大于 0.5 m 时，拖轮可自航；木材流放最大流速可考虑为 3.5 ～ 4.0 m/s。

4. 导流过水要求

进行一期导流布置时，不但要考虑束窄河道的过水条件，而且要考虑二期截流与导流的要求。主要应考虑的问题是：一期基坑中能否布置下宣泄二期导流流量的泄水建筑物，由一期转入二期施工时的截流落差是否太大。

5. 施工布局的合理性

各期基坑中的施工强度应尽量均衡。一期工程施工强度可比二期低些，但不宜相差太悬殊。如有可能，分期分段数应尽量少一些。导流布置应满足总工期的要求。

以上五个方面，仅是选择纵向围堰位置时应考虑的主要问题。如果天然河槽呈对称形状，没有明显有利的地形地质条件可供利用时，可以通过经济比较方法选定纵向围堰的适宜位置，使一、二期总的导流费用最小。

分期导流时，上下游围堰一般不与河床中心线垂直，围堰的平面布置常呈梯形，既可使水流顺畅，同时也便于运输道路的布置和衔接。当采用一次拦断法导流时，上下游围堰不存在突出的绕流问题，为减少工程量，围堰多与主河道垂直。

纵向围堰的平面布置形状对过水能力有较大影响，但是围堰的防冲安全通常比前者更重要。实践中常采用流线型和挑流式布置。

三、围堰的拆除

围堰是临时建筑物，导流任务完成后，应按设计要求拆除，以免影响永久建筑物的施工及运转。例如，在采用分段围堰法导流时，第一期横向围堰的拆除如果不合要求，就会增加上下游水位差，从而增加截流工作的难度，增大了截流料物的质量及数量。这类教训在国内外有不少，如苏联的伏尔谢水电站截流时，上下游水位差是 1.88 m，其中由于引渠和围堰没有拆除干净造成的水位差就有 1.77 m。又如下游围堰拆除不干净，会抬高尾水位，影响水轮机的利用水头，如浙江省富春江水电站曾受此影响，降低了水轮机出力，造成不应有的损失。

土石围堰相对来说断面较大，拆除工作一般是在运行期限最后一个汛期过后，随上游水位的下降，逐层拆除围堰的背水坡和水上部分。但必须保证依次拆除后所残留的断面能继续挡水和维持稳定，以免发生安全事故，使基坑过早淹没，影响施工。土石围堰的拆除一般可用挖土机开挖或爆破开挖等方法。

钢板桩格形围堰的拆除，首先要用抓斗或吸石器将填料清除，然后用拔桩机起拔钢板桩。混凝土围堰的拆除，一般只能用爆破法炸除。但应注意，必须使主体建筑物或其他设施不受爆破危害。

第四节　施工导流泄水建筑物

导流泄水建筑物是用以排放多余水量、泥沙和冰凌等的水工建筑物，具有安全排洪、放空水库的功能。对水库、江河、渠道或前池等的运行起太平门的作用，也可用于施工导流。溢洪道、溢流坝、泄水孔、泄水隧洞等是泄水建筑物的主要形式。和坝结合在一起的称为坝体泄水建筑物，设在坝身以外的常统称为岸边泄水建筑物。泄水建筑物是水利枢纽的重要组成部分，其造价常占工程总造价的很大部分。所以，合理选择泄水建筑物形式，确定其尺寸十分重要。泄水建筑物按其进口高程可布置成表孔、中孔、深孔或底孔。表孔泄流与进口淹没在水下的孔口泄流，由于泄流量分别与 3 H /2 和 H /2 成正比（ H 为水头），所以在同样水头时，前者具有较大的泄流能力，方便可靠，是溢洪道及溢流坝的主要形式。深孔和隧洞一般不作为重要大泄量水利枢纽的单一泄洪建筑物。葛洲坝水利枢纽二江泄水闸泄流能力为 84 000 m3/s，加上冲沙闸和电站，总泄洪能力达 110 000 m^3/s，是目前世界上泄流能力最大的水利枢纽工程。

泄水建筑物的设计主要应确定：①水位和流量；②系统组成；③位置和轴线；④孔口形式和尺寸。总泄流量、枢纽各建筑物应承担的泄流量、形式选择及尺寸根据当地水文、地质、地形，以及枢纽布置和施工导流方案的系统分析与经济比较决定。对于多目标或高水头、窄河谷、大流量的水利枢纽，一般可选择采用表孔、中孔或深孔，坝身与坝体外泄流，坝与厂房顶泄流等联合泄水方式。我国贵州省乌江渡水电站采用隧洞、坝身泄水孔、电站、岸边滑雪式溢洪道与挑越厂房顶泄洪等组合形式，在 165 m 坝高、窄河谷、岩溶和软弱地基条件下，最大泄流能力达 21 350 m3/s。通过大规模原型观测和多年运行确认该工程泄洪效果好，枢纽布置比较成功。修建泄水建筑物，关键是要解决好消能防冲和防空蚀、抗磨损。对较轻型建筑物或结构，还应防止泄水时的振动。泄水建筑物设计和运行实践的发展与结构力学和水力学的进展密切相关。近年来，高水头窄河谷宣泄大流量、高速水流压力脉动、高含沙水流泄水、大流量施工导流、高水头闸门技术，以及抗震、减振、掺气减蚀、高强度耐蚀耐磨材料的开发和进展，对泄水建筑物设计、施工、运行水平的提高起了很大的推动作用。

第五节　基坑降排水

修建水利水电工程时，在围堰合龙闭气之后，就要排除基坑内的积水和渗水，以保持基坑处于基本干燥状态，以利于基坑开挖、地基处理及建筑物的正常施工。

基坑排水工作按排水时间及性质，一般可分为：（1）基坑开挖前的初期排水，包括基坑积水、基坑积水排除过程中的围堰堰体与基础渗水、堰体及基坑覆盖层的含水率以及可能出现的降水的排除；（2）基坑开挖及建筑物施工过程中的经常性排水，包括围堰和基坑渗水、降水以及施工弃水量的排除。如按排水方法分，有明式排水和人工降低地下水位两种。

一、明式排水

（一）排水量的确定

1. 初期排水排水量估算

初期排水主要包括基坑积水、围堰与基坑渗水两部分。对于降雨，因为初期排水是在围堰或截流戗堤合龙闭气后立即进行的，通常是在枯水期内，而枯水期降雨很少，所以一般可不予考虑。除了积水和渗水外，有时还需考虑填方和基础中的饱和水。

基坑积水体积可按基坑积水面积和积水深度计算，这是比较容易的。但是排水时间 T 的确定就比较复杂，排水时间 T 主要受基坑水位下降速度的限制，基坑水位的允许下降速度视围堰种类、地基特性和基坑内水深而定。水位下降太快，则围堰或基坑边坡中动水压力变化过大，容易引起坍坡；水位下降太慢，则影响基坑开挖时间。一般认为，土石围堰的基坑水位下降速度应限制在 0.5 ～ 0.7 m/d，木笼及板桩围堰等应小于 1.0 ～ 1.5 m/d。初期排水时间，大型基坑一般可采用 5 ～ 7 d，中型基坑一般不超过 3 ～ 5 d。

通常，当填方和覆盖层体积不太大时，在初期排水且基础覆盖层尚未开挖时，可不必计算饱和水的排除。如需计算，可按基坑内覆盖层总体积和孔隙率估算饱和水总水量。

按以上方法估算初期排水流量，选择抽水设备，往往很难符合实际。在初期排水过程中，可通过试抽法进行校核和调整，并为经常性排水计算积累一些必要资料。试抽时如果水位下降很快，则显然是所选择的排水设备容量过大，此时应关闭一部分排水设备，使水位下降速度符合设计规定。试抽时若水位不变，则显然是设备容量过小或有较大渗漏通道存在。这时，应增加排水设备容量或找出渗漏通道予以堵塞，然后进行抽水。还有一种情况是水位降至一定深度后就不再下降，这说明此时排水流量与渗流量相等，据此可估算出需增加的设备容量。

2. 经常性排水排水量的确定

经常性排水的排水量主要包括围堰和基坑的渗水、降雨、地基岩石冲洗及混凝土养护用废水等。设计中一般考虑两种不同的组合，从中择其大者，以选择排水设备。一种组合是渗水加降雨，另一种组合是渗水加施工废水。降雨及施工废水不必组合在一起，因为二者不会同时出现。如果全部叠加在一起，显然太保守。

（1）降雨量的确定

在基坑排水设计中，对降雨量的确定尚无统一的标准。大型工程可采用 20 年一遇 3 日降雨中最大的连续降雨量，再减去估计的径流损失值（每小时 1 mm），作为降雨强度。也有的工程采用日最大降雨强度。基坑内的降雨量可根据上述计算降雨强度和基坑集雨面积求得。

（2）施工废水

施工废水主要考虑混凝土养护用水，其用水量估算应根据气温条件和混凝土养护的要求而定。一般初估时可按每立方米混凝土每次用水 5 L 每天养护 8 次计算。

（3）渗透流量计算

通常，基坑渗透总量包括围堰渗透量和基础渗透量两部分。关于渗透量的详细计算方法，在水力学、水文地质和水工结构等论著中均有介绍，这里只介绍估算渗透流量常用的一些方法，以供参考。

按照基坑条件和所采用的计算方法，有以下几种计算情况：

（1）基坑远离河岸不必设围堰时渗入基坑的全部流量 Q 的计算

首先按基坑宽长比将基坑区分为窄长形基坑（宽长比≤ 0.1）和宽阔基坑（宽长比＞ 0.1）。前者按沟槽公式计算，后者则化为等效的圆井，按井的渗流公式计算。圆井还可区分为无压完全井、无压不完全井、承压完全井、承压不完全井等情况，参考有关水力学手册计算。

（2）筑有围堰时基坑渗透量的简化计算

与前一种情况相仿，也将基坑简化为等效圆井计算。常遇到的情况有以下两种：

①无压完整形基坑。首先分别计算出上、下游面基坑的渗流量 Q_{1s} 和 Q_{2s}，然后相加，得基坑总渗流量。

$$Q_{1s}=\frac{1.365}{2}\frac{K_s\left(2s_1-T_1\right)T_1}{lg\dfrac{R_1}{r_0}}$$

$$Q_{2s}=\frac{1.365}{2}\frac{K_s\left(2s_2-T_2\right)T_2}{lg\dfrac{R_2}{r_0}}$$

式中：K_s —— 基础的渗透系数；

R_1、R_2 —— 降水曲线的影响半径。

②无压不完整形基坑。在此情况下，除了坑壁渗透流量 Q_{1s} 和 Q_{2s} 仍按完整井基坑公式计算外，尚需计入坑底渗透流量 q_1 和 q_2。基坑总渗透流量 Q_s 为

$$Q_s=Q_{1s}+Q_{2s}+q_1+q_2$$

（3）考虑围堰结构特点的渗透计算

以上两种简化方法，是把宽阔基坑，甚至连同围堰在内，化为等效圆形直井计算，这显然是十分粗略的。当基坑为窄长形且需考虑围堰结构特点时，渗水量的计算可分为围堰和基础两部分，分别计算后予以叠加。按这种方法计算时，采用以下简化假定：计算围堰渗透时，假定基础是不透水的；计算基础渗透时，则认为围堰是不透水的。

有时，并不进行这种区分，而将围堰和基础一并考虑，也可选用相应的计算公式。由于围堰的种类很多，各种围堰的渗透计算公式可查阅有关水工手册和水力计算手册。

应当指出的是，应用各种公式估算渗流量的可靠性，不但取决于公式本身的精度，而且取决于计算参数的正确选择。特别是像渗透系数这类物理常数，对计算结果的影响很大。但是，在初步估算时，往往不可能获得较详尽而可靠的渗透系数资料。此时，也可采用更简便的估算方法。

（二）基坑排水布置

基坑排水系统的布置通常应考虑两种不同情况：一种是基坑开挖过程中的排水系统布置，另一种是基坑开挖完成后修建建筑物时的排水系统布置。布置时，应尽量同时兼顾这两种情况，并使排水系统尽可能不影响施工。

基坑开挖过程中的排水系统布置，应以不妨碍开挖和运输工作为原则。一般将排水干沟布置在基坑中部，以利两侧出土。随着基坑开挖工作的进展，逐渐加深排水干沟和支沟。通常保持干沟深度为 1 ～ 1.5 m，支沟深度为 0.3 ～ 0.5 m。集水井多布置在建筑物轮廓线外侧，井底应低于干沟沟底。但是，由于基坑坑底高程不一，有的工程就采用层层设截流沟、分级抽水的办法，即在不同高程上分别布置截水沟、集水井和水泵站，进行分级抽水。

建筑物施工时的排水系统通常都布置在基坑四周。排水沟应布置在建筑物轮廓线外侧，且距离基坑边坡坡脚不少于 0.3 ～ 0.5 m。排水沟的断面尺寸和底坡大小取决于排水量的大小。一般排水沟底宽不小于 0.3 m，沟深不大于 1.0 m，底坡不小于 2%密实土层中，排水沟可以不用支撑，但在松土层中，则需用木板或麻袋装石来加固。

水经排水沟流入集水井后，利用在井边设置的水泵站，将水从集水井中抽出。集水井布置在建筑物轮廓线以外较低的地方，它和建筑物外缘的距离必须大于井的深度。井的容积至少要能保证水泵停止抽水 10 ～ 15 min 后，井水不致漫溢。集水井可为长方形，边长 1.5 ～ 2.0 m，井底高程应低于排水沟底 1.0 ～ 2.0 m。在土中挖井，其底面应铺填反滤料。在密实土中，井壁用框架支撑在松软土中，利用板桩加固。如板桩接缝漏水，尚需在井壁外设置反滤层。集水井不仅可用来集聚排水沟的水量，而且应有澄清水的作用，因为水泵的使用年限与水中含沙量的多少有关。为了保护水泵，集水井宜稍微偏大、偏深一些。

为防止降雨时地面径流进入基坑而增加抽水量，通常在基坑外缘边坡上挖截水沟，以拦截地面水。截水沟的断面及底坡应根据流量和土质而定，一般沟宽和沟深不小于 0.5 m，底坡不小于 2%。基坑外地面排水系统最好与道路排水系统相结合，以便自流排水。为了降低排水费用，当基坑渗水水质符合饮用水或其他施工用水要求时，可将基坑排水与生活、施工供水相结合。丹江口工程的基坑排水就直接引入供水池，供水池上设有溢流闸门，多余的水则溢入江中。

明式排水系统最适用于岩基开挖。对于砂砾石或粗砂覆盖层，在渗透系数 $K_s >$ 2×10^{-1} cm/s，且围堰内外水位差不大的情况下也可用。在实际工程中也有超出上述界限的，例如丹江口工程的细砂地基，渗透系数约为 2×10^{-2} cm/s，采取适当措施后，明式排水也取得了成功。不过，一般认为当 $K_s < 10^{-1}$ cm/s 时，以采用人工降低水位法为宜。

二、人工降低地下水位

经常性排水过程中，为了保持基坑开挖工作始终在干地进行，常常要多次降低排水沟和集水井的高程，变换水泵站的位置，这会影响开挖工作的正常进行。此外，在开挖细砂土、砂壤土一类地基时，随着基坑底面的下降，坑底与地下水位的高差愈来愈大，在地下水渗透压力作用下，容易发生边坡脱滑、坑底隆起等事故，甚至危及邻近建筑物的安全，给开挖工作带来不良影响。

采用人工降低地下水位，可以改变基坑内的施工条件，防止流砂现象的发生，基坑边坡可以陡些，从而可以大大减少了挖方量。人工降低地下水位的基本做法是：在基坑周围钻设一些井，地下水渗入井中后，随即被抽走，使地下水位线降到开挖的基坑底面以下，一般应使地下水位降到基坑底部 0.5 ～ 1.0 m 处。

人工降低地下水位的方法按排水工作原理可分为管井法和井点法两种。管井法是单纯重力作用排水，适用于渗透系数 Ks=10 ～ 250 m/d 的土层；井点法还附有真空或电渗排水的作用，适用于 K=0.1 ～ 50 m/d 的土层。

（一）管井法降低地下水位

管井法降低地下水位时，在基坑周围布置一系列管井，管井中放入水泵的吸水管，地下水在重力作用下流入井中，被水泵抽走。管井法降低地下水位时，须先设置管井，管井通常采用下沉钢井管，在缺乏钢管时也可用木管或预制混凝土管代替。

井管的下部安装滤水管节（滤头），有时在井管外还需设置反滤层，地下水从滤水管进入井内，水中的泥沙则沉淀在沉淀管之中。滤水管是井管的重要组成部分，其构造对井的出水量和可靠性影响很大。要求它过水能力大，进入的泥沙少，有足够的强度和耐久性。

井管埋设可采用射水法、振动射水法及钻孔法下沉。射水下沉时，先用高压水冲土下沉套管，较深时可配合振动或锤击（振动水冲法），然后在套管中插入井管，最后在套管与井管的间隙中间填反滤层并拔套管，反滤层每填高一次便拔一次套管，逐层上拔，直至完成。

管井中抽水可应用各种抽水设备，但主要是普通离心式水泵、潜水泵和深井水泵，分别可降低水位 3 ～ 6 m、6 ～ 20 m 和 20 m 以上，一般采用潜水泵较多。用普通离心式水泵抽水，由于吸水高度的限制，当要求降低地下水位较深时，要分层设置管井，分层进行抽水。

在要求大幅度降低地下水位的深井中抽水时，最好采用专用的离心式深井水泵。每个深井水泵都是独立工作，井的间距也可以加大。深井水泵一般深度大于 20 m，排水效率高，需要井数少。

（二）井点法降低地下水位

井点法与管井法不同，它把井管与水泵的吸水管合二为一，简化了井的构造。井点法降低地下水位的设备，根据其降深能力分轻型井点（浅井点）和深井点等。其中最常用的是轻型井点，是由井管、集水总管、普通离心式水泵、真空泵和集水箱等设备所组成的排水系统。

轻型井点系统的井点管为直径 38 ～ 50 mm 的无缝钢管，间距为 0.6 ～ 1.8 m，最大可达 3.0 m。地下水从井管下端的滤水管借真空泵和水泵的抽吸作用流入管内，沿井管上升汇入集水总管，流入集水箱，由水泵排出。轻型井点系统开始工作时，先开动真空泵，排除系统内的空气，待集水箱内的水面上升到一定高度后，再启动水泵排水。水泵开始抽水后，为保持系统内的真空度，仍需真空泵配合水泵工作。这种井点系统也叫真空井点。井点系统排水时，地下水位的下降深度取决于集水箱内的真空度与管路的漏气情况和水头损失。一般集水箱内真空度为 80 kPa（400 ～ 600 mmHg），相当的吸水高度为 5 ～ 8 m，扣除各种损失后，地下水位的下降深度为 4 ～ 5 m。

当要求地下水位降低的深度超过 4 ～ 5 m 时，可以像管井一样分层布置井点，每层控制范围 3 ～ 4 m，但以不超过 3 层为宜。分层太多，基坑范围内管路纵横，妨碍交通，影响施工，同时增加挖方量。而且当上层井点发生故障时，下层水泵能力有限，地下水位回升，基坑有被淹没的可能。

真空井点抽水时，在滤水管周围形成一定的真空梯度，加快了土的排水速度，因此即使在渗透系数小的土层中，也能进行工作。

布置井点系统时，为了充分发挥设备能力，集水总管、集水管和水泵应尽量接近天然地下水位。当需要几套设备同时工作时，各套总管之间最好接通，并安装开关，以便相互支援。

井管的安设，一般用射水法下沉。距孔口 1.0 m 范围内，应用黏土封口，以防漏气。排水工作完成后，可利用杠杆将井管拔出。

深井点与轻型井点不同，它的每一根井管上都装有扬水器（水力扬水器或压气扬水器），所以它不受吸水高度的限制，有较大的降深能力。

深井点有喷射井点和压气扬水井点两种。喷射井点由集水池、高压水泵、输水干管和喷射井管等组成。通常一台高压水泵能为 30 ～ 35 个井点服务，其最适宜的降水位范围为 5 ～ 18 m。喷射井点的排水效率不高，一般用于渗透系数为 3 ～ 50 m/d、渗流量不大的场合。压气扬水井点是用压气扬水器进行排水。排水时压缩空气由输气管送来，由喷气装置进入扬水管，于是，管内容重较轻的水气混合液，在管外水压力的作用下，沿水管上升到地面排走。为了达到一定的扬水高度，就必须将扬水管沉入井中有足够的潜没深度，使扬水管内外有足够的压力差。压气扬水井点降低地下水位最大可达 40 m。

（三）工降低地下水位的设计与计算

采用人工降低地下水位进行施工时，应根据要求的地下水位下降深度、水文地质条件、施工条件以及设备条件等，确定排水总量（即总渗流量），计算管井或井点的需要量，选择抽水设备，进行抽水排水系统的布置。

总渗流量的计算，可参考前面经常性排水中所介绍的方法和其他有关论著。

管井和井点数目 n 可根据总渗流量 Q 和单井集水能力 Q_{max} 决定，即

$$n=\frac{Q}{0.8q_{max}}$$

单井的集水能力取决于滤水管面积以及通过滤水管的允许流速，即

$$q_{max}=2\pi r_0 l \upsilon_p$$

式中：r_0 —— 滤水管的半径，m（当滤水管四周不设有反滤层时，用滤水管半径，设反滤层时，半径应包括反滤层在内）；

l —— 滤水管的长度，m；

υ_p —— 允许流速，$\upsilon_p=65\sqrt[3]{K_s}$，$m/d$，$K_s$ 为渗透系数。

根据上面计算确定的 n 值，考虑到抽水过程中有些井可能被堵塞，所以尚应增加 5%～10%。管井或者井点的间距 d 可根据排水系统的周线长度 L（单位为m）来确定，即

$$d=\frac{L}{n}$$

第三章 混凝土工程施工

在水利工程中，混凝土是整个工程的主要原材料，混凝土本身具有很大的优点，如价格低、抗压力大、耐久性强等。正是因为这些优点，混凝土被广泛地运用到各种水利工程中。

水利工程混凝土施工的特点包括：（1）施工季节性强；（2）工期长，工程量大；（3）施工技术复杂；（4）要求严格控制温度。

第一节 混凝土的分类及性能

一、分类

（一）按胶凝材料分

1. 无机胶凝材料混凝土

无机胶凝材料混凝土包括了石灰硅质胶凝材料混凝土（如硅酸盐混凝土）、硅酸盐水泥系混凝土（如硅酸盐水泥、普通水泥、矿渣水泥、粉煤灰水泥、火山灰质水泥、早强水泥混凝土等）、钙铝水泥系混凝土（如高铝水泥、纯铝酸盐水泥、喷射水泥，超速硬水泥混凝土等）、石膏混凝土、镁质水泥混凝土、硫黄混凝土、水玻璃氟硅酸钠混凝土、金属混凝土（用金属代替水泥作胶结材料）等等。

2. 有机胶凝材料混凝土

有机胶凝材料混凝土主要有沥青混凝土和聚合物水泥混凝土、树脂混凝土、聚合物浸渍混凝土等等。

（二）按表观密度分

混凝土按照表观密度的大小可分为重混凝土、普通混凝土、轻质混凝土。这三种混凝土的不同之处在于骨料不同。

1. 重混凝土

重混凝土是表观密度大于2 500 kg/m^3，用特别密实以及特别重的骨料制成的混凝土，如重晶石混凝土、钢屑混凝土等，它们具有不透X射线的性能，常由重晶石和铁矿石配制而成。

2. 普通混凝土

普通混凝土即是我们在建筑中常用的混凝土，表观密度为1 950～2 500 kg/m^3，主要以砂、石子为主要骨料配制而成，是土木工程中最常用的混凝土品种。

3. 轻质混凝土

轻质混凝土是表观密度小于1 950 kg/m^3的混凝土。它又可分为三类：

（1）轻骨料混凝土

其表观密度为800～1 950 kg/m^3。轻骨料包括浮石、火山渣、陶粒、膨胀珍珠岩、膨胀矿渣、矿渣等。

（2）多孔混凝土（泡沫混凝土、加气混凝土）

其表观密度是300～1 000 kg/m^3。泡沫混凝土是由水泥浆或水泥砂浆与稳定的泡沫制成的。加气混凝土是由水泥、水与发气剂制成的。

（3）大孔混凝土（普通大孔混凝土、轻骨料大孔混凝土）

其组成中无细骨料。普通大孔混凝土的表观密度为1 500～1 900 kg/m^3，是用碎石、软石、重矿渣作骨料配制的。轻骨料大孔混凝土的表观密度为500～1 500 kg/m^3，是用陶粒、浮石、碎砖、矿渣等为骨料配制的。

（三）按使用功能分

按使用功能可分为结构混凝土、保温混凝土、装饰混凝土、防水混凝土、耐火混凝土、水工混凝土、海工混凝土、道路混凝土、防辐射混凝土等。

（四）按施工工艺分

按施工工艺可分为离心混凝土、真空混凝土、灌浆混凝土、喷射混凝土、碾压混凝土、挤压混凝土、泵送混凝土等。按配筋方式分为素（即无筋）混凝土、钢筋混凝土、钢丝网水泥、纤维混凝土、预应力混凝土等等。

（五）按拌和物的流动性能分

按拌和物流动性能可分为干硬性混凝土、半干硬性混凝土、塑性混凝土、流动性混凝土、高流动性混凝土、流态混凝土等。

（六）按掺合料分

按掺合料可分为粉煤灰混凝土、硅灰混凝土、矿渣混凝土、纤维混凝土等。

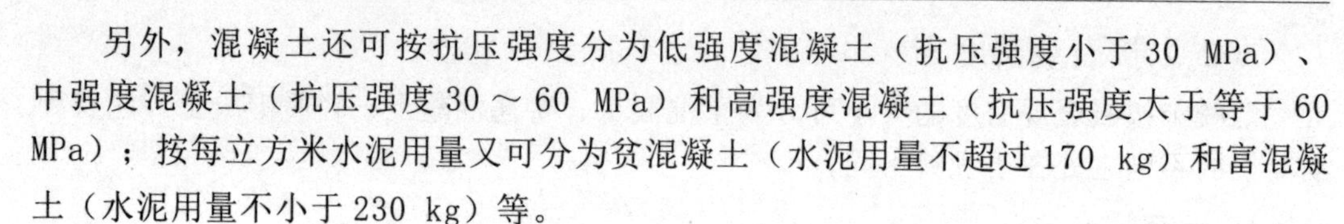

另外，混凝土还可按抗压强度分为低强度混凝土（抗压强度小于30 MPa）、中强度混凝土（抗压强度30～60 MPa）和高强度混凝土（抗压强度大于等于60 MPa）；按每立方米水泥用量又可分为贫混凝土（水泥用量不超过170 kg）和富混凝土（水泥用量不小于230 kg）等。

二、性能

混凝土的性能主要有以下几项。

（一）和易性

和易性是混凝土拌和物最重要的性能，主要包括流动性、黏聚性及保水性三个方面。它综合表示拌和物的稠度、流动性、可塑性、抗分层离析泌水的性能及易抹面性等。测定和表示拌和物和易性的方法与指标很多，我国主要采用截锥坍落筒测定的坍落度及用维勃仪测定的维勃时间，作为稠度的主要指标。

（二）强度

强度是混凝土硬化后的最重要的力学性能，是指混凝土抵抗压、拉、弯、剪等应力的能力。水灰比、水泥品种和用量、骨料的品种和用量以及搅拌、成型、养护，都直接影响混凝土的强度。混凝土按标准抗压强度（以边长为150 mm的立方体为标准试件，在标准养护条件下养护28 d，按照标准试验方法测得的具有95%保证率的立方体抗压强度）划分的强度等级，分为C10、C15、C20、C25、C30、C35、C40、C45、C50、C55、C60、C65、C70、C75、C80、C85、C90、C95、C100共19个等级。混凝土的抗拉强度仅为其抗压强度的1/10～1/20。提高了混凝土抗拉强度、抗压强度的比值是混凝土改性的重要方面。

（三）变形

混凝土在荷载或温湿度作用下会产生变形，主要包括弹性变形、塑性变形、收缩和温度变形等。混凝土在短期荷载作用下的弹性变形主要用弹性模量表示。在长期荷载作用下，应力不变，应变持续增加的现象为徐变；应变不变，应力持续减少的现象为松弛。由于水泥水化、水泥石的碳化和失水等原因产生的体积变形，称为收缩。

硬化混凝土的变形来自两方面：环境因素（温度、湿度变化）和外加荷载因素，因此有：（1）荷载作用下的变形包括弹性变形和非弹性变形；（2）非荷载作用下的变形包括收缩变形（干缩、自收缩）和膨胀变形（湿胀）；（3）复合作用下的变形包括徐变。

（四）耐久性

混凝土在使用过程中抵抗各种破坏因素作用的能力称之为耐久性。混凝土耐久性的好坏，决定混凝土工程的寿命。它是混凝土的一个重要性能，因此长期以来受到人们的高度重视。

在一般情况下，混凝土具有良好的耐久性。但在寒冷地区，特别是在水位变化的

工程部位以及在饱水状态下受到频繁的冻融交替作用时，混凝土易于损坏。为此，对混凝土要有一定的抗冻性要求。用于不透水的工程时，要求混凝土具有良好的抗渗性和耐蚀性。

混凝土耐久性包括抗渗性、抗冻性、抗侵蚀性。

影响混凝土耐久性的破坏作用主要有6种：

1. 冰冻一融解循环作用

是最常见的破坏作用，以致于有时人们用抗冻性来代表混凝土的耐久性。冻融循环在混凝土中产生内应力，促使裂缝发展、结构疏松，直至表层剥落或整体崩溃。

2. 环境水的作用

包括淡水的浸溶作用、含盐水和酸性水的侵蚀作用等。其中硫酸盐、氯盐、镁盐和酸类溶液在一定条件下可产生剧烈的腐蚀作用，导致混凝土迅速破坏。环境水作用的破坏过程可概括为两种变化：一是减少组分，即混凝土中的某些组分直接溶解或经过分解后溶解；二是增加组分，即溶液中的某些物质进入混凝土中产生化学、物理或物理化学变化，生成新的产物。上述组分的增减导致混凝土体积不稳定。

3. 风化作用

包括干湿、冷热的循环作用。在温度、湿度变幅大、变化快的地区以及兼有其他破坏因素（例如盐、碱、海水、冻融等）作用时，常能加速混凝土的崩溃。

4. 中性化作用

在空气中的某些酸性气体，如H2S与CO2在适当温度、湿度条件下使混凝土中液相的碱度降低，引起某些组分分解，并使体积发生变化。

5. 钢筋锈蚀作用

在钢筋混凝土中，钢筋因电化学作用生锈，体积增加，胀坏混凝土保护层，结果又加速了钢筋的锈蚀，这种恶性循环使钢筋与混凝土同时受到了严重的破坏，成为毁坏钢筋混凝土结构的一个最主要原因。

6. 碱一骨料反应

最常见的是水泥或水中的碱分（Na2O、K2O）和某些活性骨料（如蛋白石、燧石、安山岩、方石英）中的SiO2起反应，在界面区生成碱的硅酸盐凝胶，使体积膨胀，最后会使整个混凝土建筑物崩解。这种反应又名碱—硅酸反应。此外，还有碱—硅酸盐反应与碱—碳酸盐反应。

此外，有人将抵抗磨损、气蚀、冲击以至高温等作用的能力也纳入耐久性的范围。

上述各种破坏作用还常因其具有循环交替和共存叠加而加剧。前者导致混凝土材料的疲劳；后者则使破坏过程加剧并复杂化而难以防治。

要提高混凝土的耐久性，必须从抵抗力和作用力两个方面入手。增加了抵抗力就能抑制或延缓作用力的破坏。因此，提高混凝土的强度和密实性有利于耐久性的改善，其中密实性尤为重要，因为孔、缝是破坏因素进入混凝土内部的途径，所以混凝土的抗渗性与抗冻性密切相关。另外，通过改善环境以削弱作用力，也能提高混凝土的耐久性。此外，还可采用外加剂（例如引气剂之对于抗冻性等）、谨慎选择水泥和集料、掺加聚合物、使用涂层材料等，来有效地改善混凝土的耐久性，延长混凝土工程的安全使用期。

耐久性是一项长期性能，而破坏过程又十分复杂。因此，要较准确地进行测试及评价，还存在不少困难。只是采用快速模拟试验，对于在一个或少数几个破坏因素作用下的一种或几种性能变化，进行对比并加以测试的方法还不够理想，评价标准也不统一，对于破坏机制及相似规律更缺少深入的研究，因此到目前为止，混凝土的耐久性还难以预测。除实验室快速试验以外，进行长期暴露试验和工程实物的观测，从而积累长期数据，将有助于耐久性的正确评定。

第二节　混凝土的组成材料

普通混凝土是由水泥、粗骨料（碎石或卵石）、细骨料（砂）、外加剂和水拌和，经硬化而成的一种人造石材。砂、石在混凝土中起骨架作用，并抑制水泥的收缩；水泥和水形成水泥浆，包裹在粗、细骨料表面并填充骨料间的空隙。水泥浆体在硬化前起润滑作用，使混凝土拌和物具有良好的工作性能，硬化后将骨料胶结在一起，形成了坚强的整体。

一、水泥的分类及命名

（一）按用途及性能分

水泥按用途及性能分为：

1. 通用水泥

一般土木建筑工程通常采用的水泥。通用水泥主要是指六大类水泥，是硅酸盐水泥、普通硅酸盐水泥、矿渣硅酸盐水泥、火山灰质硅酸盐水泥、粉煤灰硅酸盐水泥和复合硅酸盐水泥。

2. 专用水泥

专门用途的水泥。如G级油井水泥、道路硅酸盐水泥。

3. 特性水泥

某种性能比较突出的水泥。如快硬硅酸盐水泥、低热矿渣硅酸盐水泥、膨胀硫铝酸盐水泥、磷铝酸盐水泥和磷酸盐水泥。

（二）按其主要水硬性物质名称分类

水泥按其主要水硬性物质名称分为：（1）硅酸盐水泥（国外通称为波特兰水泥）；（2）铝酸盐水泥；（3）硫铝酸盐水泥；（4）铁铝酸盐水泥；（5）氟铝酸盐水泥；

(6) 磷酸盐水泥；(7) 以火山灰或潜在水硬性材料和其他活性材料为主要组分的水泥。

（三）按主要技术特性分类

按主要技术特性水泥分为：

1. 快硬性（水硬性）水泥

分为快硬和特快硬两类。

2. 水化热

分为中热水泥和低热水泥两类。

3. 抗硫酸盐水泥

分中抗硫酸盐腐蚀和高抗硫酸盐腐蚀两类。

4. 膨胀水泥

分为膨胀和自应力两类。

5. 耐高温水泥

铝酸盐水泥的耐高温性以水泥中氧化铝含量分级。

（四）水泥命名的原则

水泥的命名按不同类别分别以水泥的主要水硬性矿物、混合材料、用途和主要特性进行，并力求简明准确。名称过长时，允许有简称。

通用水泥以水泥的主要水硬性矿物名称冠以混合材料名称或其他适当名称命名。专用水泥以其专门用途命名，并可冠以不同的型号。

特种水泥以水泥的主要水硬性矿物名称冠以水泥的主要特性命名，并可冠以不同型号或混合材料名称。

以火山灰性或潜在水硬性材料以及其他活性材料为主要组分水泥是以主要组成成分的名称冠以活性材料的名称进行命名，也可再冠以特性名称，如石膏矿渣水泥、石灰火山灰水泥等。

（五）水泥类型的定义

1. 水泥

加水拌和成塑性浆体，能胶结砂、石等材料，既能在空气中硬化，又能在水中硬化的粉末状水硬性胶凝的材料。

2. 硅酸盐水泥

由硅酸盐水泥熟料、0 ～ 5% 石灰石或粒化高炉矿渣、适量石膏磨细制成的水硬性胶凝材料，分 P·Ⅰ和 P·Ⅱ。

3. 普通硅酸盐水泥

由硅酸盐水泥熟料、6% ～ 20% 混合材料，适量石膏磨细制成的水硬性胶凝材料，简称普通水泥，代号为 P-O。

4. 矿渣硅酸盐水泥

由硅酸盐水泥熟料，20% ～ 70% 粒化高炉矿渣和适量石膏磨细制成的水硬性胶凝材料，代号为P-S。

5. 火山灰质硅酸盐水泥

由硅酸盐水泥熟料、20% ～ 40% 火山灰质混合材料及适量石膏磨细制成的水硬性胶凝材料，代号为P-P。

6. 粉煤灰硅酸盐水泥

由硅酸盐水泥熟料、20% ～ 40% 粉煤灰和适量石膏磨细制成的水硬性胶凝材料，代号为P-F。

7. 复合硅酸盐水泥

由硅酸盐水泥熟料、20% ～ 50% 两种或两种以上规定的混合材料和适量石膏磨细制成的水硬性胶凝材料，简称复合水泥，代号为P-C。

8. 中热硅酸盐水泥

以适当成分的硅酸盐水泥熟料、加入适量石膏磨细制成的具有中等水化热的水硬性胶凝材料。

9. 低热矿渣硅酸盐水泥

以适当成分的硅酸盐水泥熟料、加入适量的石膏磨细制成的具有低水化热的水硬性胶凝材料。

10. 快硬硅酸盐水泥

由硅酸盐水泥熟料加入适量石膏，磨细制成早强度高以 3 d 抗压强度表示强度等级的水泥。

11. 抗硫酸盐硅酸盐水泥

由硅酸盐水泥熟料，加入适量石膏磨细制成的抗硫酸盐腐蚀性能良好的水泥。

12. 白色硅酸盐水泥

由氧化铁含量少的硅酸盐水泥熟料加入适量石膏，磨细制成的白色水泥。

13. 道路硅酸盐水泥

由道路硅酸盐水泥熟料，0 ～ 10% 活性混合材料和适量石膏磨细制成的水硬性胶凝材料，简称道路水泥。

14. 砌筑水泥

由活性混合材料，加入适量硅酸盐水泥熟料和石膏，磨细制成的主要用来砌筑砂浆的低强度等级水泥。

15. 油井水泥

由适当矿物组成的硅酸盐水泥熟料、适量石膏和混合材料等磨细制成的适用于一定井温条件下油、气井固井工程用的水泥。

16. 石膏矿渣水泥

以粒化高炉矿渣为主要组分材料，加入适量石膏、硅酸盐水泥熟料或石灰磨细制成的水泥。

（六）生产工艺

硅酸盐类水泥的生产工艺在水泥生产中具有代表性，是以石灰石和黏土为主要原料，经破碎、配料、磨细制成生料，然后喂入水泥窑中燃烧成熟料，再将熟料加适量石膏（有时还掺加混合材料或外加剂）磨细而成。

水泥生产随生料制备方法不同，可分干法（包括半干法）与湿法（包括半湿法）两种。

1. 干法生产

将原料同时烘干并粉磨，或先烘干经粉磨成生料粉后喂入干法窑内煅烧成熟料的方法。但也有将生料粉加入适量水制成生料球，送入立波尔窑内燃烧成熟料的方法，称为半干法，仍属干法生产的一种。

新型干法水泥生产线指采用窑外分解新工艺生产的水泥。其生产以悬浮预热器和窑外分解技术为核心，采用新型原料、燃料均化和节能粉磨技术及装备，全线采用计算机集散控制，实现水泥生产过程自动化和高效、优质、低耗、环保等。

2. 湿法生产

将原料加水粉磨成生料浆后，喂入湿法窑燃烧成熟料的方法。也有将湿法制备的生料浆脱水后，制成生料块入窑燧烧成熟料的方法，称为半湿法，仍属湿法生产的一种。

干法生产的主要优点是热耗低（如带有预热器的干法窑熟料热耗为3 140～3 768 J/kg），缺点是生料成分不易均匀、车间扬尘大、电耗较高。湿法生产具有操作简单、生料成分容易控制、产品质量好、料浆输送方便、车间扬尘少等优点，缺点是热耗高（熟料热耗通常为5 234～6 490 J/kg）。

水泥的生产，一般可分生料制备、熟料煅烧和水泥制成三个工序，整个生产过程可概括为“两磨一烧”。

（1）生料粉磨

生料粉磨分干法和湿法两种。干法一般采用闭路操作系统，即原料经磨机磨细后，进入选粉机分选，粗粉回流入磨再行粉磨的操作，并且多数采用物料在磨机内同时烘干并粉磨的工艺，所用设备有管磨、中卸磨及辐式磨等。湿法通常采用管磨、棒球磨等一次通过磨机不再回流的开路系统，但也有采用带分级机或弧形筛的闭路系统的。

（2）熟料燃烧

燃烧熟料的设备主要有立窑和回转窑两类，立窑适用生产规模较小的工厂，大中型厂宜采用回转窑。

1）立窑

窑筒体立置不转动的称为立窑。分普通立窑和机械化立窑。普通立窑是人工加料和人工卸料或机械加料，人工卸料；机械化立窑是机械加料和机械卸料。机械化立窑是连续操作的，它的产量、质量及生产率都比普通立窑高。国外大多数立窑已被回转窑所取代，但在当前中国水泥工业中，立窑仍占有重要的地位。根据建材技术政策要求，小型水泥厂应用机械化立窑逐步取代普通立窑。

2）回转窑

窑筒体卧置（略带斜度，约为3%），并能做回转运动的称为回转窑。分燃烧生料粉的干法窑和燃烧料浆（含水率通常为35%左右）的湿法窑。

①干法窑

干法窑又可分为中空式窑、余热锅炉窑、悬浮预热器窑和悬浮分解炉窑。20世纪70年代前后，出现了一种可大幅度提高回转窑产量的燃烧工艺——窑外分解技术。其特点是采用了预分解窑，它以悬浮预热器窑为基础，在预热器与窑之间增设了分解炉。在分解炉中加入占总燃料用量50%～60%的燃料，使燃料燃烧过程与生料的预热和碳酸盐分解过程结合，从窑内传热效率较低的地带移到分解炉中进行，生料在悬浮状态或沸腾状态下与热气流进行热交换，从而提高传热效率，使生料在入窑前的碳酸钙分解率达80%以上，达到减轻窑的热负荷，延长窑衬使用寿命和窑的运转周期，在保持窑的发热能力的情况下，大幅度提高了产量的目的。

②湿法窑

用于湿法生产中的水泥窑称湿法窑，湿法生产是将生料制成含水率为32%～40%的料浆。由于制备成具有流动性的泥浆，所以各原料之间混合好，生料成分均匀，烧成的熟料质量高，这是湿法生产的主要优点。

湿法窑可分为湿法长窑和带料浆蒸发机的湿法短窑，长窑使用广泛，短窑已很少采用。为了降低湿法长窑热耗，窑内装设有各种形式的热交换器，如链条、料浆过滤预热器、金属或陶瓷热交换器。

（3）水泥粉末

水泥熟料的细磨通常采用圈流粉磨工艺（即闭路操作系统）。为了防止生产中的粉尘飞扬，水泥厂均装有收尘设备。电收尘器、袋式收尘器和旋风收尘器等是水泥厂常用的收尘设备。由于在原料预均化、生料粉的均化输送和收尘等方面采用了新技术和新设备，尤其是窑外分解技术的出现，一种干法生产新工艺随之产生。采用这种新工艺使干法生产的熟料质量不亚于湿法生产，电耗也有所降低，已成为各国水泥工业发展的趋势。

以下以立窑为例来说明水泥的生产过程。

原料和燃料进厂后，由化验室采样分析检验，一并按质量进行搭配均化，存放于原料堆棚。黏土、煤、硫铁矿粉由烘干机烘干水分至工艺指标值，通过提升机提升到相应原料贮库中。石灰石、萤石、石膏经过两级破碎后，由提升机送入各自贮库。

化验室根据石灰石、黏土、无烟煤、萤石、硫铁矿粉的质量情况，计算工艺配方，通过生料微机配料系统进行全黑生料的配料，由生料磨机进行粉磨，每小时采样化验一次生料的氧化钙、三氧化二铁的百分含量，及时进行调整，使各项数据符合工艺配方要求。磨出的黑生料经过斗式提升机提入生料库，化验室依据出磨生料质量情况，通过多库搭配和机械倒库方法进行生料的均化，经提升机提入两个生料均化库，生料经两个均化库进行搭配，将料提至成球盘料仓，由设在立窑面上的预加水成球控制装置进行料、水的配比，通过成球盘进行生料的成球。所成之球由立窑布料器将生料球布于窑内不同位置进行燃烧，烧出的熟料经卸料管、鳞板机送至熟料破碎机进行破碎，由化验室每小时采样一次进行熟料的化学和物理分析。

根据熟料质量情况由提升机放入相应的熟料库，同时根据生产经营要求及建材市场情况，化验室将熟料、石膏、矿渣通过熟料微机配料系统进行水泥配比，由水泥磨机进行普通硅酸盐水泥的粉磨，每小时采样一次进行分析检验。磨出的水泥经斗式提升机提入 3 个水泥库，化验室依据出磨水泥质量情况，通过多库搭配和机械倒库方法进行水泥的均化。经提升机送入 2 个水泥均化库，再经两个水泥均化库搭配，由微机控制包装机进行水泥的包装，包装出来的袋装水泥存放于成品仓库，再经化验采样检验合格后签发水泥出厂通知单。

二、粗骨料

在混凝土中，砂、石起骨架作用，称为骨料或集料，其中粒径大于 5 mm 的骨料称为粗骨料。普通混凝土常用的粗骨料有碎石及卵石两种。碎石是天然岩石、卵石或矿山废石经机械破碎、筛分制成的、粒径大于 5 mm 的岩石颗粒。卵石是以自然风化、水流搬运和分选、堆积而成的粒径大于 5 mm 的岩石颗粒。卵石和碎石颗粒的长度大于该颗粒所属相应粒级的平均粒径 2.4 倍者为针状颗粒，厚度小于平均粒径 0.4 倍者为片状颗粒（平均粒径指该粒级上、下限粒径的平均值）。

混凝土用粗骨料的技术要求有以下几方面。

（一）颗粒级配及最大粒径

粗骨料中公称粒级的上限称为最大粒径。当骨料粒径增大时，其比表面积减小，混凝土的水泥用量也减少，故在满足技术要求的前提下，粗骨料的最大粒径应尽量选大一些。在钢筋混凝土工程中，粗骨料的粒径不得大于混凝土结构截面最小尺寸的 1/4，且不得大于钢筋最小净距的 3/4。对于混凝土实心板，其最大粒径不宜大于板厚的 1/3，且不得超过 40 mm。泵送混凝土用的碎石，不应大于输送管内径的 1/3，卵石不应大于输送管内径的 1/2.5。

（二）有害杂质

粗骨料中所含的泥块、淤泥、细屑、硫酸盐、硫化物和有机物都是有害杂质，其含量应符合国家标准《建筑用卵石、碎石》的规定。此外，粗骨料中严禁混入煅烧过的白云石或石灰石块。

（三）针、片状颗粒

粗骨料中针、片状颗粒过多，会使混凝土的和易性变差，强度降低，故粗骨料的针、片状颗粒含量应控制在一定范围内。

三、细骨料

细骨料是与粗骨料相对的建筑材料，混凝土中起骨架或填充作用的粒状松散材料，直径相对较小（粒径在 4.75 mm 以下）。

相关规范对细骨料（人工砂、天然砂）的品质要求：（1）细骨料应质地坚硬、清洁、级配良好。人工砂的细度模数宜为 2.4 ～ 2.8，天然砂的细度模数宜为 2.2 ～ 3.0。使用山砂、粗砂应采取相应的试验论证；（2）细骨料在开采过程中应定期或按一定开采的数量进行碱活性检验，有潜在危害时，应采取相应措施，并经专门试验论证；（3）细骨料的含水率应保持稳定，必要时应采取加速脱水的措施。

（一）泥和泥块的含量

含泥量是指骨料中粒径小于 0.075 mm 的细尘屑、淤泥、黏土的含量。砂、石中的泥和泥块限制应符合《建筑用砂》的要求。

（二）有害杂质

《建筑用砂》和《建筑用卵石、碎石》中强调不应有草根、树叶、树枝、煤块和矿渣等杂物。

细骨料的颗粒形状和表面特征会影响其与水泥的黏结以及混凝土拌和物的流动性。山砂的颗粒具有棱角，表面粗糙但含泥量和有机物杂质较多，与水泥的结合性差。河砂、湖砂因长期受到水流作用，颗粒多呈现圆形，比较洁净并且使用广泛，一般工程都采用这种砂。

四、外加剂

混凝土外加剂是在搅拌混凝土过程中掺入，占水泥质量 5% 以下的，能显著改善混凝土性能的化学物质。在混凝土中掺入外加剂，具有投资少、见效快、技术经济效益显著的特点。

随科学技术的不断进步，外加剂已越来越多地得到应用，外加剂已成为混凝土除四种基本组分以外的第五种重要组分。

混凝土外加剂常用的主要是萘系高效减水剂、聚羧酸高性能减水剂和脂肪族高效减水剂。

（一）萘系高效减水剂

萘系高效减水剂是经化工合成的非引气型高效减水剂。化学名称为萘磺酸盐甲醛缩合物，它对于水泥粒子有很强的分散作用。对于配制大流态混凝土，有早强、高强要求的现浇混凝土和预制构件，有很好的使用效果，可全面提高和改善混凝土的各种性能，广泛用于公路、桥梁、大坝、港口码头、隧道、电力、水利及民建工程、蒸养及自然养护预制构件等。

1. 技术指标

（1）外观：粉剂棕黄色粉末，液体棕褐色黏稠液；（2）固体含量：粉剂

≥ 94%，液体≥ 0%；（3）净浆流动度≥ 230 mm；（4）硫酸钠含量≤ 10%；（5）氯离子含量≤ 0.5%。

2. 性能特点

（1）在混凝土强度和坍落度基本相同时，可以减少水泥用量 10% ～ 25%；（2）在水灰比不变时，使混凝土初始坍落度提高 10 cm 以上，减水率可达 15% ～ 25%；（3）对混凝土有显著的早强、增强效果，其强度提高幅度为 20% ～ 60%；（4）改善混凝土的和易性，全面提高混凝土的物理力学性能；（5）对各种水泥适应性好，与其他各类型的混凝土外加剂配伍良好；（6）特别适用于在以下混凝土工程中使用：流态混凝土、塑化混凝土、蒸养混凝土、抗渗混凝土、防水混凝土、自然养护预制构件混凝土、钢筋及预应力钢筋混凝土、高强度超高强度混凝土。

3. 掺量范围

粉剂的掺量范围为 0.75% ～ 1.5%，液体的掺量范围为 1.5% ～ 2.5%。

4. 注意事项

（1）采用多孔骨料时宜先加水搅拌，再加减水剂；（2）当坍落度较大时，应注意振捣时间不易过长，以防止泌水和分层。

萘系高效减水剂根据其产品中 Na2SO4 含量的高低，可分为高浓型产品（Na2SO4 含量＜ 3%）、中浓型产品（Na2SO4 含量为 3% ～ 10%）和低浓型产品（Na2SO4 含量＞ 10%）。大多数萘系高效减水剂合成厂都具备将 Na2SO4 含量控制在 3% 以下的能力，有些先进企业甚至可将其控制在 0.4% 以下。

萘系减水剂是我国目前生产量最大、使用最广的高效减水剂（占减水剂用量的 70% 以上），其特点是减水率较高（15% ～ 25%），不引气，对凝结时间的影响小，与水泥适应性相对较好，能与其他各种外加剂复合使用，价格也相对便宜。萘系减水剂常被用于配制大流动性、高强、高性能混凝土。单纯掺加萘系减水剂的混凝土坍落度损失较快。此外，萘系减水剂与某些水泥适应性还需改善。

（二）脂肪族高效减水剂

脂肪族高效减水剂是丙酮磺化合成的羰基焦醛。憎水基主链为脂肪族烃类，是一种绿色高效减水剂，不污染环境，不损害人体健康。对水泥适用性广，对混凝土增强效果明显，坍落度损失小，低温无硫酸钠结晶现象，广泛用于配制泵送剂、缓凝、早强、防冻、引气等各类个性化减水剂，也可以和萘系减水剂、氨基减水剂、聚梭酸减水剂复合使用。

1. 主要技术指标

（1）外观：棕红色的液体。

（2）固体含量＞ 35%。

（3）比重为 1.15 ～ 1.2。

2. 性能特点

（1）减水率高。掺量 1% ～ 2% 的情况下，减水率可达 15% ～ 25%。在同等强度坍落度条件下，掺脂肪族高效减水剂可节约 25% ～ 30% 的水泥用量。

（2）早强、增强效果明显。混凝土掺入脂肪族高效减水剂，3 d 可达到设计强度的 60% ～ 70%，7 d 可达到 100%，28 d 比空白混凝土强度提高 30% ～ 40%。

（3）高保塑。混凝土坍落度经时损失小，60 min 基本不损失，90 min 损失 10% ～ 20%。

（4）对水泥适用性广泛，和易性、黏聚性好。与其他各类外加剂配伍良好。

（5）能显著提高混凝土的抗冻融、抗渗、抗硫酸盐侵蚀性能，并能全面提高混凝土的其他物理性能。

（6）特别适用于以下混凝土：流态塑化混凝土，自然养护、蒸养混凝土，抗渗防水混凝土，抗冻融混凝土，抗硫酸盐侵蚀海工混凝土，以及钢筋、预应力混凝土。

（7）脂肪族高效减水剂无毒，不燃，不腐蚀钢筋，冬季无硫酸钠结晶。

3. 使用方法

（1）通过试验找出最佳掺量，推荐掺量为 1.5% ～ 2%。

（2）脂肪族高效减水剂与拌和水一起加入混凝土中，也可以采取后加法，加入脂肪族高效减水剂混凝土要延长搅拌 30 s。

（3）由于脂肪族高效减水剂的减水率较大，混凝土初凝以前，表面会泌出一层黄浆，属正常现象。打完混凝土收浆抹光，颜色则会消除，或在混凝土上强度以后，颜色会自然消除，浇水养护颜色会消除快一些，不影响混凝土的内在和表面性能。

第三节　钢筋工程

钢筋混凝土施工是水利工程施工中的重要组成部分，它在水利工程中的施工主要分骨料及钢筋的材料加工、混凝土拌制、运输、浇筑、养护等几个重要方面。

一、钢筋的检验与储存技术要点

在水利工程施工过程中，如果发现施工材料的手续与水利工程施工要求不符，或者是没有出厂合格证，这批货量不清楚，也没有验收检测报告等，一定要严禁使用这样的施工材料。在水利工程钢筋施工中必须做好钢筋的检验与存储工作，同时要经过试验、检查，如果都没有问题，说明是合格的钢筋才可以用。与此同时，还要把与钢筋相关的施工材料合理有序地放在材料仓库中。如果没有存储施工材料的仓库，要把钢筋施工材料堆放在比较开阔、平坦的露天场地，最好是一目了然的地方。另外，在堆放钢筋材料的地方以及周围，要有适当地排水坡。如果没有排水坡，要挖掘出适当的排水沟，以便排水。在钢筋垛的下面，还要适当铺一些木头，钢筋和地面之间的距离要超过 20 cm。除此之外，还要建立一个钢筋堆放架，它们之间要有 3 m 左右的间隔距离，钢筋堆放架可以用来堆放钢筋施工材料。

二、钢筋的连接技术要点

（1）钢筋的连接方式主要有绑扎搭接、机械连接以及焊接等。一定要把钢筋的接头合理地接在受力最小的地方，而且，在同一根钢筋上还要尽量减少接头。同时，要按照我国当前的相关规范的规定，确保机械焊接接头和连接接头的类型和质量；（2）在轴心受拉的情况下，钢筋不能采用以绑扎搭接接头；（3）同一构件中，相邻纵向受力钢筋的绑扎搭接接头，应该相互错开。

第四节　模板工程

模板安装与拆卸是模板施工工程的重要环节，在进行模板工程施工的时候应该重点对其进行控制。另外，还应当对施工原料的性能、品质进行全面的掌握，明确模板施工的要求。

一、概述

模板工程是水利水电工程施工中的基础性工程，与水利水电工程建设质量直接挂钩，因此，在施工时必须对模板工程施工加以重视，并进行全面的控制。模板工程中最重要，也是最关键的部分是它在混凝土施工工程中的运用。模板的选择、安装以及拆卸是模板工程施工中最主要的三个环节，对于混凝土施工质量的影响也最为深刻。曾有调查显示，模板工程施工费用在整个混凝土工程施工费用中所占比例为30%左右。模板工程施工要求技术工人能够熟练掌握板材结构和特性，了解各类板材的施工优势，严格并科学地控制拆模时间。材料用量、工期的掌握、质量的控制都是模板工程施工中必须引起重视的施工要求。

模板系统一般是模板以及模板支撑系统这两个部分组成：模板是混凝土的容器，控制混凝土浇筑与成型；模板支撑系统则起到稳定模板的作用，避免模板变形影响混凝土质量，并将模板中的混凝土固定在需要的位置上。在实际施工过程中，模板选择、安装与拆卸是施工中难度较高的控制部分。

二、模板工程施工中的常见问题

模板工程施工中常见的问题主要有以下几类：板材选择不符合标准，板材质量不合格，影响了混凝土的凝结和成型；模板安装没有按照相关图纸标准进行，结构安装有问题，位置安装不到以及模板稳定性弱；模板拆卸时间选择不恰当，拆卸过程中影响到了混凝土的质量，模板拆卸之前准备与检查工作不全面。模板工程施工出现的上述问题一直困扰和影响着模板工程施工质量控制与工期管理，并给后期水利工程的使用和维护保养留下了隐患，影响了水利工程的使用。

三、模板工程施工工艺技术

模板工程的施工工艺技术分类可从板材、安装、拆卸等几个方面来进行说明。在实际施工过程中，只要能够对主要的几个工艺技术进行掌握和控制，就能够以较高的品质完成模板工程施工。

（一）模板要求与设计

模板工程施工对模板特性有着较高的要求，首先应保障模板具有较强的耐久性和稳定性，能够应对复杂的施工环境，不会被气象条件以及施工中的磕碰所影响。最重要的是，模板必须保证在混凝土浇筑完成之后，自身的尺寸不会发生较大的变形，影响混凝土浇筑质量和成型。在混凝土施工过程中，恶劣的天气、多变的空气条件以及混凝土本身的变化都会对模板有影响，因此要求模板板材必须是低活性的，不会与空气、水、混凝土材料发生锈蚀、腐蚀等反应。由于模板是重复使用的，所以还要求模板具有较强的适应性，能够应用于各类混凝土施工。模板板材的形状特点、外观尺寸对混凝土浇筑有着较大的影响，所以模板的选择是模板工程施工的第一要素。模板的设计则按照施工要求和混凝土浇筑状况进行，模板设计与现场地形勘察是分不开的，模板设置要求符合地形勘测，模板结构稳定，便于模板安装与拆除、混凝土浇筑工作的开展。

（二）板材分类

模板按照外观形状和板材材料、使用原理可以分为不同的种类。一般按照板材外观形状分类，模板分为曲面模板和平面模板两种类型，不同类型的模板用于不同类型的混凝土施工。例如曲面模板，通常用于隧道、廊道等曲面混凝土浇筑的施工当中。而按照板材材料进行分类，模板则可以被分为很多种类型，如由木料制成则称为木模板，由钢材制成则称为钢模板。

按照使用原理进行分类，模板可分承重模板和侧面模板两种类型。侧面模板按照支撑方式和使用特点可以被划分为更多类型的模板，不同的模板使用原理和使用对象也各有差异。一般来讲，模板都是重复使用的，但是某些用于特殊部位的模板却是一次性使用，例如用于特殊施工部位的固定式侧面模板。拆移式、滑动式和移动式侧面模板一般都是可以重复利用的。滑动式侧面模板可以进行整体移动，能够用于连续性和大跨度的混凝土浇筑，而拆移式侧面模板则不能够进行整体移动。

（三）模板安装

模板安装的关键在于技术工人对模板设计图纸的掌握和技艺的熟练程度。模板安装必须保障钢筋绑扎和混凝土浇筑工作的协调性和配合性，避免各类施工发生矛盾和冲突。在模板安装中应当注意以下几点：（1）模板投入使用后必须对其进行校正，校正次数在两次及以上，多次校正能够保障模板的方位以及大小的准确度，保障后续施工顺利进行；（2）保障模板接洽点之间的稳固性，避免出现较为明显的接洽点缺陷。尤其要重视混凝土振捣位置的稳定性和可靠性，充分保障混凝土振捣的准确性和振捣顺利进行，有效避免振捣不善引起的混凝土裂缝问题；（3）严格控制模板支撑结构的安装，保障其具备强大的抗冲击能力。在施工过程中，工序复杂、施工类目繁多，不可避免地给模板造成了冲击力，因此模板需要具备较强抗冲击力。可以在模板支撑柱下方设置垫板以增加受力面积，减少支撑柱摇晃。

（四）模板拆卸

1. 模板的拆卸必须严格按照施工设计进行

拆卸前需要做好充足的准备工作。首先对混凝土的成型进行严格的检查，查看其凝固程度是否符合拆卸要求，对模板结构进行全方位的检查，确定使用何种拆卸方式。一般来讲，模板的拆卸都会使用块状拆卸法进行。块状拆卸的优势在于：它符合混凝土成型的特点，不容易对混凝土表面和结构造成损害，块状拆卸的难度比较低，拆卸速度也更快。拆卸前必须准备好拆卸所使用的工具与机械，保障拆卸器具所有功能能够正常使用。拆卸中，首先对螺栓等连接件进行拆卸，然后对模板进行松弛处理，方便整体拆卸工作的进行。

2. 拱形模板

对于拱形模板，应当先拆除支撑柱下方位置木楔，这样可以有效防止拱架快速下滑造成施工事故。

对于模板工程施工来说，考究的就是管理人员的胆大心细。在施工过程中需要管理人员细心面对施工中的细节管理，大胆开拓和创新管理模式及施工技艺，对模板工程进行深度解读，严格、科学地控制工艺使用。

第六节 混凝土养护

混凝土养护是实现混凝土设计性能的重要基础，为了确保这一目标的实现混凝土养护宜根据现场条件、环境的温度与湿度、结构部位、构件或制品情况、原材料情况以及对混凝土性能的要求等因素，结合热工计算的结果，选择一种或多种合理的养护方法，满足混凝土的温控与湿控要求。

混凝土是土木工程中常用的建筑材料，混凝土养护则是混凝土设计性能实现的重要基础，也是影响工程质量与结构安全的关键因素之一，但水工混凝土经常或周期性受环境水作用，除具有体积大、强度高等特点外，设计与施工中，还要根据工程部位、技术要求和环境条件，优先选用中热硅酸盐水泥，在满足水工建筑物的稳定、承压、耐磨、抗渗、抗冲、抗冻、抗裂、抗侵蚀等特殊要求的同时，降低混凝土发热量，减少温度裂缝。鉴于水利水电工程施工及水工建筑物的这些特点，需根据水利工程的技术规范，采取专门的施工方法和措施，确保工程质量。混凝土浇筑成型后的养护对保证混凝土性能的实现有着特别重要的意义。

一、自然养护

自然养护即传统的洒水养护，主要有喷雾养护和表面流水养护两种方法。二滩工程经验证明，混凝土流水养护，不但能降低混凝土表面温度，还能防止混凝土干裂。水利水电工程通常地处偏僻，供水、取水不便，成本也较高，水工建筑物一般具有或壁薄、或大体积、或外形坡面与直立面多、表面积大、水分极易蒸发等特点，喷雾养护和表面流水养护在实际应用中，很难保证养护期内始终使混凝土表面保持湿润状态，难以达到养护要求。喷雾养护一般用于用水方便的地区及便于洒水养护的部位，如闸室底板等。喷雾养护时，应使水呈雾状，不可形成水流，亦不得直接以水雾加压于混凝土表面。流水养护时要注意水的流速不可过大，混凝土面不得形成水流或冲刷现象，以免造成剥损。

水工混凝土主要采用塑性混凝土和低塑性施工，塑性混凝土水泥用量较少，并掺加较多的膨润土、黏土等材料，坍落度为 5 ～ 9 cm，施工中一般是在塑性混凝土浇筑完毕 6 ～ 18 h 内即开始洒水养护；但低塑性混凝土坍落度为 1 ～ 4 cm，较塑性混凝土的养护有一定的区别，为防止干缩裂缝的产生，其养护是混凝土浇筑的紧后工作，即在浇筑完毕后立即喷雾养护，并及早开始洒水和养护。

对大体积混凝土而言，要控制混凝土内部和表面及表面与外界温差即保持混凝土内外合适的温度梯度，不间断的 24 h 养护至关重要，实际施工中很难满足洒水养护的次数，易造成夜间养护中断。根据以往的施工经验，在大体积混凝土养护过程中采用强制或不均匀的冷却降温措施不仅成本相对较高，管理不善易使大体积混凝土产生贯穿性裂缝。当施工条件适宜时，对于如底板类的大体积混凝土也可选择蓄水养护。

二、覆盖养护

覆盖养护是混凝土最常用的保湿、保温养护方法，一般用塑料薄膜、麻袋、草袋等材料覆盖混凝土表面养护。但在风较大时覆盖材料不易固定，覆盖过程中也存在易破损和接缝不严密等问题，不适用于外形坡面、直立面、弧形结构。

覆盖养护有时需和其他养护方法结合使用，如对风沙大、不宜搭设暖棚的仓面，可采用覆盖保温被下面布设暖气排管的办法。覆盖养护时，混凝土敞露的表面应以完好无破损的覆盖材料完全盖住混凝土表面，并予以固定妥当，保持覆盖材料如塑料薄膜内有凝结水。

在保温方面，覆盖养护的效果也较明显，当气温骤降时，未进行保温的表面最大降温量与气温骤降的幅度之比为 88%，一层草袋保温后为 60%，两层草袋保温为 45%，可见对结构进行适当的表面覆盖保温，减小混凝土与外界的热交换，对混凝土结构温控防裂是必要的。但是对模板外和混凝土表面覆盖的保温层，不应采用潮湿状态的材料，也不应将保温材料直接铺盖在潮湿的混凝土表面，新浇混凝土表面应铺一层塑料薄膜，对混凝土结构的边及棱角部位的保温厚度应增大到面部位的 2 ～ 3 倍。

选择覆盖材料时，不可使用包装过糖、盐或肥料的麻布袋。对有可溶性物质的麻布袋，应彻底清洗干净后方得作为养护用覆盖材料。

三、蓄热法与综合蓄热法养护

蓄热法是一种当混凝土浇筑后，利用原材料加热及水泥水化热的热量，通过适当保温延缓混凝土冷却，使混凝土冷却到0℃以前达到预期要求强度的施工方法。当室外最低温度不低于-15℃时，地面以下的工程，或表面系数M＜5的结构，应优先采用蓄热法养护。蓄热法具有方法简单、不需混凝土加热设备、节省能源、混凝土耐久性较高、质量好、费用较低等优点，但是强度增长较慢，施工要有一套严密的措施和制度。

当采用蓄热法不能满足要求时，应选用综合蓄热法养护。综合蓄热法是在蓄热法的基础上利用高效能的保温围护结构，使混凝土加热拌制所获得的初始热量缓慢散失，并充分利用水泥水化热和掺用相应的外加剂（或进行短时加热）等综合措施，使混凝土温度在降至冰点前达到允许受冻临界强度或者承受荷载所需的强度。综合蓄热法分高、低蓄热法两种养护方式，高蓄热养护过程，主要以短时加热为主，使混凝土在养护期间达到受荷强度；低蓄热养护过程则主要以使用早强水泥或掺用防冻外加剂等冷法为主，使混凝土在一定的负温条件下不被冻坏，仍可继续硬化。水利水电工程多使用低蓄热养护方式。

与其他养护方法不同的是，蓄热法养护和混凝土的浇筑、振捣是同时进行的，即随浇筑、随捣固、随覆盖，防止表面水分蒸发，减少热量失散。采用蓄热法养护时，应用不易吸潮的保温材料紧密覆盖模板或混凝土表面，迎风面宜增设挡风保温设施，形成不透风的围护层，细薄结构的棱角部分，应加强保温，结构上的孔洞应暂时封堵。当蓄热法不能满足强度增长的要求时，可选用蒸气加热、电流加热或暖棚保温等方法。

四、搭棚养护

搭棚养护分为防风棚养护和暖棚法养护。混凝土在终凝前或刚刚终凝时几乎没有强度或强度很小，如果受高温或较大风力的影响时，混凝土表面失水过快，易造成毛细管中产生较大的负压而使混凝土体积急剧收缩，而此时混凝土的强度又无法抵抗其本身收缩，因此产生龟裂。风速对混凝土的水分蒸发有直接影响，不可忽视。在风沙较大的地区，当覆盖材料不易固定或不适合覆盖养护的部位，易搭防风棚养护；当阳光强烈、温度较高时，还需有隔热遮阳的功能。

日平均气温-15～-10℃时，除了可采用综合蓄热法外，还可采用暖棚法。暖棚法养护是一种将被养护的混凝土构件或结构置于搭设的棚中，内部设置散热器、排管、电热器或火炉等加热棚内空气，使混凝土处于正温环境养护并保持混凝土表面湿润的方法。暖棚构造最内层为阻燃草帘，防止发生火灾，中间为篷布，最外层为彩条布，主要作用是防风、防雨，各层保温材料之间的连接采用8# 铅丝绑扎。搭设前要了解历年气候条件，进行抗风荷载计算；搭设时应注意在混凝土结构物与暖棚之间要留足够的空间，使暖空气流通；为降低搭设成本和节能，应注意减少暖棚体积；同时应围护严密、稳定、不透风；采用火炉作热源时，要特别注意安全防火，应将烟或燃烧气体排至棚外，并应采取防止烟气中毒和防火措施。

暖棚法养护的基础是温度观测，对暖棚内的温度，已浇筑混凝土内部温度、外部温度，测温次数的频率，测温方法都有严格的规定。

暖棚内的测温频率为每 4 h 一次，测温时以距混凝土表面 50 cm 处的温度为准，取四边角和中心温度的平均数为暖棚内的气温值；已浇筑混凝土块体内部温度，用电阻式温度计等仪器观测或埋设孔深大于 15 cm，孔内灌满液体介质的测温孔，用温度传感器或玻璃温度计测量。大体积混凝土应在浇筑后 3 d 内加密观测温度变化，测温频率为内部混凝±8 h观测1次，3 d后宜12 h观测1次。外部混凝土每天应观测量高、最低温度，测温频率同内部混凝土；气温骤降与寒潮期间，应增加温度观测次数。

值得注意的是，混凝土的养护并不仅仅局限于混凝土成型后的养护。低温环境下，混凝土浇筑后最容易受冻的部位主要是浇筑块顶面、四周、棱角和新混凝土与基岩或旧混凝土的结合处，即使受冻后做正常养护，其抗压强度仍比未受冻的正常温度下养护 28 ～ 60 d的混凝土强度低 45% ～ 60%，抗剪强度即使是轻微受冻也降低 40% 左右。因此，浇筑大面积混凝土时，在覆盖上层混凝土前就应对底层混凝土进行保温养护，保证底层混凝土的温度不低于 3 无。混凝土浇筑完毕后，外露表面应及时保温，尤其是新老混凝土接合处和边角处应做好保温，保温层厚度应是其他保温层厚度的 2 倍，保温层搭接长度不应小于 30 cm。

五、养护剂养护

养护剂养护就是将水泥混凝土养护剂喷洒或者涂刷于混凝土表面，在混凝土表面形成一层连续的不透水的密闭养护薄膜的乳液或高分子溶液。当这种乳液或高分子溶液挥发时，迅速在混凝土体的表面结成一层不透水膜，将混凝土中大部分水化热及蒸发水积蓄下来进行自养。由于膜的有效期比较长，可使混凝土得到良好的养护。喷刷作业时，应注意在混凝土无表面水，用手指轻擦过表面无水迹时方可喷刷养护剂。使用模板的部位在拆模后立即实施喷刷养护作业，喷刷过早会腐蚀混凝土表面，过迟则混凝土水分蒸发，影响养护的效果。养护剂的选择、使用方法和涂刷时间应按产品说明并通过试验确定，混凝土表面不得使用有色养护剂。养护剂养护比较适用于难以用洒水养护及覆盖养护的部位，如高空建筑物、闸室顶部及干旱缺水地区的混凝土结构，但养护剂养护对施工要求较高，应避免出现漏刷、漏喷及不均匀涂刷现象。

六、总结

（1）洒水养护适合混凝土的早期养护，为了防止干缩裂缝的产生，低塑性混凝土养护是混凝土浇筑的紧后工作，即在浇筑完毕后立即喷雾养护。

（2）覆盖养护适合风沙大、不宜搭设暖棚的仓面，不适用于外形坡面、直立面、弧形结构。覆盖材料可视环境温度为单层或多层。

（3）蓄热养护适合室外最低温度不低于 -15℃时，地面以下的工程，或表面系数 M < 5 的结构。蓄热养护与混凝土的浇筑、振捣应同时进行，以防止表面水分蒸发，减少热量失散。

（4）搭棚养护适合于有防风、隔热、遮阳需要的混凝土养护或低温环境下，日平均气温 -15 ～ -10℃时的混凝土养护；为了避免混凝土受冻，浇筑大面积混凝土时，在覆盖上层混凝土以前就应对底层混凝土进行保温养护。

（5）养护剂养护适合难以洒水养护及难以覆盖养护的部位，如高空建筑物、闸室顶部及干旱缺水地区的混凝土结构，施工中要避免出现漏刷、漏喷及不均匀涂刷现象。

（6）水工混凝土的养护方法应根据现场条件、环境的温度与湿度、结构部位、构件或制品情况、原材料情况以及对混凝土性能的要求等因素，结合热工计算的结果来选择一种或多种合理的养护方法，满足混凝土的温控与湿控要求。

第七节 大体积水工混凝土施工

一、大体积混凝土的定义

大体积混凝土指的是最小断面尺寸大于 1 m 的混凝土结构，其尺寸已经大到必须采用相应的技术措施妥善处理温度差值，合理解决温度应力并控制裂缝开展的混凝土结构。

大体积混凝土的特点是：结构厚实，混凝土量大，工程条件复杂（一般都是地下现浇钢筋混凝土结构），施工技术要求高，水泥水化热较大（预计超过 25℃），易使结构物产生温度变形。大体积混凝土除对最小断面及内外温度有一定的规定外，对平面尺寸也有一定限制。

二、具体的施工方式

（一）选择合适的混凝土配合比

某工程由于施工时间紧，材料消耗大，混凝土一次连续浇筑施工的工作量也比较大，所以选择以商品混凝土为主，其配合比以混凝土公司实验室经过试验后得到数据为主。

混凝土坍落度为 130 ～ 150 mm，泵送混凝土水灰比需控制在 0.3 ～ 0.5，砂率最好控制在 5% ～ 40%，最小水泥用量在≥ 300 kg/m 才能满足需要。水泥选择质量合格的矿渣硅酸盐水泥，需提前一周把水泥入库储存，为避免水泥出现受潮，需要采取相应的预防措施。采用了碎卵石作为粗骨料，最大粒径为 24 mm，含泥量在 1% 以下，不存在泥团，密度大于 2.55 t/m3，超径低于 5%。选择河砂作为细骨料，通过 0.303 mm 筛孔的砂大于 15%，含泥量低于 3%，不存在泥团，密度大于 2.50 t/m3。膨胀剂（UEA）

掺入量是水泥用量的 3.5%，从试验结果可得这种方式达到了理想的效果，能够降低混凝土的用水量、水灰比、使混凝土的使用性能大大提高。选择Ⅱ级粉煤灰作为混合料，细度为 7.7% ～ 8.2%，烧失量为 4% ～ 4.5%，SO2 含量≤ 1.3%，由于矿渣水泥保水性差，因而粉煤灰取代水泥用量 15%。

（二）相关方面的情况

（1）混凝土的运输与输送。检查搅拌站的情况，主要涉及每小时混凝土的输出量、汽车数量等能否满足施工需要，根据需要制定相关的供货合同。通过对 3 家混凝土搅拌情况进行对比研究，得出混凝土能够满足底板混凝土的浇筑要求。以混凝土施工的工程量作为标准，此次使用了 5 台 HBT-80 混凝土泵实施混凝土浇筑。

（2）考虑到底板混凝土是抗渗混凝土，利用 UEA 膨胀剂作为外加剂。

（3）为满足外墙防水需要，外墙根据设计图设置水平施工缝。吊模部分在底板浇筑振捣密实后的一段时间进行浇筑，以 ϕ 16 钢筋实施振捣，使 300 mm 高吊模处的混凝土达到稳定状态为止，外墙垂直施工缝需要设置相应的止水钢板。每段混凝土的浇筑必须持续进行，并结合振捣棒的有效振动来制订具体的浇筑施工方式。

（4）浇筑底板上反梁及柱帽时选择吊模，完成底板浇筑后 2 h 进行浇筑，此标准范围内的混凝土采用 ϕ 16 钢筋进行人工振捣。

（5）为防止浇筑时泵管出现较大的振动扰动钢筋，应把泵管设置于在钢管搭设的架子上，架子支腿处满铺跳板。

（6）在施工前做好准备措施，主要包括设施准备、场地检查、检测工具等，并为夜间照明提供相关的准备。

三、控制浇筑工艺及质量的途径

（一）工艺流程

具体工艺流程主要包括前期施工准备、混凝土运输、混凝土浇筑、混凝土振捣、找平、混凝土维护等。

（二）混凝土的浇筑

在浇筑底板混凝土时需要根据标准的浇筑顺序严格进行。施工缝的设置需要固定于浇带上，且保持外墙吊模部分比底板面高出 320 mm，在此处设置水平缝，底板梁吊模比底板面高出 400 ～ 700 mm，这一处需要在底板浇筑振捣密实后再完成浇筑。采用 ϕ 16 钢筋实施人工振捣，确保吊模处混凝土振捣密实。在浇筑过程中需要保持浇筑持续进行，结合振捣棒的实际振动长度分排完成浇筑工作，避免形成施工冷缝。

膨胀加强带浇筑，根据标准顺序浇筑到膨胀带位置后需要运用 C35 内掺 27 kg/m3PNF 的膨胀混凝土实施浇筑。膨胀带主要以密目钢丝网隔离为主，钢丝网加固竖向选择 ϕ 20@600，厚度大于 1 000 mm，将一道 ϕ 22 腰筋增设于竖向筋中部。

（三）混凝土的振捣

施工过程中的振捣通过机械完成，考虑到泵送混凝土有着坍落度大、流动性强等特点，因为使用斜面分两层布料施工法进行浇筑，振捣时必须保证混凝土表面形成浮浆，且无气泡或下沉才能停止。施工时要把握实际情况，禁止漏振、过振，摊灰与振捣需要从合适的位置进行，以避免钢筋及预埋件发生移动。由于基梁的交叉部位钢筋相对集中，振捣过程要留心观察，在交叉部位面积小的地方从附近插振捣棒。对于交叉部位面积大的地方，需要在钢筋绑扎过程中设置 520 mm 的间隔，并且保留插棒孔。振捣时必须严格根据操作标准执行，浇筑至上表面时根据标高线用木杠或木抹找平，以保证平整度达到标准再施工。

（四）底板后浇带

选择密目钢丝网隔开，钢丝网加固竖向以 ϕ 20，600 mm 为主，底板厚度控制在 900 mm 以上，在竖向筋中部设置一道 ϕ 22 腰筋。施工结束后将其清扫干净，并做好维护工作。膨胀带两侧与内部浇筑需要同时进行，内外高差需低于 350 mm。

（五）混凝土的找平

底板混凝土找平时需要把表层浮浆汇集在一起，人工方式清除后实施首次找平，将平整度控制在标准范围内。混凝土初凝后终凝前实施第二次找平，主要是为了将混凝土表面微小的收缩缝除去。

（六）混凝土的养护

养护对大体积混凝土施工是极重要的工作，养护的最终目的是保证了合理的温度和湿度，这样才能使混凝土的内外温差得到控制，以保证混凝土的正常使用功能。在大面积的底板面中通常使用一层塑料薄膜后二层草包作保温保湿养护。养护过程随着混凝土内外温差、降温速率继续调整，以优化养护措施。结合工程实际后可适当增加维护时间，拆模后应迅速回土保护，并避免受到骤冷气候影响，以防出现中期裂缝。

（七）测温点的布置

承台混凝土浇筑量体积较大，其地下室混凝土浇筑时间多在冬季，需要采用电子测温仪根据施工要求对其测温。混凝土初凝后 3 d 持续每 2 h 测温 1 次，将具体的温度测量数据记录好，测温终止时间为混凝土与环境温度差在 15℃内，对数据进行分析后再制订出相应的施工方案从而实现温差的有效控制。

四、注意事项

（一）泌水处理

对于大体积混凝土浇筑、振捣时经常发生泌水问题，当这种现象严重时，会对混凝土强度造成影响。这就需要制订有效的措施对泌水进行消除。通常情况下，上涌的泌水和浮浆会沿着混凝土浇筑坡面流进坑底。施工中按照施工流水情况，把多数泌水引入排水坑和集水井坑内，再用潜水泵抽排掉进行处理。

（二）表面防裂施工技术的重点

大体积泵送混凝土经振捣后经常出现表面裂缝，在振捣最上一层混凝土过程中需要把握好振捣时间，从而防止表面出现过厚的浮浆层。外界气温也会引起混凝土表面与内部形成温差，气温的变化使得温差大小难以控制。浇捣结束用 2 m 长括尺清理剩下的浮浆层，再把混凝土表面拍平整。在混凝土收浆凝固的阶段禁止人员在上面走动。

第四章 砌筑工程

第一节 砌筑材料与砌筑原则

一、砌筑材料

（一）砖材

砖具有一定的强度、绝热、隔声以及耐久性，在工程上应用很广。砖的种类很多，在水利工程中应用较多的为普通烧结实心黏土砖，是经取土、调制、制坯、干燥、焙烧而成。砖分红砖和青砖两种。质量好的砖棱角整齐、质地坚实、无裂缝翘曲、吸水率小、强度高、敲打声音发脆；色浅、声哑、强度低的砖为欠火砖；色较深、音甚响、有弯曲变形的砖是过火砖。砖的强度等级分为MU30、MU25、MU20、MU15、MU10等五级。

普通黏土砖的尺寸为53mm×115mm×240mm，若加上砌筑灰缝的厚度（一般为10mm），则4块砖长、8块砖宽、16块砖厚都为1m。每1m3实心砖砌体需用砖512块。

砖的品种、强度等级必须符合设计要求，并应规格一致。用来清水墙、柱表面的砖，还应边角整齐、色泽均匀。无出厂证明的砖应做试验鉴定。

（二）石材

天然石材具有很高的抗压强度、良好的耐久性和耐磨性，常用于砌筑基础、桥涵、挡土墙、护坡、沟渠、隧洞衬砌及闸坝工程中。石材应选用强度大、耐风化、吸水率小、表观密度大、组织细密、无明显层次，且具较好抗蚀性的石材。常用的石材有石灰岩、砂岩、花岗岩、片麻岩等。风化的山皮石、冻裂分化的块石禁止使用。

在工地上可通过看、听、称来判定石材质量。看，即观察打裂开的破碎面，颜色均匀一致，组织紧密，层次不分明的岩石为好；听，就是用手锤敲击石块，听其声音是否清脆，声音清脆响亮的岩石为好；称，就是通过称量计算出其表观密度和吸水率，看它是否符合要求，通常要求表观密度大于 2650kg/m3，吸水率小于 10%。

（三）胶结材料

1. 分类

砌筑施工常用的胶结材料，按使用特点分为砌筑砂浆、勾缝砂浆；按材料类型分为水泥砂浆、石灰砂浆、水泥石灰砂浆、石灰黏土砂浆、黏土砂浆等。处于潮湿环境或水下使用的砂浆应用纯水泥砂浆，如用含石灰的砂浆，虽砂浆的和易性能有所改善，但由于砌体中石灰没有充分的时间硬化，在渗水作用下，将产生水溶性的 Ca（OH）2，容易被渗水带走；砂浆中的石灰在渗水作用下发生体积膨胀结晶，破坏砂浆组织，导致砌体破坏。因此石灰砂浆、水泥石灰砂浆只能用作较干燥的水上工程。石灰黏土砂浆和黏土砂浆只用于小型水上砌体。

（1）水泥砂浆

常用的水泥砂浆强度等级分为 M20、M15、M10、M7.5、M5、M2.5 等 6 个强度等级。砂子要求清洁，级配良好，含泥量小于 3%。砂浆配合比应通过试验确定。拌和可使用砂浆搅拌机，也可采用人工拌和。砂浆拌和量应配合砌石的速度和需要，一次拌和不能过多，拌和好的砂浆应在 40min 内用完。

（2）石灰砂浆

石灰膏的淋制应在暖和不结冰的条件下而进行，淋好的石灰膏必须等表面浮水全部渗完，灰膏表面呈现不规则的裂缝后方可使用，最好是淋后两星期再用，使石灰充分熟化。配制砂浆时按配合比（一般灰砂比为 1 ∶ 3）取出石灰膏加水稀释成浆，再加入砂中拌和，直至颜色完全均匀一致为止。

（3）水泥石灰砂浆

水泥石灰砂浆是用水泥、石灰两种胶结材料配合与砂调制成的砂浆。拌和时先将水泥砂子干拌均匀，然后将石灰膏稀释成浆倒入拌和均匀。这种砂浆比水泥砂浆凝结慢，但自加水拌和到使用完不宜超过 2h；同时因为它凝结速度较慢，不宜用于冬季施工。

（4）小石混凝土

一般砌筑砂浆干缩率高，密实性差，在大体积砌体中，常用小石混凝土代替一般砂浆。小石混凝土分一级配和二级配两种。一级配采用 20mm 以下的小石，二级配中粒径 5 ～ 20mm 的占 40％～ 50%，20 ～ 40mm 的占 50% ～ 60%。小石混凝土坍落度以 7 ～ 9cm 为宜，小石混凝土还可节约水泥，提高砌体强度。

砂浆质量是保证浆砌石施工质量的关键，配料时要求严格按设计配合比进行，要控制用水量；砂浆应拌和均匀，不得有砂团和离析；砂浆的运送工具使用前后均应清洗干净，不得有杂质和淤泥，运送时不要急剧下跌、颠簸，防止砂浆水砂分离。分离的砂浆应重新拌和后才能使用。

2. 作用

（1）将单个块体黏结成整体，促使构件应力分布均匀。（2）填实块体间缝隙，提高砌体保温和防水性能，增加墙体抗冻性能。

二、砌筑的基本原则

砌体的抗压强度较大，但抗拉、抗剪强度低，只为其抗压强度的1/10-1/8，因此砖石砌体常用于结构物受压部位。砖石砌筑时应遵守以下基本原则：（1）砌体应分层砌筑，其砌筑面力求与作用力的方向垂直，或使砌筑面的垂线与作用力方向间的夹角小于13°～16°，否则受力时易产生层间滑动。（2）砌块间的纵缝应与作用力方向平行，否则受力时易产生楔块作用，对相邻块产生挤动。（3）上、下两层砌块间的纵缝必须互相错开，以保证砌体的整体性，以便传力。

第二节　砌石工程

一、干砌石

干砌石是指不用任何胶凝材料把石块砌筑起来，包括干砌块（片）石、干砌卵石。一般用于土坝（堤）迎水面护坡、渠系建筑物进出口护坡与渠道衬砌、水闸上下游护坦、河道护岸等工程。

（一）砌筑前的准备工作

1. 备料

在砌石施工中为缩短场内运距，避免停工待料，砌筑前应尽量按照工程部位及需要数量分片备料，并提前将石块的水锈、淤泥洗刷干净。

2. 基础清理

砌石前应将基础开挖至设计高程，淤泥、腐殖土以及混杂的建筑残渣应清除干净，必要时将坡面或底面夯实，然后再进行铺砌。

3. 铺设反滤层

在干砌石砌筑前应铺设砂砾反滤层，其作用是将块石垫平，不致使砌体表面凹凸不平，减少其对水流的摩阻力；减少了水流或降水对砌体基础土壤的冲刷；防止地下渗水逸出时带走基础土粒，避免砌筑面下陷变形。

反滤层的各层厚度、铺设位置、材料级配和粒径以及含泥量均应满足规范要求，铺设时应与砌石施工配合，自下而上，随铺随砌，接头处各层之间的连接要层次清楚，防止层间错动或混淆。

（二）干砌石施工

1. 施工方法

常采用的干砌块石的施工方法有两种，即花缝砌筑法和平缝砌筑法。

（1）花缝砌筑法

花缝砌筑法多用于干砌片（毛）石。砌筑时，依石块原有形状，使尖对拐、拐对尖，相互联系砌成。砌石不分层，一般多将大面向上。这种砌法的缺点是底部空虚，容易被水流淘刷变形，稳定性较差，且不能避免重缝、迭缝、翘口等毛病。但此法的优点是表面比较平整，所以可用于流速不大、不承受风浪淘刷的渠道护坡工程。

（2）平缝砌筑法

平缝砌筑法一般多适用于干砌块石的施工。砌筑时将石块宽面与坡面竖向垂直，与横向平行。砌筑前，安放一块石块必须先进行试放，不合适处应用小锤修整，使石缝紧密，最好不塞或少塞石子。这种砌法横向设有通缝，但竖向直缝必须错开。如砌缝底部或块石拐角处有空隙，则应选用适当的片石塞满及填紧，以防止底部砂砾垫层由缝隙淘出，造成坍塌。

干砌块石是依靠块石之间的摩擦力来维持其整体稳定的。若砌体发生局部移动或变形，将会导致整体破坏。边口部位是最易损坏的地方，所以，封边工作十分重要。对护坡水下部分的封边，常采用大块石单层或双层干砌封边，然后将边外部分用黏土回填夯实，有时也可采用浆砌石项进行封边。对于护坡水上部分的顶部封边，则常采用比较大的方正块石砌成40cm左右宽度的平台，平台后所留的空隙用黏土回填分层夯实。对于挡土墙、闸翼墙等重力式墙身顶部，一般用混凝土封闭。

2. 干砌石的砌筑要点

造成干砌石施工缺陷的原因主要是由于砌筑技术不良、工作马虎、施工管理不善以及测量放样错漏等。缺陷主要有缝口不紧、底部空虚、鼓心凹肚、重缝、飞缝、飞口（即用很薄的边口未经砸掉便砌在坡上）、翘口（上、下两块都是一边厚一边薄，石料的薄口部分互相搭接）、悬石（两石相接不是面的接触，而是点的接触）、浮塞叠砌、严重蜂窝以及轮廓尺寸走样等。

二、浆砌石

浆砌石是用胶结材料把单个的石块联结在一起，使石块依靠胶结材料的黏结力、摩擦力和块石本身重量结合成为新的整体，以保持建筑物的稳固；同时，充填着石块间的空隙，堵塞一切可能产生的漏水通道。浆砌石具有良好的整体性、密实性和较高的强度，使用寿命更长，还具有较好地防止渗水和抵抗水流冲刷的能力。

浆砌石施工的砌筑要领可概括为“平、稳、满、错”4个字。平，同一层面大致砌平，相邻石块的高差宜小于2～3cm；稳，单块石料的安砌务求自身稳定；满，灰缝饱满密实，严禁石块间直接接触；错，相邻石块应错缝砌筑，尤其不允许顺水流方向通缝。

（一）砌筑工艺

浆砌石工程砌筑的流程如下。

1. 铺筑面准备

对开挖成形的岩基面，在砌石开始之前应将表面已松散的岩块剔除，具有光滑表面的岩石须人工凿毛，并清除所有岩屑、碎片、泥沙等杂物。土壤地基按设计要求处理。

对于水平施工缝，一般要求在新一层块石砌筑前凿去已凝固的浮浆，并进行清扫、冲洗，使新旧砌体紧密结合。对临时施工缝，在恢复砌筑时，必须进行凿毛、冲洗处理。

2. 选料

砌筑所用石料，应是质地均匀、没有裂缝、没有明显风化迹象、不含杂质的坚硬石料。严寒地区使用的石料，还要求具有一定的抗冻性。

3. 铺（坐）浆

对于块石砌体，由于砌筑面参差不齐，必须逐块坐浆、逐块安砌，在操作时还须认真调整，务使坐浆密实，避免形成空洞。坐浆一般只宜比砌石超前 0.5 ～ 1m，坐浆应与砌筑相配合。

4. 安放石料

把洗净的湿润石料安放在坐浆面上，用铁锤轻击石面，使坐浆开始溢出为度。石料之间的砌缝宽度应严格控制，采用水泥砂浆砌筑时，块石的灰缝厚度一般为 2 ～ 4cm，料石的灰缝厚度为 0.5 ～ 2cm；采用小石混凝土砌筑时，一般为所用骨料最大粒径的 2 ～ 2.5 倍。安放石料时应注意，不能产生细石架空现象。

5. 竖缝灌浆

安放石料后，应及时进行竖缝灌浆。一般灌浆和石面齐平，水泥砂浆用捣插棒捣实，待上层摊铺坐浆时一并填满。

6. 振捣

水泥砂浆常用捣棒人工插捣，小石混凝土一般采用插入式振动器振捣。应注意对角缝的振捣，防止重振或漏振。

每一层铺砌完 24 ～ 36h 后（视气温及水泥种类、胶结材料强度等级而定），即可冲洗，准备上一层的铺砌。

（二）浆砌石施工

1. 基础砌筑

基础施工应在地基验收合格后方可进行。基础砌筑前，应先检查基槽（或基坑）的尺寸和标高，清除杂物，接着放出基础轴线及边线。

砌第一层石块时，基底应坐浆。对岩石基础，坐浆前还应洒水湿润。第一层使用的石块尽量挑大一些的，这样受力较好，并便于错缝。石块第一层都必须大面向下放稳，以脚踩不动即可。不要用小石块来支垫，要使石面平放在基底上，使地基受力均匀基础稳固。选择比较方正的石块，砌在各转角上，称为角石，角石两边应与准线相合。角石砌好后，再砌里、外面的石块，称为面石；最后砌填中间部分，称为腹石。砌填腹石时应根据石块自然形状交错放置，尽量使石块间缝隙最小，再将砂浆填入缝隙中，最后根据各缝隙的形状和大小选择合适的小石块放入用小锤轻击，使石块全部挤入缝隙中。禁止采用先放小石块后灌浆的方法。

接砌第二层以上石块时，每砌一块石块，应先铺好砂浆，砂浆不必铺满、铺到边，尤其在角石及面石处，砂浆应离外边约 4.5cm，并铺得稍厚一些，当石块往上砌时，恰好压到要求厚度，并刚好铺满整个灰缝。灰缝厚度宜为 20 ～ 30mm，砂浆应饱满。阶梯形基础上的石块应至少压砌下级阶梯的 1/2，相邻阶梯的块石应相互错缝搭接。基础的最上一层石块，宜选用较大的块石砌筑。基础的第一层及转角处和交接处，应选用较大的块石砌筑。块石基础的转角及交接处应同时砌起。如不能同时砌筑又必须留槎时，应砌成斜槎。

块石基础每天可砌高度不应超过 4.2m。在砌基础时还必须注意不能在新砌好的砌体上抛掷块石，这会使已黏在一起的砂浆和块石受震动而分开，影响砌体强度。

2. 挡土墙

砌筑块石挡土墙时，块石的中部厚度不宜小于 20cm；每砌 3 ～ 4 皮为一分层高度，每个分层高度应找平一次；外露面的灰缝厚度，不得大于 4cm，两个分层高度间的错缝不得小于 8cm。

料石挡土墙宜采用同皮内丁顺相间的砌筑形式。当中间的部分用块石填筑时，丁砌料石伸入块石部分的长度应小于 20cm。

（三）勾缝与伸缩缝

1. 墙面勾缝

石砌体表面进行勾缝的目的，主要是加强砌体整体性，同时还可增加砌体的抗渗能力，另外也美化外观。

勾缝按其形式可分为凹缝、平缝、凸缝等。凹缝又可分为半圆凹缝、平凹缝；凸缝可分为平凸缝、半圆凸缝、三角凸缝等。

勾缝的程序是在砌体砂浆未凝固以前，先沿砌缝将灰缝剔深 20 ～ 30mm 形成缝槽，待砌体完成砂浆凝固以后再进行勾缝。勾缝前，应将缝槽冲洗干净，自上而下，不整齐处应修整。勾缝的砂浆宜用水泥砂浆，砂用细砂。砂浆稠度要掌握好，过稠勾出缝来表面粗糙不光滑，过稀容易坍落走样。最好不使用火山灰质水泥，因为这种水泥干缩性大，勾缝容易开裂。砂浆强度等级应符合设计规定，通常应高于原砌体的砂浆强度等级。

勾凹缝时，先用铁钎子将缝修凿整齐，再在墙面上浇水湿润，然后将浆勾入缝内，再用板条或绳子压成凹缝，用灰抿赶压光平。凹缝多用于石料方正、砌得整齐的墙面。勾平缝时，先在墙面洒水，使缝槽湿润后，将砂浆勾于缝中赶光压平，使砂浆压住石边，即成平缝。勾凸缝时，先浇水润湿缝槽，用砂浆打底与石面相平，而后用扫把扫出麻面，待砂浆初凝后抹第二层，其厚度约为 1cm，然后用灰抿拉出凸缝形状。凸缝

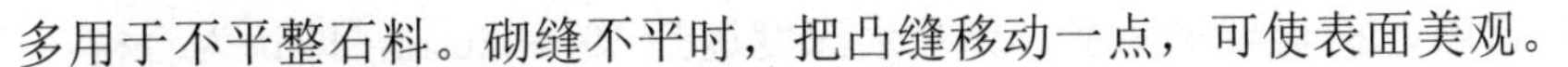

多用于不平整石料。砌缝不平时，把凸缝移动一点，可使表面美观。

砌体的隐蔽回填部分，可不专门做勾缝处理，但有时为加强防渗，应事先在砌筑过程中，用原浆将砌缝填实抹平。

2. 伸缩缝

浆砌体常因地基不均匀沉陷或砌体热胀冷缩可能导致产生裂缝。为避免砌体发生裂缝，一般在设计中均要在建筑物某些接头处设置伸缩缝（沉陷缝）。施工时，可按照设计规定的厚度、尺寸及不同材料做成缝板。缝板有油毛毡（一般常用三层油毛毡刷沥青制成）、沥青杉板（杉板两面刷沥青）等，其厚度为设计缝宽，一般均砌在缝中。如采用前者，则需先立样架，将伸缩缝一边的砌体砌筑平整，然后贴上油毡，再砌另一边；如采用沥青杉板做缝板，最好是架好缝板，两面同时等高砌筑，不用再立样架。

（四）砌体养护

为使水泥得到充分的水化反应，提高胶结材料的早期强度，防止胶结材料干裂，应在砌体胶结材料终凝后（一般砌完 6 ～ 8h）及时洒水养护 14 ～ 21d，最低限度不得少于 7d。养护方法是配专人洒水，经常保持砌体的湿润，也可在砌体上加盖湿草袋，以减少水分的蒸发。夏季的洒水养护还可起降温的作用。由于日照长、气温高、蒸发快，一般在砌体表面要覆盖草袋、草帘等，白天洒水 7 ～ 10 次，夜间蒸发少且有露水，只需洒水 2 ～ 3 次即可满足养护需要。

冬季当气温降至 0℃以下时，要增加覆盖草袋、麻袋的厚度，加强保温效果。冰冻期间不得洒水养护。砌体在养护期内应保持正温。砌筑面的积水、积雪应及时清除，防止结冰。冬季水泥初凝时间较长，砌体一般不宜采用洒水养护。

养护期间不能在砌体上堆放材料、修凿石料、碰动块石，否则会引起胶结面的松动脱离。砌体后隐蔽工程的回填，在常温下一般要在砌后 28d 方可进行，小型砌体可在砌后 10 ～ 12d 进行回填。

第三节　砌砖工程

一、施工准备工作

（一）砖的准备

在常温下施工时，砌砖前一天应将砖浇水湿润，避免砌筑时因干砖吸收砂浆中大量的水分，使砂浆的流动性降低，砌筑困难，并影响砂浆的黏结力和强度。但也要注意不能将砖浇得过湿而使砖不能吸收砂浆中的多余水分，影响砂浆的密实性、强度和黏结力，而且还会产生堕灰和砖块滑动现象，使墙面不洁净，灰缝不平整，墙面不平直。施工中可将砖砍断，检查吸水深度，如吸水深度达到 10 ～ 20mm，即认为合格。

砖不应在脚手架上浇水，若砌筑时砖块干燥，可用喷壶适当地补充浇水。

（二）砂浆的准备

砂浆的品种、强度等级必须符合设计要求，砂浆的稠度应符合规定。拌制中应保证砂浆的配合比和稠度，运输中不漏浆、不离析，以保证施工质量。

（三）施工工具准备

砌筑工工具主要有以下几种：

1. 大铲

铲灰、铺灰与刮灰用。大铲分为桃形、长方形、长三角形三种。

2. 瓦刀（泥刀）

用于打砖、打灰条（即披灰缝）、披满口灰及铺瓦。

3. 刨锛

打砖用。

4. 靠尺板（托线板）和线锤

检查墙面垂直度用。常用托线板的长度为 1.2 ～ 1.5m。

5. 皮数杆

砌筑时用于标志砖层、门窗、过梁、开洞及埋件标志的工具。另外还应准备麻线、米尺、水平尺和小喷壶。

二、砌筑施工

（一）砖基础施工

1. 砖基础的构造形式

砖基础一般做成阶梯形的大放脚。砖基础的大放脚一般采用等高式或间隔式两种。

等高式是每两皮一收，每次收进 1/4 砖长，即高为 120mm，宽为 60mm。间隔式是二皮一收与一皮一收相间隔，每次收进 1/4 砖长，即高为 120mm 与 60mm，宽为 60mm。

2. 砖基础的砌筑

（1）找平弹线

弹线前，应首先检查基础垫层的施工质量和标高，当垫层低于设计标高 20mm 以上时，应用 C10 小石混凝土找平。当垫层高于设计标高，但在规范许可范围内时，对于灰土垫层可将高出部分铲平，对于三合土垫层，则在砌砖时逐皮压小灰缝予以调整。

垫层找平后，依据基础四周龙门板或控制桩，弹出轴线。先弹出外墙基础 4 脚剖面弹出大放脚最下一皮的宽度线。

（2）砖基础砌筑要点

①砖基础砌筑前，应先检查垫层施工是否符合质量要求，然后清扫垫层表面，将浮土及垃圾清除干净。②从两端龙门板轴线处拉上麻线，从麻线上挂下线锤，在垫层上锤尖处打上小钉，引出墙身轴线，而后向两边放出大放脚的底边线。③在垫层转角、内外墙交接及高低踏步处预先立好基础皮数杆。基础皮数杆上应标明皮数、退台情况及防潮层位置等。④砌基础时可依皮数杆先砌几层转角及交接处部分的砖，然后在其间拉准线砌中间部分。内、外墙砖基础应同时砌起，如因其他情况不能同时砌起时，应留置斜槎，斜槎的长度不得小于高度的2/3。⑤大放脚一般采用一顺一丁砌法。竖缝要错开，要注意十字及丁字接头处砖块的搭接，在这些交接之处，纵横墙要隔皮砌通。大放脚的最下一皮及每层的上面一皮应以丁砌为主。

（二）砖墙砌筑

1. 砌筑方法

砖砌体的组砌，要求上下错缝，内外搭接，以保证砌体的整体性，同时组砌要有规律，少砍砖，以提高砌筑效率，节约材料。在砌筑时根据需要打砍的砖，按其尺寸不同可分为“七分头”“半砖”“二寸头”“二寸条”等。砌入墙内的砖，由于放置位置不同，又分为卧砖（也称顺砖或眠砖）、陡砖（也称侧砖）、立砖以及顶砖。水平方向的灰缝叫卧缝，垂直方向的灰缝叫立缝（头缝）。

2. 砖墙砌筑要领

（1）砌筑前

先根据砖墙位置弹出墙身轴线及边线。开始砌筑时先要进行摆砖，排出灰缝宽度。摆砖时应注意门窗位置、砖垛等灰缝的影响，同时要考虑窗间墙的组砌方法，以及七分头砖、半砖砌在何处为好，务必使各皮砖的竖缝相互错开。在同一墙面上各部位的组砌方法应统一，并使上、下一致。

（2）在砌墙前

先要立皮数杆，皮数杆上划有砖的厚度、灰缝厚度，以及门窗、楼板、过梁、圈梁、屋架等构件位置。皮数杆竖立于墙角及某些交接处，其间距以不超过15m为宜。立皮数杆时要用水准仪来进行抄平，使皮数杆上的楼地面标高线位于设计标高位置上。

（3）准备好所用材料及工具

施工中所需门窗框、预制过梁、插筋、预埋铁件等必须事先做好安排，配合砌筑进度并及时送到现场。

（4）砌砖时

必须先拉准线。一砖半厚以上的墙要双面拉线，砌块依准线砌筑。

（5）砌筑实心砖墙宜采用三一砌砖法，即“一铲灰、一块砖、一挤揉”的操作方法。竖缝宜采用挤浆或加浆方法，使其砂浆饱满，严禁用水冲浆灌缝。

（6）砖墙的水平灰缝厚度和竖向灰缝宽度一般为10mm，不得小于8mm，也不大于12mm。水平灰缝的砂浆饱满度应不低于80%。

（三）砖过梁砌筑

1. 钢筋砖过梁

钢筋砖过梁称为平砌配筋砖过梁。它适用跨度不大于 2m 的门窗洞口。窗间墙砌至洞口顶标高时，支搭过梁胎模。支模时，应让模板中间起拱 0.5% ～ 1.0%，将支好的模板润湿，并抹上厚 20mm 的 M10 砂浆，同时把加工好的钢筋埋入砂浆中，钢筋 90° 弯钩向上，并将砖块卡砌在 90° 弯钩内。钢筋伸入墙内 240mm 以上，从而将钢筋锚固于窗间墙内，最后与墙体同时砌筑。

2. 平拱砖过梁

平拱砖过梁又称为平拱、平碹。它是用整砖侧砌而成，拱的厚度与墙厚一致，拱高为一砖或一砖半。外规看来呈梯形，上大下小，拱脚部分伸入墙内 2 ～ 3cm，多用于跨度为 1.2m 以下、最大跨度不超过 1.8m 的门窗洞口。

平拱砖过梁的砌筑方法是：当砌砖砌至门窗洞口之时，即开始砌拱脚。拱脚用砖事先砍好，砌第一皮拱脚时后退 2 ～ 3cm，以后各皮按砍好砖的斜面向上砌筑。砖拱厚为一砖时倾斜 4 ～ 5cm，一砖半为 6 ～ 7cm，斜度为 1/6 ～ 1/4。

拱脚砌好后，即可支碹胎板，上铺湿砂，中两端约 0.5cm，使平拱中部有 1% 的起拱。砌砖前要先行试摆，以确定砖数，砖数必须是单数，灰缝底宽 0.5cm，顶宽 1.5cm，以保证平拱砖过梁上大下小呈梯形，受力好。

砌筑应自两边拱脚处同时向中间砌筑，正中一块砖可起到楔子作用。

砌好后应进行灰缝灌浆以使灰浆饱满。待砂浆强度达到设计强度等级的 50% 以上时，方可拆除下部碹胎板。

三、砖墙面勾缝

砖墙面勾缝前，应做下列准备工作：

（1）清除墙面上黏结的砂浆、泥浆和杂物等，并洒水润湿。（2）开凿瞎缝，并对缺棱掉角的部位用与墙面相同颜色的砂浆修补平整。（3）将脚手眼内清理干净并洒水润湿，用与原墙相同的砖补砌严密。

砖墙面勾缝一般采用 1 ∶ 1.5 水泥砂浆（水泥 ∶ 细砂），也可用砌筑砂浆，随砌随勾。勾缝形式有平缝、斜缝、凹缝等，凹缝深度一般为 4 ～ 5mm；空斗墙勾缝应采用平缝。

墙面勾缝应横平竖直、深浅一致、搭接平整并压实抹光，不能有丢缝、开裂和黏结不牢等现象。勾缝完毕后，应清扫墙面。

四、砌砖体的质量检查

（一）砌体的检查工具

质量检查工具，主要有以下几种：

1. 靠尺（托线板）

用以检查墙面垂直度与平整度。

2. 塞尺

用以检查墙面及地面平整度。

3. 米尺

用以检查灰缝大小及墙身厚度。

4. 百格网

用以检查灰缝砂浆饱满度。

5. 经纬仪

检查房屋大角垂直度及墙体轴线位移。

（二）基础检查项目和方法

1. 砌体厚度

按规定的检查点数任选一点，用米尺测量墙身的厚度。

2. 轴线位移

拉紧小线，两端拴在龙门板的轴线小钉上，用米尺检查轴线是否偏移。

3. 砂浆饱满度

用百格网检查砖底面和砂浆的接触面积，以百分数表示。每次掀 3 块，取其平均值，作为一个检查点的数值。

4. 基础顶面标高

用水平尺与皮数杆或龙门板校对。

5. 水平灰缝平直度

用 10m 长小线，拉线检查，不足 10m 时则全长拉线检查。

（三）墙身检查项目和方法

墙身检查项目除与上述基础检查项目相同的之外，还要检查以下几项：

1. 墙面垂直度

每层可用 2m 长托线板检查，全高用吊线坠或经纬仪检查。

2. 表面平整

用 2m 靠尺板任选一点，用塞尺测出最凹处的读数，即为该点墙面偏差值，砖砌体的偏差应不超过规定值。

3. 门窗洞口宽度

用米尺或钢卷尺检查。

4. 游丁走缝

吊线和尺量检查 2m 高度偏差值。

（四）砌体的外观检查

（1）灰缝厚度应在勾缝前检查，连续量取 10 皮砖与皮数杆比较，并量取其中个别灰缝的最大、最小值。（2）清水墙面整洁美观，未勾缝前的灰缝深度是否合乎要求。（3）混水墙面舌头灰是否刮净，有无瞎缝，有无透亮的情况。（4）砌体组砌是否合理，留槎质量、预留孔洞及预埋件是否合乎要求。

第四节　砌筑工程季节性施工及施工安全技术

一、砌体工程季节性施工

（一）夏季砌筑

夏季天气炎热，进行砌砖时，砖块与砂浆中的水分急剧蒸发，容易造成砂浆脱水，使水泥的水化反应不能正常进行，严重影响砂浆强度的正常增长。因此，砌筑用砖要充分浇水润湿，严禁干砖上墙。气温高于 30℃时，一般不宜砌筑。最简易的温控办法是避开高温时段砌筑；另外也可采用搭设凉棚、洒水喷雾等办法。对已完砌体加强养护，昼夜保持外露面湿润。

（二）雨天施工

石料堆场应有排水设施。无防雨设施的砌石面在小雨中施工时，应适当减小水灰比，并及时排除仓面积水，做好表面保护工作，在施工过程中如果遇暴雨或大雨，应立即停止施工，覆盖表面。雨后及时排除积水，清除表面软弱层。雨季往往在一个月中有较多的下雨天气，遇到下大雨时会严重冲刷灰浆，影响砌浆质量，所以施工遇大雨必须停工。雨期施工砌体淋雨后吸水过多，在砌体表面形成水膜，用这样的砖上墙，会产生坠灰和砖块滑移现象，不容易保证墙面的平整，甚至会造成质量事故。

抗冲耐磨或需要抹面等部位的砌体，不得在雨天施工。

（三）冬季施工

当最低气温在 0℃以下时，应停止石料砌筑。当最低气温在 0 ～ 5℃必须进行砌筑时，要注意表面保护，胶结材料的强度等级应适当提高并保持胶结材料温度不低于 5℃。

冬季砌筑的主要问题是砂浆容易遭到冻结。砂浆中所含水受冻结冰之后，一方面影响水泥的硬化（水泥的水化作用不能正常进行），另一方面砂浆冻结会使其体积膨胀 8% 左右。体积膨胀会破坏砂浆内部结构，使其松散而降低黏结力。所以冬季砌砖要严格控制砂浆用水量，采取延缓和避免砂浆中水受冻结的措施，以保证砂浆的正常硬化，使砌体达到设计强度。砌体工程冬季施工措施可采用掺盐砂浆法，也可用冻结法或其他施工方法。

二、施工安全技术

砌筑操作之前须检查周围环境是否符合安全要求，道路是否畅通，机具是否良好，安全设施及防护用品是否齐全，经检查确认符合要求后，方可施工。

在施工现场或楼层上的坑、洞口等处，应设置防护盖板或护身拦网，沟槽、洞口等处夜间应设红灯示警。

施工操作时要思想集中，不准嬉笑打闹，不准上下投掷物体，不能乘吊车上下。

（一）砌筑安全

砌基础时，应检查和经常注意基坑土质变化情况，有无崩裂现象，发现槽边土壁裂缝、化冻、水浸或变形并有坍塌危险时，应及时加固，对槽边有可能坠落的危险物，要进行清理后再操作。

槽宽小于 1m 时，在砌筑站人的一侧应留 40cm 操作宽度；深基槽砌筑时，上下基槽必须设置阶梯或坡道，不得踏踩砌体或从加固土壁的支撑面上下。

墙身砌体高度超过地坪 1.2m 以上时，应搭设脚手架。在一层以上或高度超过 4m 时，采用里脚手架必须支搭安全网；采用了外脚手架应设护身栏杆和挡脚板后方可砌筑。如利用原架子做外檐抹灰或勾缝时，应对架子重新检查和加固。脚手架上堆料量不得超过规定荷载。

在架子上不准向外打砖，打砖时应面向墙面的一侧；护身栏上不得坐人，不得在砌砖的墙顶上行走。不准站在墙顶上刮缝、清扫墙面和检查大角垂直，也不准掏井砌砖（即脚手板高度不得超过砌体高度）。

挂线用的垂砖必须用小线绑牢固，防止坠落伤人。

砌出檐砖时，应先砌丁砖，锁住后边再砌第二支出檐砖。上下架子要走扶梯或马道，不要攀登架子。

（二）堆料安全

距基槽边 1m 范围内禁止堆料，架子上堆料重量不得超过 370kg/m2；堆砖不得超过三码，顶面朝外堆放。在楼层上施工时，先在每个房间预制板下支好保安支柱，方可堆料及施工。

（三）运输安全

垂直运输中使用的吊笼、绳索、刹车及滚杠等，必须满足负荷要求，牢固可靠，在吊运时不得超载，发现问题应及时检修。

用塔吊吊砖要用吊笼，吊砂浆的料斗不宜装得过满，吊件转动范围内不得有人停留，吊件吊到架子上下落时，施工人员应暂时闪到一边。吊运中禁止料斗碰撞架子或下落时压住架子。运送人员及材料、设备的施工电梯，为了安全运行防止意外，均须设置限速制动装置，超过限速即自动切断电源而平稳制动，并宜专线供电，以防万一。

运输中跨越沟槽，应铺宽度 1.5m 以上马道。运输中，平道两车相距不应小于 2m，坡道应不小于 10m，以免发生碰撞。

装砖时（砖垛上取砖）要先高后低，防止倒垛伤人。道路上的零星材料及杂物，应经常加以清理，从而使运输道路畅通。

第五章　模板工程

第一节　模板分类和构造

一、模板的分类

（一）按模板形状分

有平面模板和曲面模板。平面模板又称侧面模板，主要用于结构物垂直面。曲面模板用于廊道、隧洞、溢流面和某些形状特殊的部位，如进水口扭曲面、蜗壳、尾水管等。

（二）按模板材料分

有木模板、竹模板、钢模板、混凝土预制模板、塑料模板、橡胶模板等。

（三）按模板受力条件分

有承重模板和侧面模板。承重模板主要承受混凝土重量与施工中的垂直荷载，侧面模板主要承受新浇混凝土侧压力。侧面模板按其支承受力方式，又分为简支模板、悬臂模板和半悬臂模板。

（四）按模板使用特点分

有固定式、拆移式、移动式和滑动式。固定式用在形状特殊的部位，不能重复使用。后三种模板都能重复使用，或连续使用在形状一致的部位。但其使用方式有所不同：拆移式模板需要拆散移动；移动式模板的车架装有行走轮，可沿专用轨道使模板整体移动（如隧洞施工中的钢模台车）；滑动式模板以千斤顶或卷扬机为动力，可在混凝土连续浇筑的过程中，使模板面紧贴混凝土面滑动（如闸墩施工中的滑模）。

二、定型组合钢模板

定型组合钢模板系列包括钢模板、连接件及支承件三部分。其中，钢模板包括平面钢模板和拐角模板；连接件有U形卡、L形插销、钩头螺栓、紧固螺栓、蝶形扣件等；支承件有圆钢管、薄壁矩形钢管、内卷边槽钢、单管伸缩支撑等。

（一）钢模板的规格和型号

钢模板包括平面模板、阳角模板、阴角模板和连接角模。单块钢模板由面板、边框和加劲肋焊接而成。面板厚2.3mm或2.5mm，边框和加劲肋上面按一定距离（如150mm）钻孔，可利用U形卡和L形插销等拼装成大块模板。

钢模板的宽度以100mm为基础，50mm进级，宽度300mm和250mm的模板有纵肋；长度以450mm为基础，150mm进级；高度皆为55mm。其规格与型号已做到标准化、系列化。

（二）连接件

1.U形卡

它用于钢模板之间的连接与锁定，使钢模板拼装密合。U形卡安装间距一般不大于300mm，即每隔一孔卡插一个，安装方向一顺一倒相互交错。

2.L形插销

它插入模板两端边框的插销孔内，用来增强钢模板纵向拼接的刚度和保证接头处板面平整。

3. 钩头螺栓

用于钢模板与内、外钢楞之间的连接固定，使之成为整体，安装间距一般不大于600mm，长度应与采用的钢楞尺寸相适应。

4. 对拉螺栓

用来保持模板与模板之间的设计厚度并承受混凝土侧压力及水平荷载，使模板不致变形。

5. 紧固螺栓

用于紧固钢模板内外钢楞，增强组合模板的整体刚度，长度与采用的钢楞尺寸相适应。

6. 扣件

用于将钢模板与钢楞紧固，和其他的配件一起将钢模板拼装成整体。按钢楞的不同形状尺寸，分别采用碟型扣件和“3”型扣件，其规格分为大小两种。

（三）支承件

配件的支承件包括钢楞、柱箍、梁卡具、圈梁卡、钢管架、斜撑、组合支柱、钢管脚手支架、平面可调桁架和曲面可变桁架等。

三、木模板

木材是最早被人们用来制作模板的工程材料，其主要优点是：制作方便、拼装随意，尤其适用于外形复杂或异形的混凝土构件。另外，因其导热系数小，对混凝土冬期施工有一定的保温作用。

木模板的木材主要采用松木和杉木，其含水率不宜过高，以免干裂，材质不宜低于三等材。木模板的基本元件是拼板，它由板条和拼条（木档）组成。板条厚 25 ～ 50mm，宽度不宜超过 200mm，以保证在干缩时，缝隙均匀，浇水后缝隙要严密且板条不翘曲，但梁底板的板条宽度不受限制，以免漏浆。拼条截面尺寸为 25mm×35mm ～ 50mm×50mm，拼条间距根据施工荷载大小及板条的厚度而定，一般取 400 ～ 500mm。

四、滑动模板

滑动模板（简称为滑模），是在混凝土连续浇筑过程之中，可使模板面紧贴混凝土面滑动的模板。采用滑模施工要比常规施工节约木材（包括模板和脚手板等）70%左右；采用滑模施工可以节约劳动力 30% ～ 50%；采用滑模施工要比常规施工的工期短、速度快，可缩短施工周期 30% ～ 50%；滑模施工的结构整体性好，抗震效果明显，适用于高层或超高层抗震建筑物和高耸构筑物施工；滑模施工的设备便于加工、安装、运输。

第二节 模板施工

一、模板安装

安装模板之前，应事先熟悉设计图纸，掌握建筑物结构的形状尺寸，并根据现场条件，初步考虑好立模及支撑的程序，以及和钢筋绑扎、混凝土浇捣等工序的配合，尽量避免工种之间的相互干扰。

模板的安装包括放样、立模、支撑加固、吊正找平、尺寸校核、堵设缝隙及清仓去污等工序。在安装过程中，应注意下述事项：（1）模板竖立后，须切实校正位置和尺寸，垂直方向用垂球校对，水平长度用钢尺丈量两次以上，务使模板的尺寸符合设计标准。（2）模板各结合点与支撑必须坚固紧密，牢固可靠，尤其是采用振捣器捣固的结构部位更应注意，以免在浇捣过程中发生裂缝及鼓肚等不良情况。但为了增加模板的周转次数，减少模板拆模损耗，模板结构的安装应力求简便，尽量少用圆钉，多用螺栓、木楔、拉条等进行加固联结。（3）凡属承重的梁板结构，跨度大于4m以上时，由于地基的沉陷和支撑结构的压缩变形，跨中应预留起拱高度，每米增高3mm，两边逐渐减少，至两端同原设计高程等高。（4）为避免拆模时建筑物受到冲击或震动，安装模板时，撑柱下端应设置硬木楔形垫块，所用支撑不得直接支承于地面，应安装在坚实的桩基或垫板上，使撑木有足够的支承面积，以免沉陷变形。（5）模板安装完毕，最好立即浇筑混凝土，以防日晒雨淋导致模板变形。为保证混凝土表面光滑和便于拆卸，宜在模板表面涂抹肥皂水或润滑油。夏季或在气候干燥情况下，为防止模板干缩裂缝漏浆，在浇筑混凝土之前，需洒水养护。如发现模板因干燥产生裂缝，应事先用木条或油灰填塞衬补。（6）安装边墙、柱、闸墩等模板时，在浇筑混凝土以前，应将模板内的木屑、刨片、泥块等杂物清除干净，并仔细检查各联结点及接头处的螺栓、拉条、楔木等有无松动滑脱现象。在浇筑混凝土过程中，木工、钢筋、混凝土、架子等工种均应有专人“看仓”，以便发现问题随时加固修理。（7）模板安装的偏差，应符合设计要求的规定，特别是对通过高速水流，有金属结构及机电安装等部位，更不应超出规范的允许值。

二、模板隔离剂

模板安装前或安装后，为了防止模板与混凝土黏结在一起，便于拆模，应及时在模板的表面涂刷隔离剂。

三、模板拆除

模板的拆除顺序一般是先非承重模板，后承重模板；先侧板，后底板。

（一）拆模期限

第一，不承重的侧模板在混凝土强度能保证混凝土表面和棱角不因拆模而受损害时方可拆模。一般此时混凝土的强度应达到2.5MPa以上。

第二，承重模板应在混凝土达到下列强度以后才能拆除（按设计强度的百分率计）：(1)当梁、板、拱的跨度小于2m时，要求达到设计强度的50%。(2)跨度为2～5m时，要求达到设计强度的70%。（3）跨度为5m以上时，要求达到设计强度的100%。（4）悬臂板、梁跨度小于2m为70%；跨度大于2m为100%。

（二）拆模注意事项

模板拆卸工作应注意以下事项：

1. 模板拆除工作应遵守一定的方法与步骤

拆模时要按照模板各结合点构造情况，逐块松卸。首先去掉扒钉、螺栓等连接铁件，然后用撬杠将模板松动或用木楔插入模板与混凝土接触面的缝隙中，以锤击木楔，使模板与混凝土面逐渐分离。拆模时，禁止用重锤直接敲击模板，以免使建筑物受到强烈震动或将模板毁坏。

2. 拆卸拱形模板时

应先将支柱下的木楔缓慢放松，使拱架徐徐下降，以免新拱因模板突然大幅度下沉而担负全部自重，并应从跨中点向两端同时对称拆卸。拆卸跨度较大的拱模时，则需从拱顶中部分段分期向两端对称拆卸。

3. 高空拆卸模板时

不得将模板自高处摔下，而应用绳索吊卸，以防砸坏模板或发生事故。

4. 当模板拆卸完毕后

应将附着在板面上的混凝土砂浆洗凿干净，损坏部分需加修整，板上的圆钉应及时拔除（部分可以回收使用），以免刺脚伤人。卸下的螺栓应与螺帽、垫圈等拧在一起，并加黄油防锈。扒钉、铁丝等物均应收捡归仓，不能丢失。所有模板应按规格分放，妥加保管，以备下次立模周转使用。

6. 对于大体积混凝土

为了防止拆模后混凝土表面温度骤然下降而产生表面裂缝，应考虑外界温度的变化而确定拆模时间，并应该避免早、晚或夜间拆模。

第三节　脚手架

一、脚手架的作用

脚手架是施工作业中不可缺少的手段和设备工具，是为了施工现场工作人员生产和堆放部分建筑材料所提供的操作平台，它既要满足施工的需要，又要为保证工程质量和提高工作效率创造条件。其主要作用有以下几方面：（1）要保证工程作业面的连续性施工。（2）能满足施工操作所需要的运料和堆料要求，并方便操作。（3）对高处作业人员能起到防护作用，以确保施工人员的人身安全。（4）使操作不致影响工效和工程的质量。（5）能满足多层作业、交叉作业、流水作业和多工种之间配合作业的要求。

二、脚手架的分类

脚手架的分类方法很多，通常按以下几种方式分类。

（一）按脚手架的用途划分

一般可分为以下四类：

1. 结构工程作业脚手架（简称为结构脚手架）

它是为满足结构施工作业需要而设置的脚手架，也称为砌筑脚手架。

2. 装修工程作业脚手架（简称为装修脚手架）

它是为满足装修施工作业而设置的脚手架。

3. 支撑和承重脚手架（简称为模板支撑架或承重脚手架

它是为了支撑模板及其荷载或为满足其他承重要求而设置的脚手架。

4. 防护脚手架

包括作业围护用墙式单排脚手架和通道防护棚等，是为施工安全设置的架子。

（二）按脚手架的设置状态划分

一般可分为以下六类：

1. 落地式脚手架

脚手架荷载通过立杆传递给架设脚手架的地面、楼面、屋面或其他支持结构物。

2. 挑脚手架

从建筑物内伸出的或固定于工程结构外侧的悬挑梁或者其他悬挑结构上向上搭设的脚手架。脚手架通过悬挑结构将荷载传递给工程结构承受。

3. 挂脚手架

使用预埋托挂件或挑出悬挂结构将定型作业架悬挂于建筑物的外墙面。

4. 吊脚手架

悬吊于屋面结构或屋面悬挑梁下的脚手架。当脚手架为篮式构造时，就称为“吊篮”。

5. 桥式脚手架

由桥式工作台及其两端支柱（一般格构式）构成的脚手架。桥式工作台可自由提升和下降。

6. 移动式脚手架

自身具有稳定结构、可移动使用的脚手架。

（三）按脚手架的搭设位置划分

一般可分为以下两类：

1. 外脚手架

是沿建筑物外墙外侧周边搭设的一种脚手架。它既可用来砌筑墙柱，又可用于外装修。

2. 里脚手架

用于建筑物内墙的砌筑、装修用的脚手架。在施工中，里脚手架搭设在各层楼板上，每层楼板只需搭设两三步。

（四）按脚手架杆件、配件材料和连接方式划分

一般可分为以下种类：（1）木、竹脚手架。（2）扣件式钢管脚手架。（3）碗扣式钢管脚手架。（4）门式钢管脚手架。（5）其他连接形式钢脚手架。

三、木脚手架

（一）概述

木脚手架取材方便，经济适用，历史悠久，搭设经验丰富，技术成熟，是我国工程施工中应用较为广泛的脚手架。但是这些脚手架由于木材用量大，重复利用率低，因而，在各方面条件允许的情况下，尽可能不使用木脚手架。

这类脚手架选用木杆为主要杆件，采用 8 号铁丝绑扎而成。木脚手架根据使用要求可搭设成单排脚手架或双排脚手架。它是由立杆、大横杆、小横杆、斜撑、剪刀撑、抛撑、扫地杆及脚手板等组成。

2. 木脚手架的搭设

木脚手架的搭设方式通常有单排外脚手架和双排外脚手架。单排外脚手架外侧只有一排立杆，小横杆一端及立杆或大横杆连接，另一端搁置在建筑物上。

注意事项有以下几点：（1）由于单排外脚手架稳定性差，搭设高度一般不得超过 20m。（2）小横杆在墙上的搁置宽度不宜小于 240mm。（3）立杆埋设深度一般不小于 0.5m。也可直接立于地面，但应加设垫板，并用扫地杆帮助稳定。（4）立杆的间距以 1.5m 左右为宜，最大不能超过 2m。横杆的距离一般为 1 ～ 1.2m，最大不得超过 L5m。（5）十字盖之间的间距，一般每隔 6 根立杆设一档十字盖，十字盖占两个立杆档，从下到上绑扎，要撑到地面，并和地面的夹角为 60°。

双排外脚手架内外两侧均设立杆，小横杆两端分别为与内、外侧立杆连接的外脚手架。它的稳定性比较好，搭设高度一般不超过 30m。

四、扣件式钢管脚手架

扣件式钢管脚手架是由钢管和扣件组成，它搭拆方便、灵活，能适应建筑物中平立面的变化，强度高，坚固耐用。扣件式钢管脚手架还可构成井字架、栈桥和上料台架等，应用较多。

（一）材料要求

1. 杆件

扣件式钢管脚手架的主要杆件有立杆、顺水杆（大横杆）、排杆（小横杆）、十字盖（剪刀撑）、压柱子（抛撑、斜撑）、底座、扣件等。

钢管：采用外径为 48 ～ 51mm、壁厚为 3 ～ 3.5mm 的钢管，长度以 4 ～ 6.5m 和 2.1 ～ 2.3m 为宜。

2. 底座

扣件式钢管脚手架的底座，是由套管和底板焊成。套管一般用外径 57mm、壁厚 3.5mm 的钢管（或用外径为 60mm、壁厚 3 ～ 4mm 的钢管），长为 150mm。底板通常用边长（或直径）150mm、厚为 5mm 的钢板。

3. 扣件

扣件用铸铁锻制而成，螺栓用 Q235 钢制成，其形式有三种。

（1）回转扣件

回转扣件用于连接扣紧呈任意角度相交的杆件，如立杆与十字盖的连接。

（2）直角扣件

直角扣件又称十字扣件，用于连接扣紧两根垂直相交的杆件，如立杆与顺水杆、排木的连接。

（3）对接扣件

对接扣件又称一字扣件，用于两根杆件的对接接长，如立杆、顺水杆的接长。

（二）扣件式钢管脚手架的搭设与拆除

1. 扣件式钢管脚手架的搭设

架的搭设要求钢管的规格相同，地基平整夯实；对于高层建筑物脚手架的基础要进行验算，脚手架地基的四周排水畅通，立杆底端要设底座或垫木。通常脚手架搭设顺序为：纵向扫地杆→横向扫地杆→立杆→第一步纵向水平杆（大横杆）→第一步横向水平杆（小横杆）→连墙件（或加抛撑）→第二步纵向水平杆（大横杆）→第二步横向水平杆（小横杆）……

开始搭设第一节立杆时，每 6 跨应暂设一根抛撑，当搭设至设有连墙件的构造层时，应立即设置连墙件与墙体连接，当装设两道墙件之后，抛撑便可拆除。双排脚手架的小横杆靠墙一端应离开墙体装饰面至少 100mm，杆件相交的伸出端长度不小于 100mm，以防止杆件滑脱；扣件规格必须与钢管外径相一致，扣件螺栓拧紧。除操作层的脚手板外，宜每隔 1.2m 高满铺一层脚手板，在脚手架全高或高层脚手架的每个高度区段内，铺板不多于 6 层，作业不超过 3 层，或根据设计搭设。

2. 扣件式钢管脚手架的拆除

扣件式钢管脚手架的拆除按由上而下，后搭者先拆，先搭者后拆的顺序进行，严禁上下同时拆除，以及先将整层连墙件或数层连墙件拆除后再拆其余杆件。如果采用分段拆除，其高差不应大于 2 步架，当拆除至最后一节立杆时，应先加临时抛撑，后拆除连墙件，拆下的材料应及时分类集中运至地面，严禁抛扔。

第四节　模板施工安全知识

模板施工中的不安全因素较多，从模板的加工制作，到模板的支模拆除都必须认真加以防范。具体包括：（1）施工技术人员应向机械操作人员进行施工任务及安全技术措施交底。操作人员应熟悉作业环境和施工条件，听从指挥，遵守现场安全规则。（2）机械作业时，操作人员不得擅自离开工作岗位或将机械交给非本机操作人员操作。严禁无关人员进入作业区和操作室内。工作时，思想要集中，严禁酒后操作。（3）机械操作人员和配合作业人员，都必须按规定穿戴劳动保护用品，长发不得外露。高空作业必须戴安全带，不得穿硬底鞋和拖鞋。严禁从高处往下投掷物件。（4）工作场所应备有齐全可靠的消防器材。严禁在工作场所吸烟和有其他明火，并不得存放油、棉纱等易燃品。（5）加工前应从木料中清除铁钉、铁丝等金属物。作业后，切断电源，锁好闸箱，进行擦拭、润滑、清除木屑、刨花。（6）悬空安装大模板、吊装第一块预制构件、吊装单独的大中型预制构件时，必须站在操作平台上操作。吊装中的大模板和预制构件上，严禁站人和行走。（7）模板支撑和拆卸时的悬空作业，必须遵守下列规定：①支模应按规定的作业程序进行，模板未固定前不得进行下一道工序。严禁在连接件及支撑件上攀登上下，并严禁在上下同一垂直面上装、拆模板。结构复杂的模板，装、拆应严格按照施工组织设计的措施下进行。②支设高度在3m以上的柱模板，四周应设斜撑，并应设立操作平台。低于3m的可使用马凳操作。③支设悬挑形式的模板时，应有稳固的立足点。支设临空构筑物模板时，应搭设支架或脚手架。模板上有预留洞时，应在安装后将洞盖没。混凝土板上拆模后形成的临边或洞口，应按有关要求进行防护。④拆模高处作业，应配置登高用具或搭设支架。

第六章 土石方施工

第一节 开挖方法

一、坝垛断面

黄河下游河道坝垛工程是黄河防洪工程的重要组成部分，通常由土坝基、粘土坝胎、坦石、根石（控导工程一般不设根石台）四部分组成。根据抢险、存放备防石等需要，土坝体顶宽采用 12 ～ 15 m，非裹护部分边坡采用 1 ∶ 2.0，裹护部分边坡采用 1 ∶ 1.3。坝体和坦石之间设水平宽 1 m 的粘土胎，主要作用是防止河水、渗水、雨水的冲刷或渗透破坏。考虑到风浪、浮冰的作用力，以及高水位时水流对坝胎土的冲刷，并结合实际运用经验，扣石坝和乱石坝坦石厚度顶宽采用水平宽度 1.0 m，外边坡 1 ∶ 1.50 坦石采用顺坡或退坦加高，如改建坝的坦石质量较好，坡度为 1 ∶ 1.5，根石坚固，可顺坡加高，不然，应退坦加高，并将外边坡放缓至 1 ∶ 1.5，内坡对于险工，为了增加坝垛的稳定性，一般都设有根石台，根石台顶宽考虑坝体稳定及抢险需要定为 2.0 m，根石坡度根据稳定分析结果并且结合目前实际情况定为 1 ∶ 1.5。

二、坝垛结构型式

坝垛结构均由两部分组成：一是土坝身，由壤土修筑，是裹护体依托的基础；二是裹护体，由石料等材料修筑。裹护体是坝基抗冲的“外衣”。坝基依靠裹护体保护，维持其不被水流冲刷，保其安全；裹护体发挥抗冲的作用。裹护体的上部称为护坡或护坦，下部称为护根或护脚。上下部的界限一般按枯水位划分，也有按特定部位如根石台顶位置划分的。裹护体的材料多数采用石料，少数采用其他材料如混凝土板，或石料与其他材料结合使用，如护坡采用石料，护根采用模袋混凝土、冲沙土袋等沉排。

石护坡依其表层石料（俗称沿子石）施工方法不同，一般分为乱石护坡、扣石护坡、砌石护坡三种，分别称为乱石坝、扣石坝、砌石坝。乱石护坡坡度较缓，坝外坡 1 ∶ 1.5，内坡 1 ∶ 1.3，沿子石由块石中选择较大石料粗略排整，使坡面大致保持平整；扣石护坡坡度与乱石护坡相同，沿子石由大块石略作加工，光面朝外斜向砌筑，构成坝的坡面；砌石护坡坡度陡，一般仅为 1 ∶ 0.3 ～ 1 ∶ 0.5。由于砌石坝坝坡陡，稳定性差，根石受水流冲刷，坡度变陡后坝体易发生突然滑塌的险情，同时砌石坝依靠较大的根石断面维护坝的安全，不经济，因此这种坝型结构已被淘汰，不再新建，已有的需拆改成乱石坝或扣石坝。

护根除少数为排体外，一般由柳石枕、乱石、铅丝笼等抛投物筑成。护根是护坡的基础，最容易受到水流的冲刷，是坝岸最重要的组成部分，也是最容易出险的部位，有 60% 以上的坝岸险情是根石出险造成的。护根的强弱，即护根的深度、坡度、厚度，对护坡的稳定起着决定性作用。一般护根的深度达到所在部位河床冲刷最大深度，坡度达到设计稳定的坡度，厚度达到护根后面的土体不被冲刷时，坝垛才能稳定。

三、人工挖运

在我国的水利工程施工中，一些土方最小及不便于机械化施工的地方，用人工挖运还是比较普遍的。挖土用铁锹、镐等工具；运土用筐、手推车、架子车等工具。

人工开挖渠道时，应自中心向外，分层下挖，先深后宽，边坡处可按边坡比挖成台阶状，待挖至设计要求时，再进行削坡。如有条件应尽可能做到挖填平衡。必须弃土时，应先行规划堆土区，做到先挖远倒，后挖近倒，先平后高。

受到地下水影响的渠道，应设排水沟，排水位本着上游照顾下游，下游服从上游的原则，即向下游放水的时间和流量，应照顾下游的排水条件；同时下游服从上游的需要。一般下游应先开工，并不得阻碍上游水量的排泄，以保证水

（一）一次到底法

一次到底法适用于土质较好，挖深 2 ～ 3 m 的渠道。开挖时应先将排水沟挖到低于渠底设计高程 0.5 m 处，然后再按阶梯状逐层向下开挖，直到渠底为止。

（二）分层下挖法

此法适用于土质不好，且挖深较大的渠道。将排水沟布置在渠道中部，先逐层挖排水沟，再挖渠道，直至挖到渠底为止。如渠道较宽，可采用翻滚排水沟。这种方法的优点是排水沟分层开挖，沟的断面小，土方量少，施工比较安全。

四、机械开挖

单斗式挖掘机是仅有一个铲土斗的挖掘机械，均由行走装置、动力装置和工作装置三大部分组成。行走装置有履带式、轮胎式和步行式 3 类。常用的为履带式，它对

地面的单位压力小，可在较软的地面上开行，但转移速度慢；动力装置有电动和内燃机两类，国内以内燃机式使用较多；工作装置有正向铲、反向铲、拉铲和抓铲 4 类，前两类应用最广泛。

工作装置可用钢索操纵或液压操纵。大、中型正向铲一般用钢索操纵，小压操纵的挖掘机结构紧凑、传动平稳、操纵灵活、工作效率高等。

（一）正向铲挖掘机

正向铲挖掘机最适于挖掘停机面以上的土方，但也可挖停机面以下一定深度的土方，工作面高度一般不宜小于 1.5 m，过低或开挖停机面以下的土方生产率较低。工程中正向铲的斗容量常用 1 ～ 4 m3。正向铲稳定性好、铲土力大，可挖掘Ⅰ～Ⅳ类土及爆破石渣。

挖土机的每一工作循环包括挖掘、回转、卸土和返回 4 个过程。它的生产率主要决定于每斗的铲土量和每斗作业的延续时间。为了提高挖土机的生产率，除了工作面（指挖土机挖土时的工作空间，也称为掌子面）高度须满足一次铲土能装满土斗的要求外，还要考虑开挖方式和与运土机械的配合问题，应尽量减少回转角度，缩短每个循环的延续时间。

正向铲的挖土方式有两种，即正向掌子挖土和侧向掌子挖土。掌子的轮廓尺寸由挖土机的工作性能及运输方式决定。开挖基坑常采用正向掌子，并尽量采用最宽工作面，使汽车便于倒车和运土。

开挖料场、土丘及渠道土方，宜采用侧向掌子，汽车停在挖掘机的侧面，与挖掘机的开行路线平行，使得挖卸土的回转角度较小，省去汽车倒车与转弯时间，可提高挖土机生产率。

大型土方开挖工程，常常是先用正向掌子来开道，将整个土场分成较小的开挖区，增加开挖前线，再用侧向掌子进行开挖，可大大提高生产率。

（二）反向铲挖掘机

目前，工程中常用液压反铲。其最适于开挖停机面以下的土方，如基坑、渠道、管沟等土方，最大挖土深度为 4 ～ 6 m，经济挖土深度为 1.5 ～ 3 m。但也可开挖停机面以上的土方。常用反铲斗容量有 0.5 m3、1.0 m3、1.6 m3 等数种。反铲的稳定性及铲土力均较正铲为小，只能挖Ⅰ～Ⅱ类土。

反铲挖土可采用两种方式：一种是挖掘机位于沟端倒退着进行开挖，称为沟端开行；另一种是挖掘机位于沟侧，行进方向与开挖方向垂直，称为沟侧开行。后者挖土的宽度与深度小于前者，但能将土弃于距沟边较远的地方。

（三）拉铲挖掘机

常用拉铲的斗容量为 0.5 m3、1.0 m3、10 m3、4.0 m3 等数种。拉铲一般用于挖掘停机面以下的土方，最适于开挖水下土方和含水量大的土方。

拉铲的臂杆较长，且可利用回转通过钢索将铲斗抛至较远距离，故其挖掘半径、卸土半径和卸载高度均较大，最适于直接向弃土区弃土。在大型渠道、基坑的开挖与清淤及水下砂卵石开挖中应用较广泛。

第二节　施工机械

一、开挖与运输机械的选择

进行施工机械选择及计算需要收集相关资料，如施工现场自然地形条件、施工现场情况、能源供应、企业施工机械设备和使用管理水平等等。结合工程实际，应注意以下几点：

（1）优先选用正铲挖掘机作为大体积集中土石方开挖的主要机械，再选择配套的运输机械和辅助机械。其具体机型的选定应充分考虑工程量大小、工期长短、开挖强度及施工部位特点和要求。

（2）对于开挖Ⅲ级以下土方、挖装松散土方和砂砾石、施工场地狭窄且不便于挖掘机作业的土石方挖装等情况，可选用装载机作为主要挖装机械。

（3）与土石方开挖机械配套的运输机械主要选用不同类型和规格的自卸汽车。自卸汽车的装载容量应与挖装机械相匹配，其容量宜取挖装机械铲斗斗容的3～6倍。

（4）对于弃渣场平整、小型基坑及不深的河渠土方开挖、配合开挖机械作掌子面清理和渣堆集散及配合铲运机开挖助推等工况，宜选用推土机。

（5）具备岸坡作业条件的水下土石方开挖，应优先考虑选择不同类型和规格的反铲、拉铲和抓斗挖掘机。

（6）不具备岸坡作业条件的水下土石方开挖，应选择水上作业的机械。水上作业机械需与拖轮、泥驳等设备配套。

1）采集水下天然砂石料，宜用链斗或轮斗式采砂船。

2）挖掘水下土石方、爆破块石，包括水下清障作业，宜用铲斗船。

3）范围狭窄而开挖深度大的水下基础工程，宜用抓斗船。

4）开挖松散砂壤土、淤泥及软塑粘土等，宜用铰吸式挖泥船。

（7）钻孔凿岩机械的选择，根据岩石特性、开挖部位、爆破方式等综合分析后来确定，同时考虑孔径、孔深、钻孔方向、风压及架设移动的方便程度等因素。

二、开挖与运输机械数量的确定

（一）挖掘机、装栽机和铲运机

生产能力P计算，有

$$P=\frac{TVK_{ch}K_t}{K_k t}$$

式中：P —— 台班生产率，m'（自然方）/ 台班；

T —— 台班工作时间，取 T =480 min；

V —— 铲斗容量，m^3；

K_{ch} —— 铲斗充满系数，对挖机，壤土取 1.0，粘土取 0.8，爆破石渣取 0.6；对装载机，当装载干砂土、煤粉时取 1.2，其他物料同挖掘机；对铲运机，一般取 0.5 ～ 0.9，有推土机助推时，取 0.8 ～ 1.2；

K_t —— 时间利用系数，对于挖掘机，作业条件一般，机械运用与管理水平良好，取 0.7；对装载机，取 0.7 ～ 0.8；对铲运机，一般取 0.65 ～ 0.75；

K_k —— 物料松散系数，对挖掘机及装载机，Ⅰ～Ⅳ级土取 1.10 ～ 1.30；对铲运机，一般取 1.10 ～ 1.25；

t —— 每次作业循环时间，min。

需要量 N 计算，有

$$N=\frac{Q}{MP}$$

式中：N —— 机械需要量，台；

Q —— 由工程总进度决定月开挖强度，m^3/ 月；

M —— 单机月工作台班数；

P —— 单机台班生产率，m^3/ 台班。

（二）采砂船、吸泥船

链斗式采砂船生产能力 P 计算，有

$$P=TVnK_{ch}K_t\frac{1}{K_k}$$

式中：P —— 单船每班生产率，m^3 班；

T —— 每班工作时间，取 T =480 min；

V —— 单个链斗容量，m^3；

n —— 每分钟链斗通过个数，个 /min；

K_{ch} —— 斗充满系数；

K_t —— 时间利用系数；

K_k —— 物料松散系数；

铰吸式挖泥船生产能力 P 计算，有

$$P = TK_tQB$$

式中：P —— 单船每班生产率，m³/ 班；

T —— 每班工作时间，取 T =480 min；

Q —— 泥浆流量，m³/min；

B —— 泥浆浓度，%；

K_t —— 时间利用系数。

（三）钻孔凿岩机械

钻孔机械生产能力 P 计算，有

$$P = T\upsilon K_l K$$

式中：P —— 钻机台班生产率，2 台班；

T —— 台班工作时间，取 T =480 min；

υ —— 钻速由厂家提供，在地质条件、钻孔压力及钻孔方向等改变时需修正；

K_t —— 工作时间利用系数；

K_s —— 钻机同时利用系数，取 0.7 ～ 1.0（1 ～ 10 台），台数多取小值，反之取大值，单台取 1.0。

当考虑钻孔爆破和开挖直接配套时，钻孔机械的需要量有

$$N = L / P$$

式中：N —— 需要量，台；

P —— 钻机台班生产率，2 台班；

L —— 岩石月开挖强度为 Q 时，钻机平均每台班需要钻孔总进尺，m/ 台班，$L = Q / (mq)$；

Q —— 月开挖强度，m' / 月；

m —— 钻机月工作台班数；

q —— 每米钻孔爆破石方量（自然方），mVm，由钻爆设计取值。

（四）运输汽车

运输汽车数量应保证挖掘机连续的工作来配置。汽车数量按下式计算，即

$$N_1 = T_a / t_1$$

式中：N_1 —— 汽车数量；

T_a —— 自卸汽车每一运土循环的延续时间，min；$T_a = t_1 + 2L / \upsilon_e + t_2 + t_3$；

t_1 —— 自卸汽车每次装车时间，min，$t_1 = nt$；

n —— 自卸汽车每车装土次数；$h = Q_1 K_1 / q K_e \gamma$；

t —— 挖土机每次循环延续时间，s，即每挖一斗的时间，对 W-100 正铲挖土机为 25 ～ 40 s，对 W-100 拉铲挖土机为 45 ～ 60 s；

Q_1 —— 自卸汽车的载重量，kN；

γ —— 土的重度，一般取 17 kN/m^3。

L —— 运土距离，m；

υ_e —— 重车与空车的平均速度，m/min；

t_2 —— 自卸汽车卸土时间，min；

t_3 —— 自卸汽车操纵时间，min，包括停放等待、待装、等车、让车等，一般取 2 ～ 3 min；

K_s —— 自土的可松行系数；

K_e —— 自土斗充盈系数，取 0.8 ～ 1.1；

q —— 自挖掘机的斗容量，m^3。

第三节　明挖施工

一、明挖施工程序

水利枢纽工程通常由若干单项工程项目组成，如坝、电站、通航建筑物等。安排土石方工程施工程序，首先要划分分部工程与施工区段。

分部工程通常按建筑物划分，如大坝、电站等。施工区段是按施工特性和施工要求来划分的，如船闸可分为上引航道、船闸及下引航道。区段划分除形态特征外，关键还在施工要求方面。如船闸和引航道在施工要求上就不一样，从工程进度上看，船闸基础开挖后，要进行混凝土工程施工和闸门等金属结构的安装，以及调试等工作，需要较长时间。引航道一般只有开挖或筑堤，没有或仅有少量的混凝土浇筑，工期相对不甚紧迫。施工程序上应选挖船闸基础，再挖引航道。在工程质量上，船闸基础开挖质量要求高，必须保证了基础岩石的完整性，爆破控制较严格，引航道开挖质量要求稍低，则不太严格。

安排施工区段的施工程序，即安排各区段的施工先后次序，其主要原则如下。

（1）工种多，需要较长施工时间的区段应尽早施工；工种少、施工简单、又不影响整个工程或某部分完工日期的区段可后施工。

（2）工种不多，但对于整个工程或部位起控制作用的区段，施工时将给主要区段带来干扰，甚至损害，这样的区段应先预施工。如峡谷地区大坝的岸坡开挖。

（3）本身不是主要区段，但它先施工可给整个工程或主要区段创造便利条件，

或具有明显经济效益的区段，也应早期施工或一部分早期施工。

（4）对其他部分或区段无大的影响，又不控制工期的区段，应作为调节施工强度的区段，安排在两个高峰之间的低强度时施工。

（5）各区段的施工程序应与整个工程施工要求一样，与施工导流及工程总进度符合。

二、明挖施工进度

各分部工程和施工区段的施工程序确定后，即对施工进度进行安排。安排施工进度时，必须根据工程的各个部分和区段的施工条件及开挖或填筑工程最选择施工方案和机械设备。依据各区段不同高程和位置的工作条件与工作场面大小，估算可能达到的施工强度，计算每个部位需要的施工时间，最后得出各部分和区段的总施工进度计划。

施工场面较大，施工条件方便，施工时间较长而强度不大的区段，可按其中等条件进行粗略估算。对施工条件较差、施工时间较短、施工强度大的控制性区段，应该按部位和高程分析其可能达到的施工强度和需要的施工时间。最后按施工程序和各分部或区段需要的施工时间，作出土石方工程的进度计划。

土石方工程施工进度反映出各分部工程和各区段的施工程序、施工的起止时间和施工强度。实际上也决定了施工方法、机械设备数量及机械的规格型号。

除上所述，安排施工进度时必须考虑下述条件。

（1）土石方工程施工进度必须与整个工程的施工总进度一致，按工程总进度要求按期完成，如果某部分实在不能在总进度规定时间内完成，应修正总进度。

（2）应考虑气候条件，尤其是土料施工时，应考虑雨季、冬季（冰冻）对施工的影响。在此期间是停工或是采取防护措施，应进行分析比较而定。

（3）应考虑水文条件，特别是山区河流的洪水期与枯水期水位变化很大，某些部位可尽量利用枯水期低水位时施工，尽量减少水下施工或建筑围堰，以节省施工费用。

（4）主要建筑物基础处理一般都比较费时间，基础施工要求严格，有时遇有断层、破碎带或洞室溶穴需要处理，安排进度应留有余地。

（5）在料场距离远，道路坡度大的山区，堆石坝填筑的最大施工强度，往往受道路昼夜允许行驶的车辆车次控制。

三、明挖施工方案选择

土石方工程施工方案的选择必须根据施工条件、施工要求和经济效果等进行综合考虑，具体因素有如下几个方面。

（1）土质情况。必须弄清土质类别，如粘性土、非粘性土或岩石，以及密实程度、块体大小、岩石坚硬性、风化破碎情况。

（2）施工地区的地势地形情况和气候条件，距重要建筑物或居民区的远近。

（3）工程情况。工程规模大小、工程数量和施工强度、工作场面大小、施工期长短等。

（4）道路交通条件，修建道路的难易程度、运输距离远近。

（5）工程质量要求。主要决定于施工对象，如坝、电站厂房及其他重要建筑物的基础开挖、填筑应严格控制质量。通航建筑物的引航道应控制边坡不被破坏，不引起塌方或滑坡。对一般场地平整的挖填有时是没有质量要求的。

（6）机械设备。主要指设备供应或取得的难易、机械运转的可靠程度、维修条件与能力。当小型工程或施工时间不长时，为减少机械购置费用，可用原有的设备。但旧机械完好率低、故障多，工作效率必然较低，配置的机械数量应大于需要的量，以补偿其不足。工程数量巨大、施工期限很长的大型工程，应该采用技术性能好的新机械，虽然机械购置费用较多，但新机械完好率高，生产率也高，生产能力强，可保证工程顺利进行。

（7）经济指标。当几个方案或施工方法均能满足施工要求时，一般应以完成工程施工所花费用低者为最好。有时，为了争取提前发电，经过经济比较后，也可选用工期短、费用较高的施工方案。

四、开挖方法

（一）钻孔爆破法

通过钻孔、装药、爆破开挖岩石的方法，简称钻爆法。这一方法从早期由人工手把钎、锤击凿孔，用火雷管逐个引爆单个药包，发展到用凿岩台车或多臂钻车钻孔，应用毫秒爆破、预裂爆破及光面爆破等爆破技术。施工前，要根据地质的条件、断面大小、支护方式、工期要求以及施工设备、技术等条件，选定掘进方式。主要的掘进方式有以下几种：

1. 全断面掘进法

整个开挖断面一次钻孔爆破，开挖成型，全面推进。在隧洞高度较大时，也可分为上、下两部分，形成台阶，同步爆破，并行掘进。在地质条件和施工条件许可时，优先采用全断面掘进法。

2. 导洞法

先开挖断面的一部分作为导洞，再依次扩大开挖隧洞的整个断面。这是在隧洞断面较大，由于地质条件或施工条件，采用全断面开挖有困难时，以中小型机械为主的一种施工方法。导洞断面不宜过大，以能适应装碴机械装碴、出碴车辆运输、风水管路安装和施工安全为度。导洞可增加开挖爆破时的自由面，有利于探明隧洞的地质和水文地质情况，并为洞内通风和排水创造条件。根据地质条件、地下水情况、隧洞长度和施工条件，确定采用下导洞、上导洞或中心导洞等。导洞开挖后，扩挖可以在导洞全长挖完之后进行，也可以和导洞开挖平行作业。

3. 分部开挖法

在围岩稳定性较差，通常需要支护的情况下，开挖大断面的隧洞时，可先开挖一部分断面，及时做好支护，然后再逐次扩大开挖。用钻爆法开挖隧洞，通常从第一序钻孔开始，经过装药、爆破、通风散烟、出碴等工序，到开始第二序钻孔，作为一个隧洞开挖作业循环。尽量设法压缩作业循环时间，以加快掘进速度。20 世纪 80 年代，一些国家采用钻爆法在中硬岩中开挖断面面积为 100 m^3 左右的隧洞，掘进速度平均每月约为 200 m。中国鲁布革水电站工程，开挖直径为 8.8 m 的引水隧洞，单工作面平均月进尺达 231 m，最高月进尺达 373.7 m。

（二）掘进机法

掘进机是全断面开挖隧洞的专用设备。它利用了大直径转动刀盘上的刀具对岩石的挤压、滚切作用来破碎岩石。美国罗宾斯公司在 1952 年开始生产第一台掘进机。20 世纪 70 年代以后，掘进机有了较快的发展。开挖直径范围为 1.8 ～ 11.5 m。在中硬岩中，用掘进机开挖 80 ～ 100 m3 大断面隧洞，平均掘进速度为每月 350 ～ 400 m。美国芝加哥卫生管理区隧洞和蓄水库工程，在石灰岩中开挖直径为 9.8 m 的隧洞，最高月进度可达 750 m。美国奥索引水隧洞直径 3.09 m，在页岩中开挖，最高月进尺达 2088 m。隧洞掘进机开挖比钻爆法掘进速度快，用工少，施工安全，开挖面平整，造价低，但机体庞大，运输不便，只能适用于长洞的开挖，并且本机直径不能调整，对地质条件及岩性变化的适应性差，使用有局限性。

（三）新奥地利隧洞施工法

新奥地利隧洞施工法简称新奥法（NATM），是奥地利学者 L.V. 拉布采维茨等人于 20 世纪 50 年代初期创建，并于 1963 年正式命名的，涉及隧洞设计、施工及管理等方面一整套的工程技术方法。它的主要特点是：运用现代岩石力学的理论，充分考虑并利用围岩的自身承载能力，把衬砌和围岩当成一个整体看待；在施工过程中，必须进行现场量测，并应用量测资料修订设计和指导施工；采用预裂爆破、光面爆破等技术或用掘进机开挖，用锚杆和喷射混凝土等作为支护手段，并强调适时支护。总之，是在充分考虑围岩自身承载能力的基础上，因地制宜搞好隧洞开挖和支护。

（四）盾构法

盾构法是利用盾构在软质地基或破碎岩层中掘进隧洞的施工方法。盾构是一种带有护罩的专用设备，利用尾部已装好的衬砌块作为支点向前推进，用刀盘切割土体，同时排土和拼装后面的预制混凝土衬砌块。盾构法是 19 世纪初期发明，首先用于开挖英国伦敦泰晤士河水底隧道。盾构机掘进的出碴方式有机械式和水力式，以水力式居多。水力盾构在工作面处有一个注满膨润土液的密封室。膨润上液既用于平衡土压力和地下水压力，又用作输送排出土体的介质。

（五）顶管法

为了在地下修建涵洞或管道，用千斤顶将预制钢筋混凝土管或钢管逐渐顶入土层中，随顶随将土从管内挖出。这样将一节节管子顶入，做好接口，建成涵管。顶管法特别适于修建穿过已成建筑物或交通线下面的涵管。

第四节　砌石工程

一、主要施工方式

（一）干砌

不使用砂浆的砌石。每块沿子石先平放试安，确认底面贴实平稳，前沿与横线吻合一致，收分合格，接缝适中后，用小石顶紧卡严尾部，再砌侧面第二块沿子石。连砌4块短石后续砌长大丁字石一块，从而加强内外衔接。

（二）浆砌

使用水泥石灰砂浆的砌石。先清除表面泥土、石渣，然后试放沿子石，待贴实平稳，缝口合适后，取出抹浆，重新安砌，并不再修打或更动。尾部试用小石卡紧填严，取出后铺浆再填入抹平。

（三）干填腹石

不使用砂浆填筑腹石。使用乱石，由坝顶通过抛石槽投放。沿子石每扣砌1～2层投次一次。按“大石在外，小石在内”原则，各石大面朝下，拣平排紧，小石塞严，空隙直径小于11厘米。小石不足时，用八磅锤打碎小块石，用手锤砸填。高度低于沿子石，靠近沿子石处和沿子石平齐。

（四）浆砌腹石

使用砂浆砌筑腹石。腹石按干填要求填实，采用座浆法，做到灰浆饱满，无干窝、灰窝。通常用水泥石灰砂浆，或者水泥粘土砂浆砌筑。

（五）沿子石

简称“沿石”。指扣、砌坝（垛）岸表面的一层石料。通常由大块石中挑选，形状比较规则，有两个以上平面，扣砌时需专门加工。用以坚固坝面，增强御水抗溜能力，防止坝胎冲刷，方便日常的管理。因砌排紧密，又称“镶面石”或“护面石”。

二、干砌石施工

干砌石施工工序为选石、试放、修器和安砌。

（一）施工方法

常采用的干砌块石的施工方法有两种，即花缝砌筑法和平缝砌筑法。

1. 花缝砌筑法

花缝砌筑法多用于干砌片（毛）石。砌筑时，依石块原有形状，使尖对拐、拐对尖，相互联系砌成。砌石不分层，一般多将大面向上。这种砌法的缺点是底部空虚，容易被水流淘刷变形，稳定性较差，且不能避免重缝、迭缝、翘口等毛病。但此法优点是表面比较平整，故可用在流速不大、不承受风浪淘刷的渠道护坡工程。

2. 平缝砌筑法

平缝砌筑法一般多适用于干砌块石的施工。砌筑时将石块宽面与坡面竖向垂直，与横向平行。砌筑前，安放一块石块必须先进行试放，不合适处应用小锤修整，使石缝紧密，最好不塞或少塞小片石。这种砌法横向设有通缝，但竖向直缝必须错开。如砌缝底部或块石拐角处有空隙时，则应选用适当的片石塞满填紧，以防止底部砂砾垫层由缝隙淘出造成坍塌。

（二）封边

干砌块石是依靠块石之间的磨擦力来维持其整体稳定的。若砌体发生局部移动或变形，将会导致整体破坏。边口部位是最易损坏的地方，所以，封边工作十分重要。对护坡水下部分的封边，常采用大块石单层或双层干砌封边，然后将边外部分用粘土回填夯实，有时也可采用浆砌石埴进行封边。对护坡水上部分的顶部封边，则常采用比较大的方正块石砌成 40 cm 左右宽度的平台，平台后所留的空隙用粘土回填夯实。对于挡土墙、闸翼墙等重力式墙身顶部，通常用混凝土封闭。

（三）干砌石的砌筑要点

造成干砌石施工缺陷的原因主要是由于砌筑技术不良、工作马虎、施工管理不善以及测量放样错漏等。缺陷主要有缝口不紧、底部空虚、鼓心凹肚、重缝、飞缝、飞口（即用很薄的边口未经砸掉便砌在坡上）、翘口（上下两块都是一边厚一边薄，石料的薄口部分互相搭接）、悬石（两石相接不是面的接触，而是点的接触）、浮塞叠砌、严重蜂窝以及轮廓尺寸走样等。

干砌石施工必须注意：

（1）干砌石工程在施工前，应进行基础清理工作。

（2）凡受水流冲刷和浪击作用的干砌石工程中采用竖立砌法（即石块的长边与水平面或斜面呈垂直方向）砌筑，使其空隙为最小。

（3）重力式挡土墙施工，严禁先砌好里、外砌石面，中间用乱石充填并且留下空隙和蜂窝。

（4）干砌块石的墙体露出面必须设丁石（拉结石），丁石要均匀分布。同一层的丁石长度，如墙厚等于或小于 40 cm 时，丁石长度应等于墙厚；如墙厚大于 40 cm，则要求同一层内外的丁石相互交错搭接，搭接长度不小于 15 cm，其中一块的长度不小于墙厚的 2/3。

（5）如用料石砌墙，则两层顺砌后应有一层丁砌，同一层采用丁顺组砌时，丁石间距不宜大于 2 m。

(6)用干砌石作基础，一般下大上小，呈阶梯状，底层应选择比较方整的大块石，上层阶梯至少压住下层阶梯块石宽度的1/3。

(7）大体积的干砌块石挡土墙或其他建筑物，在砌体每层转角和分段部位，应先采用大而平整的块石砌筑。

(8）护坡干砌石应自坡脚开始自下而上进行。

(9）砌体缝口要砌紧，空隙应用小石填塞紧密，防止砌体在受到水流的冲刷或外力撞击时滑脱沉陷，从而保持砌体的坚固性。一般规定干砌石砌体空隙率应不超过30%～50%。

(10）干砌石护坡的每一块石顶面一般不应低于设计位置5 cm，不高出设计位置15 cm。

三、浆砌石施工

浆砌石是用胶结材料把单个的石块联结在一起，使石块依靠胶结材料的粘结力、摩擦力和块石本身重量结合成为新的整体，以保持建筑物的稳固，同时，充填着石块间的空隙，堵塞了一切可能产生的漏水通道。浆砌石具有良好的整体性、密实性和较高的强度，使用寿命更长，还具有较好的防止渗水和抵抗水流冲刷的能力。

（一）砌筑工艺

1. 铺筑面准备

对开挖成形的岩基面，在砌石开始之前应将表面已松散的岩块剔除，具有光滑表面的岩石须人工凿毛，并清除所有岩屑、碎片、泥沙等杂物。土壤地基按设计要求处理。

对于水平施工缝，一般要求在新一层块石砌筑前凿去已凝固的浮浆，并进行清扫、冲洗，使新旧砌体紧密结合。对临时施工缝，在恢复砌筑时，必须进行凿毛、冲洗处理。

2. 选料

砌筑所用石料，应是质地均匀，没有裂缝、没有明显风化迹象，不含杂质的坚硬石料。严寒地区使用的石料，还要求具有一定的抗冻性。

3. 铺（座）浆

对于块石砌体，由于砌筑面参差不齐，必须逐块座浆、逐块安砌，在操作时还须认真调整，务使座浆密实，以免形成空洞。

座浆一般只宜比砌石超前0.5～1 m左右，座浆应和砌筑相配合。

4. 安放石料

把洗净的湿润石料安放在座浆面上，用铁锤轻击石面，使座浆开始溢出为度。石料之间的砌缝宽度应严格控制，采用水泥砂浆砌筑时，块石的灰缝厚度一般为2～4 cm，料石的灰缝厚度为0.5～2 cm，采用小石混凝土砌筑时，一般为所用骨料最大粒径的2～2.5倍。安放石料时应注意，不能产生细石架空现象。

5. 坚缝灌浆

安放石料后，应及时进行竖缝灌浆。一般灌浆与石面齐平，水泥砂浆用捣插棒捣实，小石混凝土用插入式振捣器振捣，振实后缝面下沉，待上层摊铺座浆时一起填满。

6. 振捣

水泥砂浆常用捣棒人工插捣，小石混凝土一般采用插入式振动器振捣。应注意对角缝的振捣，防止重振或漏振。

每一层铺砌完 24 ～ 36 h 后（视气温及水泥种类、胶结材料强度等级而定），即可冲洗、准备上一层的铺砌。

（二）砌筑方法

1. 基础砌筑

基础施工应在地基验收合格后方可进行。基础砌筑前，应先检查基槽（或基坑）的尺寸和标高，清除杂物，接着放出基础轴线及边线。对于土质基础，砌筑前应先将基础夯实，并在基础面上铺上一层 3 ～ 5 cm 厚的稠砂浆，然后安放石块。对于岩石基础，座浆前还应洒水湿润。

砌第一层石块时，基底应座浆。第一层使用石块尽量挑大一些的，这样受力较好，并便于错缝。所有石块第一层都必须大面向下放稳，以脚踩不动即可。不要用小石块来支垫，要使石面平放在基底上，使地基受力均匀基础稳固。选择比较方正的石块，砌在各转角上，称为角石，角石两边应与准线相合。角石砌好后，再砌里、外面的石块，称为面石；最后砌填中间部分，称为腹石。砌填腹石时应根据石块自然形状交错放置，尽量使石块间缝隙最小，再将砂浆填入缝隙中，最后根据各缝隙形状和大小选择合适的小石块放入用小锤轻击，使石块全部挤入缝隙中，禁止采用先放小石块后灌浆的方法。

接砌第二层以上石块时，每砌一块石块，应先铺好砂浆，砂浆不必铺满、铺到边，尤其在角石及面石处，砂浆应离外边约 4.5 cm，并铺得稍厚一些，当石块往上砌时，恰好压到要求厚度，并刚好铺满整个灰缝。灰缝厚度宜为 20 ～ 30 mm，砂浆应饱满。阶梯形基础上的石块应至少压砌下级阶梯的 1/2，相邻阶梯的块石应相互错缝搭接。基础的最上一层石块，宜选用较大的块石砌筑。基础的第一层及转角处和交接处，应选用较大的块石砌筑。块石基础的转角和交接处应同时砌起。如不能同时砌筑又必须留槎时，应砌成斜槎。

块石基础每天可砌高度不应超过 4.2 m。在砌基础时还必须注意不能在新砌好的砌体上抛掷块石，这会使已粘在一起的砂浆与块石受振动而分开，影响砌体强度。

2. 挡土墙

砌筑块石挡土墙时，块石的中部厚度不宜小于 20 cm；每砌 3 ～ 4 匹为一分层高度，每个分层高度应找平一次；外露面的灰缝厚度，不得大于 4 cm，两个分层高度间的错缝不得小于 8 cm。

料石挡土墙宜采用同匹内丁顺相间的砌筑形式。当中间部分用块石填筑时，丁砌料石伸入块石部分的长度应小于 20 cm。

3. 桥、涵拱圈

浆砌拱圈一般选用于小跨度的单孔桥拱、涵拱施工，施工方法及步骤如下：

（1）拱圈石料的选择

拱圈的石料一般为经过加工的料石，石块厚度不应小于 15 cm。石块的宽度为其厚度的1.5～2.5倍，长度为厚度的2～4倍，拱圈所用的石料应凿成楔形（上宽下窄），如不用楔形石块时，则应用砌缝宽度的变化来调整拱度，但砌缝厚薄相差最大不应超过 1 cm，每一石块面应与拱压力线垂直。所以拱圈砌体的方向应对准拱的中心。

（2）拱圈的砌缝

浆砌拱圈的砌缝应力求均匀，相邻两行拱石的平缝应相互错开，其相错的距离不得小于 10 cm。砌缝的厚度决定于所选用的石料，选用细料石，其砌缝厚度不应大于 1 cm；选用粗料石，砌缝不应大于 2 cm。

（3）拱圈的砌筑程序与方法

拱圈砌筑之前，必须先做好拱座。为了使拱座与拱圈结合好，须用起拱石。起拱石与拱圈相接的面，应与拱的压力线垂直。

当跨度在 10 m 以下时，拱圈的砌筑一般应沿拱的全长和全厚，同时由两边起拱石对称地向拱顶砌筑；当跨度大于 10 m 以上时，则拱圈砌筑应采用分段法进行。分段法是把拱圈分为数段，每段长可根据全拱长来决定，一般每段长 3 ～ 6 m。各段依一定砌筑顺序进行，从而达到使拱架承重均匀和拱架变形最小的目的。

拱圈各段的砌筑顺序是：先砌拱脚，再砌拱顶，然后砌 1/4 处，最后砌其余各段。砌筑时一定要对称于拱圈跨中央。各段之间应预留一定的空缝，防止在砌筑中拱架变形面产生裂缝，待全部拱圈砌筑完毕后，再将预留空缝填实。

（三）勾缝与分缝

1. 勾缝

石砌体表面进行勾缝的目的，主要是加强砌体的整体性，同时还可增加砌体的抗渗能力，另外也美化外观。

勾缝按其形式可分为凹缝、凸缝、平缝三种。在水工建筑物中，一般采用平缝。

勾缝的程序是在砌体砂浆未凝固以前，先沿砌缝，将灰缝剔深 20 ～ 30 mm 形成缝槽，待砌体完成和砂浆凝固以后再进行勾缝。勾缝前，应将缝槽冲洗干净，自上而下，不整齐处应修整。勾缝的砂浆宜用水泥砂浆，砂用细砂。砂浆稠度要掌握好，过稠勾出缝来表面粗糙不光滑，过稀容易坍落走样。最好不使用火山灰质水泥，因为这种水泥干缩性大，勾缝容易开裂。砂浆强度等级应符合设计规定，一般应高于原砌体的砂浆强度等级。

砌体的隐蔽回填部分，可不专门作勾缝处理，但有时为加强防渗，应事前在砌筑过程中，用原浆将砌缝填实抹平。

2. 伸缩缝

浆砌体常因地基不均匀沉陷或砌体热胀冷缩可能导致产生裂缝。为避免砌体发生

裂缝，一般在设计中均要在建筑物某些接头处设置伸缩缝（沉陷缝）。施工时，可按照设计规定的厚度、尺寸及不同材料作成缝板。缝板有油毛毡（一般常用三层油毛毡刷柏油制成）、柏油杉板（杉板两而刷柏油）等，其厚度为设计缝宽，一般均砌在缝中。如采用前者，则需先立样架，将伸缩缝一边的砌体砌筑平整，然后贴上油毡，再砌另一边；如采用柏油杉板做缝板，最好是架好缝板，两面同时等高砌筑，不用再立样架。

（四）砌体养护

为使水泥得到充分的水化反应，提高胶结材料的早期强度，防止胶结材料干裂，应在砌体胶结材料终凝后（一般砌完 6 ～ 8 h）及时洒水养护 14 ～ 21 d，最低限度不得少于 7 d。养护方法是配专人洒水，经常保持砌体湿润，也可在砌体上加盖湿草袋，以减少水分的蒸发。夏季的洒水养护还可起降温的作用，由于日照长、气温高、蒸发快，一般在砌体表面要覆盖草袋、草帘等，白天洒水 7 ～ 10 次，夜间蒸发少且有露水，只需洒水 2 ～ 3 次即可满足养护需要。

冬季当气温降至 0℃以下时，要增加覆盖草袋及麻袋的厚度，加强保温的效果。冰冻期间不得洒水养护。砌体在养护期内应保持正温。砌筑面的积水、积雪应及时清除，防止结冰。冬季水泥初凝时间较长，砌体一般不宜采用洒水养护。

养护期间不能在砌体上堆放材料、修凿石料、碰动块石，否则会引起胶结面的松动脱离。砌体后隐蔽工程的回填，在常温下一般要在砌后 28 d 方可进行，小型砌体可在砌后 10 ～ 12 d 进行回填。

（五）浆砌石施工的砌筑要领

砌筑要领可概括为“平、稳、满、错”四个字。平，同一层面大致砌平，相邻石块的高差宜小于 2 ～ 3 cm；稳，单块石料的安砌务求自身稳定；满，灰缝饱满密实，严禁石块间直接接触；错，相邻石块应错缝砌筑，特别不允许顺水流方向通缝。

（六）石物体质量要求

（1）砌石工程所用石材必须质地坚硬，不风化，不含杂质，并符合一定的规格尺寸；（2）砌石工程所用胶结材料必须符合国家标准及设计要求。

第五节　土石方施工质量控制

一、土方开挖

土方开挖施工工序分为表土及岸坡清理、软基或土质岸坡开挖两个工序。

（一）表土及岸坡清理

1. 项目分类

（1）主控项目

表土及岸坡清理施工的工序主控项目分为表土清理，不良地质土的处理，地质坑、孔处理。

（2）一般项目

表土及岸坡清理施工工序一般项目分为清理范围和土质岸边坡度。

2. 检查方法及数量

（1）主控项目

观察、查阅施工记录（录像或摄影资料收集备查）等方法进行全数检查。

（2）一般项目

1）清理范围：采用量测方法，每边线测点不少于 5 点，且点间距不大于 20 m。

2）土质岸边坡度：采用量测方法，每 10 延米量测一点；高边坡需测定断面，每 20 延米测一个断面。

3. 质量验收评定标准

（1）表土清理

树木、草皮、树根、乱石、坟墓和各种建筑物全部清除；水井、泉眼、地道、坑窖等洞穴的处理符合设计要求。

（2）不良地质土的处理

淤泥、腐殖质土、泥炭土全部清除；对风化岩石、坡积物、残积物、滑坡体、粉土、细砂等处理符合设计要求。

（3）地质坑、孔处理

构筑物基础区范围内的地质探孔、竖井、试坑的处理符合设计的要求；回填材料质量满足设计要求。

（4）清理范围

满足设计要求。长、宽边线允许偏差：人工施工 0 ～ 50 cm，机械施工 0 ～ 100 cm。

（5）岸边坡度

岸边坡度不陡于设计边坡。

一般情况下主体工程施工场地地表的植被清理，应延伸至构筑物最大开挖边线或建筑物基础边线（或填筑坡脚线）外侧至少 5 m 的距离；挖除树根的范围应延伸到最大开挖边线、填筑线或建筑物基础外侧至少 3 m 的距离；原坝体加高培厚的工程，其清理范围应包括原坝顶及坝坡。

（二）软基或土质岸坡开挖

1. 项目分类

（1）主控项目

软基或土质岸坡开挖施工工序主控项目分为保护层开挖、建基面处理、渗水处理。

（2）一般项目

软基或土质岸坡开挖施工工序一般项目为基坑断面尺寸与开挖面平整度。

2. 检查方法及数量

（1）主控项目

采用观察、测量与查阅施工记录等方法进行全数检查。

（2）一般项目

采用观察、测量、查阅施工记录等方法，检测点采用横断面控制，断面间距不大于 20 m，各横断面点数间距不大于 2 m，局部突出或凹陷部位（面积在 0.5 m2 以上者）应增设检测点。

3. 质量验收评定标准

（1）保护层开挖

保护层开挖方式应符合设计的要求，在接近建基面时，宜使用小型机具或人工挖除，不应扰动建基面以下的原地基。

（2）建基面处理

构筑物地基及岸坡开挖面平顺。软基或土质岸坡和土质构筑物接触时，采用斜面连接，无台阶、急剧变坡及反坡。

（3）渗水处理

构筑物基础区及岸坡渗水（含泉眼）妥善引排或封堵，建基面清洁无积水。

（4）基坑断面尺寸及开挖面平整度

1）无结构要求或无配筋。

①长或宽不大于 10 m：符合设计要求，允许偏差为 -10 ～ 20 cm。

②长或宽大于 10 m：符合设计要求，允许偏差为 -20 ～ 30 cm。

③坑（槽）底部标高：应符合设计要求，允许偏差为 -10 ～ 20 cm。

④垂直或斜面平整度：应符合设计要求，允许偏差为 20 cm。

2）有结构要求，有配筋预埋件。

①长或宽不大于 10 m：符合设计要求，允许偏差为 0 ～ 20 cm。

②长或宽大于 10 m：符合设计要求，允许偏差为 0 ～ 30 cm。

③坑（槽）底部标高：应符合设计要求，允许偏差为 0 ～ 20 cm。

④斜面平整度：应符合设计要求，允许偏差为 15 cm。

二、土料填筑

土料填筑施工分为结合面处理、卸料及铺筑、压实及接缝处理 4 个工序。

（一）结合面处理

1. 项目分类

（1）主控项目

结合面处理工序主控项目有建基面地基压实、土质建基面刨毛、无粘性土建基面的处理、岩面和混凝土面处理。

（2）一般项目

结合面处理工序一般项目有层间结合面、涂刷浆液质量。

2. 检查方法及数量

（1）主控项目

1）建基面地基压实：采用方格网布点检查，坝轴线方向 50 m，上下游方向 20 m 范围内布点。检验深度应深入地基表面 1.0 m，对于地质条件复杂的地基，应加密布点取样检验。

2）土质建基面刨毛：采用方格网布点检查，每验收单元不少于 30 点。

3）无粘性土建基面的处理：采用观察、查阅施工记录，进行全数检查。

4）岩面和混凝土面处理：采用方格网布点检查，每验收单元不少于 30 点。

（2）一般项目

1）层间结合面：采用观察方法，进行全数的检查。

2）涂刷浆液质量：采用观察、抽测方法，每拌和一批至少取样抽测 1 次。

3. 质量验收评定标准

（1）建基面地基压实

粘性土、砾质土地基土层的压实度等指标符合设计要求。无粘性土地基土层的相对密实度符合设计要求。

（2）土质建基面刨毛

土质地基表面刨毛 2 ～ 3 cm，层面刨毛均匀细致，无团块和空白。

（3）无粘性土建基面的处理

反滤过渡层材料的铺设应满足设计要求。

（4）岩面和混凝土面处理

与土质防渗体结合的岩面或混凝土面，无浮渣、污染杂物，无乳皮粉尘、油垢，无局部积水等。铺填前涂刷浓泥浆或粘土水泥砂浆，涂刷均匀，无空白，混凝土面涂刷厚度为 3 ～ 5 mm；裂隙岩面涂刷厚度为 5 ～ 10 mm；且回填及时，无风干现象，铺浆厚度允许偏差 0 ～ 2 mm。

（5）层间结合面

上下层铺土的结合层面无砂砾、杂物，表面松土，湿润均匀，无积水。

（6）涂刷浆液质量

浆液稠度适宜、均匀，无团块，材料配比误差不大于10%。

（二）卸料及铺筑

1. 项目分类

（1）主控项目

卸料及铺筑施工工序中主控项目有卸料和铺填。

（2）一般项目

卸料及铺筑施工工序中一般项目有结合部土料填筑、铺土厚度、铺填边线。

2. 检查方法及数量

（1）主控项目

卸料、铺填中采用观察方法，进行全数检查。

（2）一般项目

1）结合部土料填筑：采用观察方法，进行全数检查。

2）铺土厚度：采用测量方法，网格控制，每100 m2一个测点。

3）铺填边线：采用测量方法，每条边线，每10延米一个测点。

3. 质量验收评定标准

（1）卸料

卸料、平料符合设计要求，均衡上升。施工面平整、土料分区清晰，上下层分段位置错开。

（2）铺填

上下游坝坡填筑应有富余量，防渗铺盖在坝体以内部分应和心墙或斜墙同时铺筑。铺料表面应保持湿润，符合施工的含水量。

（3）结合部土料填筑

防渗体与地基（包括齿槽）、岸坡、溢洪道边墙、坝下埋管及混凝土齿墙等结合部位的土料填筑，无架空现象。土料厚度均匀，表面平整，无团块、无粗粒集中，边线整齐。

（4）铺土厚度

厚度均匀，符合设计要求，允许偏差为0～-5 cm。

（5）铺填边线

铺填边线应有一定的富余度，压实削坡后坝体铺填边线满足0～10 cm（人工施工）或0～30 cm（机械施工）要求。

（三）土料压实

1. 项目分类

（1）主控项目

土料压实工序主控项目有碾压参数、压实质量、压实土料的渗透系数。

（2）一般项目

土料压实工序一般项目有碾压搭接带宽度和碾压面处理。

2. 检查方法及数量

（1）主控项目

1）碾压参数：查阅试验报告、施工记录，每班至少检查 2 次。

2）压实质量：取样试验，粘性土宜采用环刀法、核子水分密度仪。砾质土采用挖坑灌砂（灌水）法，土质不均匀的粘性土和砾质土的压实度检测也可采用三点击实法。粘性土 1 次 /（100 ～ 200 m3）；砾质土 1 次 /（200 ～ 500 m3）。

3）压实土料的渗透系数：渗透试验，满足设计要求。

（2）一般项目

1）碾压搭接带宽度：采用观察、量测方法，每条搭接带每一单元抽测 3 处。

2）碾压面处理：通过现场观察、查阅施工记录，进行全数检查。

3. 质量验收评定标准

（1）碾压参数

压实机具的型号、规格，碾压遍数、碾压速度、碾压振动频率、振幅和加水量应当符合碾压试验确定的参数值。

（2）压实质量

压实度和最优含水率符合设计要求。1 级、2 级坝和高坝的压实度不小于 98%；3 级中低坝及 3 级以下低坝的压实度不小于 96%；土料的含水量应控制在最优量的 -2% ～ 3%。取样合格率不小于 90%，不合格试样不应集中，并且不低于压实度设计值的 98%。

（3）压实土料的渗透系数

符合设计要求。

（4）碾压搭接带宽度

分段碾压时，相邻两段交接带碾压迹应彼此搭接，垂直碾压方向搭接带宽度应不小于 0.3 ～ 0.5 m；顺碾压方向搭接带宽度应为 1 ～ 1.5 m。

（5）碾压面处理

碾压表面平整，无漏压，个别弹簧、起皮、脱空，剪力破坏部分处理符合设计的要求。

（四）接缝处理

1. 项目分类

（1）主控项目

接缝处理工序主控项目有接合坡面和接合坡面碾压。

（2）一般项目

接缝处理工序一般项目有接合坡面填土、接合坡面处理。

2. 检查方法及数量

（1）主控项目

采用观察及测量检查方法，接合坡面项目每一结合坡面抽测 3 处；接合坡面碾压项目，每 10 延米取试样 1 个，如一层达不到 20 个试样，可多层累积统计；但每层不得少于 3 个试样。

（2）一般项目

1）接合坡面填土：采用观察、取样检验方法，进行全数检查。

2）接合坡面处理：采用观察、布置方格网量测方法，每验收单元不少于 30 点。

3. 质量验收评定标准

（1）接合坡面

斜墙和心墙内不应留有纵向接缝，防渗体和均质坝的横向接坡不应陡于 1 ∶ 3，其高差符合设计要求，与岸坡接合坡度应符合设计要求。

均质土坝纵向接缝斜坡坡度和平台宽度应满足稳定要求，平台间高差不大于 15 m。

（2）接合坡面碾压

接合坡面填土碾压密实，层面平整，无拉裂及起皮现象。

（3）接合坡面填土

填土质量符合设计要求，铺土均匀、表面平整，无团块、无风干。

（4）接合坡面处理

纵横接缝的坡面削坡、润湿、刨毛等处理符合设计的要求。

三、砂砾料填筑

砂砾料填筑施工分为铺填、压实两个工序。

（一）砂砾料铺填

1. 项目分类

（1）主控项目

砂砾料铺填施工工序主控项目有铺料厚度、岸坡接合处铺填。

（2）一般项目

砂砾料铺填工序一般项目有铺填层面外观及富余铺填宽度。

2. 检查方法及数量

（1）主控项目

1）铺料厚度：按 20 m×20 m 方格网的角点为测点，定点测量，每单元不少于 10 点。

2）岸坡接合处铺填：采用观察、量测，每条边线，每 10 延米量测 1 组。

（2）一般项目

1）铺填层面外观：采用观察方法，进行全数检查。

2）富余铺填宽度：采用观察、量测，每条边线，每 10 延米量测 1 组。

3. 质量验收评定标准

（1）铺料厚度

铺料层厚度均匀，表面平整，边线整齐。允许偏差不大于铺料厚度的10%，并且不应超厚。

（2）岸坡接合处铺填

纵横向接合部应符合设计要求；岸坡接合处的填料不得分离、架空。检测点允许偏差0～10 cm。

（3）铺填层面外观

砂砾料填筑力求均衡上升，无团块和无粗粒集中。

（4）富余铺填宽度

富余铺填宽度满足削坡后压实厚质量要求。检测点允许偏差0～10 cm。

（二）砂砾料压实

1. 项目分类

（1）主控项目

砂砾料压实工序主控项目有碾压参数及压实质量。

（2）一般项目

砂砾料压实工序一般项目有压层表面质量、断面尺寸。

2. 检查方法及数量

（1）主控项目

1）碾压参数：查阅试验报告、施工记录，每班至少检查2次。

2）压实质量：查阅施工记录，取样试验，按填筑1000～5000 m3取1个试样，每层测点不少于10个，渐至坝顶处每层或每单元不宜少于5个；测点中应至少于有1～2个点分布在设计边坡线以内30 cm处，或与岸坡接合处附近。

（2）一般项目

1）压层表面质量：采用观察方法，进行全数检查。

2）断面尺寸：采用尺量检查，每层不少于10处。

3. 质量验收评定标准

（1）碾压参数

压实机具的型号、规格，碾压遍数、碾压速度以及加水量应符合碾压试验确定的参数值。

（2）压实质量

相对密实度不低于设计要求。

（3）压层表面质量

表面平整，无漏压、欠压。

（4）断面尺寸

压实削坡后上、下游设计边坡超填值允许偏差±20 cm，坝轴线与相邻坝料接合面尺寸允许偏差±30 cm。

四、特殊条件下的施工控制

（一）雨季土坝压实施工控制

土石坝填筑是大面积的露天作业，施工过程中遇到雨天，会给控制土壤的含水量带来很大的困难。因此在多雨地区，常由于雨天多，土壤含水量高，雨后不能立即恢复上土，以致雨季粘性土料的填筑成为控制工程进度的主要关键所在。为了保证工程按质又不过多的增加成本，可采用下列措施。

（1）合理进行大坝断面设计，尽量缩小防渗体（心墙，或斜墙）的断面，减少粘性土料的用量。

（2）在降雨时，坝上应停止粘性土料的填筑。在多雨地区宜采用气胎辗。如采用羊足碾时，要同时配使用平碾，在便在雨前封闭坝面以利排水。为了便于排走雨水，坝填筑面应略向上游倾斜。

（3）必要时在土料储料场和坝面采用人工防雨措施，如备用大防雨布或塑料薄膜。遇雨遮盖填筑面，雨后去盖，将表面湿土稍加清理晾晒，即可上土复工。在抢进度赶拦洪时，为了保证高速度施工，在防渗体填筑面积不太大时，在多雨地区可以考虑采用雨篷作业。雨篷一般是简单屋架式，用帆布或塑料布覆盖，不过篷内填土，辗压不便，篷架升高也麻烦，因此也有采用缆索悬挂式吊棚的。

（4）在雨季施工中，重要的是在非雨期时于坝面附近的储备数量足够、质量合格的土料，以供雨季施工时使用。

（5）合理选用某种非粘性土料作为大坝防渗体，再采取一定的施工措施，就有可能在雨季继续施工。如美国在华盛顿州建成的高度 170 m 的 Swift-Greek 坝，那里不仅平均年降雨量高达 300 mm 而且雨天又多。因此大坝心墙确定用含砾砂性壤土筑成，并采用施工措施：①在垂直工作面上开挖土料；②在压实料场表面留有一定的坡度，以防雨水渗入填筑土料；③坝面填筑成 8% ～ 10% 的坡度，坡向上游；④压实土层改用垂直于坝轴线方向，以利坝面排水；⑤由于松土易遭雨水淋湿，所以坝面在铺土以后尽快进行碾压。采取以上措施以后，虽然土料较湿，但坝面完全可以用 50 t 气胎碾进行碾压。

（二）冬季施工控制

在冬季负气温下，土料将发生冻结，并且使其物理力学性质发生变化，这对土石坝冬季施工将造成严重影响。不过只要采取适当的技术措施，仍能保证填筑质量。

土料在降温冷却过程中，其中的水分不是一遇冷空气就转变为冰的，土料开始结冰的温度总是低于 0℃，即土料的冻结有所谓过冷现象。土料的过冷温度和过冷持续时间与土料的种类、含水量和冷却强度等有关。当负温不是太低时，土料中的水分能长期处于过冷状态而不结冰。含水量低于塑限的土及含水量低于 4% ～ 5% 的砂砾细料，由于水分子颗粒间的相互作用，土的过冷现象极为明显。

土的过冷现象说明当负气温不太低时，用具有正温的土料在露天填筑，只要控制好土料含水量，有可能在土料还未冻结之前争取填筑完毕。

土料发生冻结时，由于水汽从温度较高处向温度较低处移动，而产生水分转移。水分转移和聚集的结果，使土的冻结层中形成冰晶体和裂缝。冰在土料中决定若冻土的性质，使其强度增大，不易压实。当其融化后，则使土料的强度和稳定性大为降低，或呈松散状态。但土料的含水量接近或低于塑限冻结时，上述现象不甚显著，压实后经过冻融，其力学性质变化也较小。砂砾细料含水量低于 4% ～ 5%，冻结时仍呈松散状态，超过此值后则冻成硬块，不易压实。

因此，碾压式土石坝冬季施工时，只要采取适当的技术措施，防止土料冻结，降低土料含水量和减少冻融影响，仍可保证施工质量，加快施工进度。防止料场中的土料冻结，是土石坝冬季施工的主要内容。因此，可采取以下措施。

1. 选择冬季施工的专用料区

对砂砾粒应选择粗粒含量较多和易于压实的地区，在夏、秋季进行备料，采用明沟截流和降低地下水位，使砂砾料中的细料含水量降低到 4% 以下；对于粘性土宜选择运距近、含水量接近塑限及地势较高的料区，如含水量较大，须在冬季前进行处理，以满足防冻要求。所以，如有可能，应选用向阳背风的料区。

2. 料场表土翻松保温

冬季结冰前将料区表土翻松 30 ～ 40 cm 深，并碎成小块耙平，使松土的孔隙中充满空气，因而可以降低表层土的导热性，防止下部土料冻结。如某工地在料区表面铺 30 cm 厚的松土，气温到 -12℃左右时，下部土温仍保持在 4 ～ 13℃。

3. 覆盖融热材料保温

根据气温和现场条件，利用树叶、稻草、炉渣及锯木屑等材料，覆盖于土区或土库表面，形成蓄热保温层，使土料不致冻结。

4. 覆盖冰、雪蓄热保温

可以利用自然雪或人工铺雪于料场表面土上。因为雪的导热性能低，可以达到土料蓄热保温不致冻结的目的。或者也可将料场四周用 0.5 m 高的土坡围起来，并在场内每隔 1.5 m 打一根承冰层的支撑木桩，冬季来临时，在土埂内充满水，待水面结冰到 10 ～ 15 cm 厚时，将冰层下的水排走，而形成一个很好的空气隔热保温层，这也可以达到使土料不致冻结的目的。

除了防止料场土料冻结外，在土料运输过程中，也应注意土料保温：（1）土温的散失主要是在装、卸过程中，因此应采取快速运输，避免转运，力求从装土到卸土铺填为止的时间，不超过土料冻结所需时间；（2）尽量采用容量大、调度灵活及易于倾卸的运输工具，并进行覆盖保温。为了防止土料与金属车厢直接接触，可设置木板隔层，或在车厢内垫一层浸透食盐水（浓度为 20%）的麻袋。

冬季施工时，对负气温下土料填筑的基本要求如下：（1）粘性土的含水量不应超过限塑，防渗体的土料含水量不应大于 0.9 倍塑限，但也不宜低于塑限 2%；砂砾料（指粒径小于 5 mm 的细料）的含水量应小于 4%；（2）压实时土料平均温度，一般应保持正温。实践证明，土料温度低于 0℃，压实效果即将降低，甚至难以压实。

冬季施工的坝体填筑，根据气温条件的不同，可采用露天作业或暖棚内作业。

露天作业要求准备料温度不低于 5 ～ 10℃，其填筑工作可以在较寒冷的气温下进行（日最低气温不低于 -5℃，碾压时土料温度不低于 +2℃，粘性土中允许有少量小于 5 cm 的冻块，但冻块不应集中在填筑层中。如果气温过低或风速过大，则须停止填筑。砂砾料露天填筑的气温，也不应低于 -15℃，砂料中允许有少量小于 10 cm 的冻块，但同样不应集中在填筑中。另外，露天作业应力求加快压实工作速度，以免土料冻结。

棚内作业，只是在棚内采取加温措施，使土料保持正温。加温热源可用蒸汽和火炉等。不过费用较高，只是在严寒地区又必须继续施工时，才宜采用。

第六节　黄河防洪工程维护

一、堤防工程维修

1. 堤顶维修的要求

（1）堤肩土质边境发生损坏，宜采用含水量适宜的粘性土，按原标准进行修复。

（2）土质的堤顶面层结构严重受损，应刨毛、洒土、补土、刮平、压实，按原设计标准修复，堤顶高程不足，应按原高程修复，所用土料宜和原土料相同。

（3）硬化堤顶损坏，应按原结构与相应的施工方法修复。

（4）硬化堤顶的土质堤防，因堤身沉陷使硬化堤顶与堤身脱离的，可拆除硬化顶面，用粘性土或石渣补平、夯实，然后用相同材料对硬化顶面进行修复。

2. 堤坡维修的要求

（1）土质堤坡出现大雨淋沟或损坏，应按开挖、分层回填夯实的顺序修理，所用土料宜与原筑堤土料相同，并在修复的坡面补植草皮。

（2）浅层（局部）滑坡，应采用全部挖除滑动体后重新填筑的方法处理，并且符合下列规定：①分析滑坡成因，对渗水、堤脚下挖塘、冲刷、堤身土质不好等因素引起的滑坡，采取相应的处理措施；②应将滑坡体上部未滑动的边坡削至稳定的坡度；③挖除滑动体应从上边缘开始，逐级开挖，每级高度 0.2 m，沿滑动面挖成锯齿形，每一级深度上应一次挖到位，并一直挖至滑动面外未滑动土中 0.5 ～ 1.0 m。平面上的挖除范围宜从滑坡边线四周向外展宽 1 ～ 2 m；④重新填筑的堤坡应达到重新设计的稳定边坡；⑤滑坡处理的过程中，应注意原堤身稳定和挡水安全。

（3）深层圆弧滑坡，应采用挖除主滑体并重新填筑压实方法处理。重新填筑的堤坡应达到重新设计的稳定边坡，堤坡稳定计算应符合 GB 50286 的规定。

3. 堤防防护维修应按照有关规定执行

4. 堤身裂缝维修的要求

（1）堤身裂缝修理应在查明裂缝成因，且裂缝已趋于稳定时进行。

（2）土质堤防裂缝修理宜采用开挖回填、横墙隔断、灌堵缝口、灌浆堵缝等方法。

（3）纵向裂缝修理宜采用开挖回填的方法，并符合下列要求：①开挖前，可用经过滤的石灰水灌入裂缝内，了解裂缝的走向和深度，以指导开挖；②裂缝的开挖长度超过裂缝两端各 1 m，深度超过裂缝底部 0.3 ～ 0.5 m；坑槽底部的宽度不小于 0.5 m，边坡符合稳定及新旧土结合的要求；③坑槽开挖时宜采取坑口保护措施，避免日晒、雨淋、进水和冻融；挖出的土料宜远离坑口堆放；④回填土料与原土料相同，并控制适宜的含水量；⑤回填土分层夯实，夯实土料的干密度不小于堤身土料的干密度。

（4）横向裂缝修理宜采用横墙隔断的方法，并符合下列要求：①和临水相通的裂缝，在裂缝临水坡先修前蚀；背水坡有漏水的裂缝，在背水坡做好反滤导渗；与临水尚水连通的裂缝，从背水面开始，分段开挖回填；②除沿裂缝开挖沟槽，还宜增挖与裂缝垂直的横槽（回填后相当于横墙），横槽间距 3 ～ 5 m，墙体底边长度为 2.5 ～ 3.0 m，墙体厚度不宜小于 0.5 m；③开挖回填宜符合本节规定。

（5）宽度小于 3 ～ 4 cm、深度小于 1 m 的纵向裂缝或龟纹裂缝宜采用灌堵缝口的方法，并符合下列要求：①由缝口灌入干而细的沙壤土，用板条或竹片捣实；②灌缝后，宜修土境压缝防雨，坡宽 10 cm，高出原顶（坡）面 3 ～ 5 cm。

5. 堤防隐患处理的要求

（1）堤身隐患应视其具体情况，采用开挖回填、充填灌浆等方法处理。

（2）位置明确，埋藏较浅的堤身隐患，宜采用开挖回填的方法处理，并符合下列要求：①将洞穴等隐患的松土挖出，再分层填土夯实，恢复堤身原状；②位于临水侧的隐患，宜采用粘性土料进行回填，位于背水侧隐患，宜采用沙性土料进行回填。

（3）范围不明确、埋藏较深的洞穴、裂缝等堤身隐患宜采用充填灌浆处理，并符合第六条的规定。

（4）对以下两类堤基隐患，应探明性质并采取相应的处理措施，并应符合 GB 50286 和 SL 260 的规定：①堤基中的暗沟、故河道、塌陷区、动物巢穴、墓坑、窑洞、坑塘、井窑、房基、杂填土等；②堤防背水坡或堤后地面出现过渗漏、管涌或流土险情的透水堤基、多层堤基。

6. 充填灌浆的要求

（1）灌浆过程中应做好记录。孔号、孔位、灌浆历时、吃浆压力、浆液浓度以及灌浆过程中出现的异常现象等均应进行全面、详细的记录。每天工作结束后应对当天的记录资料进行整理分析，计算每孔吃浆量，并绘制必要的图表。

（2）泥浆土料：浆液中的土料宜选用成浆率较高，收缩性较小、稳定性较好的粉质粘土或重粉质壤土，土料组成以粘粒含量 20% ～ 45%，粉粒 40% ～ 70%、沙粒小于 10% 为宜。在隐患严重或裂缝较宽，吸浆量大的堤段可适当选用中粉质壤土或少量沙壤土。在灌浆过程中，可根据需要在泥浆中掺入适量膨润土、水玻璃、水泥等外加剂，其用量宜通过试验来确定。

（3）制浆贮存：泥浆比重可用比重计测定，宜控制在 1.5 左右。浆液主要力学性能指标以容重 13 ～ 16 kN/m3、粘度 30 ～ 100 s、稳定性小于 0.1 mg/m3、胶体率大于 80%、失水量 10 ～ 30 cm3/30 min 为宜。

制浆过程中应按要求控制泥浆稠度及各项性能指标，并应通过过滤筛清除大颗粒和杂物，保证浆液均匀干净，泥浆制好后送贮浆池待用。

（4）泵输泥浆：宜采用离心式灌浆机输送泥浆，以灌浆孔口压力小于 0.1 MPa 为准来控制输出压力。

（5）锥孔布设：宜按多排梅花形布孔，行距 1.0 m 左右，孔距 1.5 ～ 2.0 m。锥孔应尽量布置在隐患处或其附近。对松散渗透性强，隐患多的堤防，可按序布孔，逐渐加密。

（6）造孔：可用全液压式打锥机造孔。造孔前应先清除干净孔位附近杂草、杂物。孔深宜超过临背水堤脚连线 0.5 ～ 1.0 m。处理可见裂缝时，孔深宜超过缝深 1 ～ 2 m。

（7）灌浆：宜采用平行推进法灌浆，孔口压力应控制在设计最大允许压力以内。灌浆应先灌边孔、后灌中孔，浆液应先稀后浓，根据吃浆最大小可重复灌浆，一般为 2 ～ 3 遍，特殊 4 ～ 5 遍。

在灌浆过程中应不断检查各管进浆情况。如胶管不蠕动，宜将其他一根或数根灌浆管的阀门关闭，使其增压，继续进浆。当增压 10 分钟后仍不进浆时，应停止增压拔管换孔，同时记下时间。

注浆管长度以 1.0 ～ 1.5 m 为适，上部应安装排气阀门，注浆前和注浆过程中应注意排气，以免空气顶托、灌不进浆，影响灌浆效果。

（8）封孔收尾：可用容重大于 16 kN/m3 的浓浆，或掺加 10% 水泥的浓浆封孔，封孔后缩浆空孔应复封。输浆管应及时用清水冲洗，所用设备和工器具应归类收集整理入仓。

（9）灌浆中应及时处理串浆、喷浆、冒浆、塌陷、裂缝等异常现象。串浆时，可堵塞串浆孔口或降低灌浆压力；喷浆时，可拔管排气；冒浆时，可减少输浆量、降低浆液浓度或灌浆压力；发生塌陷时，可加大泥浆浓度灌浆，并将陷坑用粘土回填夯实；发生裂缝时，可夯实裂缝、减小灌浆压力、少灌多复，裂缝较大并有滑坡时，应采用翻筑方法处理。

二、堤防工程抢修

1. 渗水抢修的要求：

（1）渗水险情应按“临水截渗，背水导渗”的原则抢修，并符合下列要求：①抢修时，尽量减少对渗水范围的扰动，避免人为扩大险情；②在渗水堤段背水坡脚附近有深潭、池塘的，抢护时宜在背水坡脚处抛填块石或土袋固基。

（2）水浅流缓、风浪不大、取土较易的堤段，宜在临水侧采用粘土截渗，并且符合下列要求：①先清除临水边坡上的杂草、树木等杂物；②抛土段超过渗水段两端 5 m，并高出洪水位约 1 m。

（3）水深较浅而缺少粘性土料的堤段，可采用土工膜截渗，铺设土工膜宜符合下列要求：①先清除临水边坡和坡脚附近地面有棱角或尖角的杂物，并整平堤坡；②土工膜可根据铺设范围的大小预先粘接或焊接。土工膜的下边沿折叠粘牢形成卷筒，并插入直径 4 ～ 5 cm 的钢管；③铺设前，宜在临水堤肩上将土工膜卷在滚筒上；④土工膜沿堤坡紧贴展铺；⑤土工膜宜满铺渗水段临水边坡并延长至坡脚以外 1 m 以上。预制土工膜宽度不能达到满铺要求时，也可搭接，搭接宽度宜大于 0.5 m；⑥土工膜铺好后，在其上压一两层土袋，由坡脚最下端压起，逐层向上紧密平铺排压。

（4）堤防背水坡大面积严重渗水的险情，宜在堤背开挖导渗沟，铺设滤料、土工织物或透水软管等，引导渗水排出，并符合有关的规定。

（5）堤身透水性较强、背水坡土体过于松软或堤身断面小从而采用导渗沟法有困难的堤段，可采用土工织物反滤导渗，并符合下列要求：①先清除渗水边坡上的草皮（或杂草）、杂物及松软的表层土；②根据堤身土质，选取保土性、透水性、防堵性符合要求的土工织物；③铺设时搭接宽度不小于 0.3 m。均匀铺设沙、石材料作透水压载层，并避免块石压载和土工织物直接接触；④堤脚挖排水沟，并采取相应的反滤、保护措施。

（6）堤身断面单薄、渗水严重，滩地狭窄，背水坡较陡或背水堤脚有潭坑、池塘的堤段，宜抢筑透水后戗压渗，并符合下列要求：①采用透水性较大的沙性土，分层填筑密实；②戗顶高出浸润线出逸点 0.5 ～ 1.0 m，顶宽 2 ～ 4 m，戗坡 1 ∶ 3 ～ 1 ∶ 5，戗台长度宜超过渗水堤段两端 3 m。

（7）防洪墙（堤）发生渗水险情，应按 SL 230 的规定抢修。

2. 管涌（流土）抢护的要求

（1）管涌（流土）险情应按“导水抑沙”的原则抢护，并符合下列要求：①管涌口不应用不透水材料强填硬塞；②因地制宜选用符合要求滤料。

（2）堤防背水地面出现单个管涌，宜抢筑反滤围井，并符合下列要求：①沿管涌口周围码砌围井，并在预计蓄水高度上埋设排水管，蓄水高度以该处不再涌水带沙的原则确定。围进高度小于 1.0 m，可用单层土袋；大于 1.5 m 可用内外双层土袋，袋间填散土并夯实；②井内按反滤要求填筑滤料，如井内涌水过大、填筑滤料困难，可先用块石或砖块抛填，等水势消减后，再填筑滤料；③滤层填筑总厚度按照出水基本不带沙颗粒的原则确定，滤层下陷宜及时补充；④背水地面有集水坑、水井内出现翻沙鼓水的，可在集水坑、水井内倒入滤料，形成围井。

（3）管涌较多、面积较大、涌水带沙成片的，宜抢筑反滤铺盖，并符合下列要求：①按反滤要求在管涌群上面铺盖滤层；②滤层顶部压盖保护层。

（4）湖塘积水较深、难以形成围井，宜采用导滤堆抢护，并符合下列要求：①导滤堆的面积以防止渗水从导滤堆中部向四周扩散、带出泥沙为原则确定；②先用粗沙覆盖渗水冒沙点，再抛小石压住所有抛下的粗沙层，继抛中石压住所有小石；③湖塘底部有淤泥时，宜先用碎石抛出淤泥面，再铺粗沙、小石、中石形成导滤堆。

（5）在滤料缺乏的地区，可在背水侧修筑围堰，蓄水反压。

3. 漏洞抢修的要求

（1）漏洞险情应按“临水截堵，背水滤导”的原则抢修，并符合下列要求：①发现漏洞出水口，应采取多种措施尽快查找漏洞进水口，标示位置；②临水截堵和背水滤导同时进行。

（2）在堤防临水面宜根据漏洞进口情况，分别采用不同的截堵方法：①漏洞进水口位置明确、进水口周围土质较好的宜塞堵；②漏洞进水口位置可大致确定的可采用软帘盖堵；③漏洞进水口较多、较小、难以找准并且临水则水深较浅、流速较小的宜修筑围堰。

（3）在漏洞出水口，宜修筑反滤围井，并符合下列要求：①在漏洞出水口周围用土袋码砌围井，并在预计蓄水高度埋设排水管；②保持围井自身稳定；③围井内可填沙石或柳秸料。

4. 裂缝抢修的要求：

（1）裂缝险情应按“判明原因，先急后缓”的原则抢修，并符合下列要求：①进行险情判别，分析其严重程度，并加强观测；②裂缝伴随有滑坡、崩塌险情的，应先抢护滑坡、崩塌险情，待险情趋于稳定之后，再予处理；③降雨前，应对较严重的裂缝采取措施，防止雨水流入。

（2）漏水严重的横向裂缝，在险情紧急或河水猛涨来不及全面开挖时，可先在裂缝段临水面做前戗截流，再沿裂缝每隔 3 ～ 5 m 挖竖井并填土截堵，待险情缓和，再采取其他处理措施。

（3）洪水期深度大并贯穿堤身的横向缝宜采用复合土工膜盖堵，并符合下列要求：①复合土工膜铺设在临水堤坡，并在其上用土帮坡或铺压土袋；②背水坡用土工织物反滤排水；③抓紧时间修筑横墙。

5. 跌窝（陷坑）抢修的要求

（1）跌窝险情应根据其出险的部位和原因，按“抓紧翻筑抢护、防止险情扩大”的原则进行抢修。

（2）抢修堤顶的跌窝，宜采用翻筑回填的方法，并符合下列要求：①翻出跌窝内的松土，分层填土夯实，恢复堤防原状；②宜用防渗性能不小于原堤身土的土料回填；③堤身单薄、堤顶较窄的堤防，可外帮加宽堤身断面，外帮宽度以保证翻筑跌窝时不发生意外为宜。

（3）抢修临水坡的跌窝，宜符合下列要求：①跌窝发生在临水侧水面以上，宜按第五条的规定进行抢修；②跌窝发生在临水侧水面下且水深不大时，修筑围堰处理；③跌窝发生在临水侧水面下且水深较大时，用土袋直接填实跌窝，等全部填满后再抛粘性土封堵、帮宽。

（4）抢修背水坡的跌窝，宜符合下列要求：①不伴随渗水或漏洞险情的跌窝，宜采用开挖回填的方法进行处理，所用土料的透水性能不小于原堤身土；②伴随渗水或漏洞险情的跌窝，宜填实滤料处理。

6. 防漫溢抢修的要求

（1）堤防和土心坝垛防漫溢抢修应符合下列要求：①根据洪水预报，估算洪水到达当地的时间和最高水位，按预定抢护方案，积极组织实施，并应抢在洪水漫溢之前完成；②堤防防漫溢抢修应按“水涨堤高”原则，在堤顶修筑子堤；③坝、垛防漫溢抢修应按“加高止漫”原则，在坝、垛顶部修筑子堤；按“护顶防冲”原则，在坝顶铺设防冲材料防护。

（2）抢筑子堤应就地取材，全线同步升高、不留缺口，并符合下列要求：①清除草皮、杂物，并开挖结合槽；②子堤应修在堤顶临水侧或坝垛顶面上游侧，其临水坡脚距堤（坝）肩线 0.5 ～ 1.0 m；③子堤断面应满足稳定要求，其堤顶超出预报最高水位 0.5 ～ 1.0 m；④必要时应采取防风浪措施。

三、河道整治工程维修

1. 坝体维修的要求

（1）土心出现大雨淋沟、陷坑，宜采用开挖回填的方法修理，挖除松动的土体，由下至上分层回填夯实。

（2）土心发生裂缝，应根据裂缝特征进行修理，并符合下列规定：①表面干缩、冰冻裂缝以及缝深小于 10 m 的龟纹裂缝，宜采用灌堵缝口的方法；②缝深不大于 3.0 m 的沉陷裂缝，待裂缝发展稳定后，宜采用开挖回填的方法，并符合本规程的有关规定；③非滑动性质的深层裂缝，宜采用充填灌浆或上部开挖回填及下部灌浆相结合的方法处理。

（3）土心滑坡，应根据滑坡产生的原因和具体情况，采用开挖回填、改修缓坡等方法进行处理，并符合下列规定：①开挖回填：a. 挖除滑坡体上部已松动的土体，按设计边坡线分层回填夯实。滑坡体方锻很大，不能全部挖除时，可将滑弧上部能利用的松动土体移做下部回填土方，由下至上分层回填；b. 开挖时，对未滑动的坡面，按边坡稳定要求放足开挖线；回填时，逐坯开蹬，做好新旧土的结合；c. 恢复土心边坡的排水设施；②改修缓坡：a. 放缓边坡的坡度应经土心边坡稳定分析确定；b. 将滑动土体上部削坡，按放缓的土心边坡加大断面，做到新旧土体的结合，分层回填夯实；c. 回填后，应恢复坡面排水设施及防护设施。

2. 护脚维修应符合下列要求：（1）水面以上，护脚平台或护脚坡面发生凹陷时，应抛石排整到原设计断面。排整应做到大石在外，小石在里，层层错压，排挤密实；（2）水面以下，探测的护脚坡度陡于稳定坡度或护脚出现走失时，应抛散石或石笼加固，有航运条件可采用船只抛投。完成后应检查抛石位置是否符合要求；（3）散抛石护坡的护脚修理，可直接从坝顶运石抛卸于护坡或置放于护坡的滑槽上，滑至护脚平台上，然后进行人工排整，损坏的护坡于抛石结束后整平；砌石护坡的护脚修理，应防止石料砸坏护坡；（4）护脚坡度陡于设计坡度，应按原设计要求用块石或石笼补抛至原设计坡度；（5）海堤的堤岸防护工程，其桩式护脚、混凝土或者钢筋混凝土块体护脚和沉井护脚受到风暴潮冲刷破坏，应按原设计要求补设。

3. 透水桩坝、杩槎坝等其他型式护岸应根据其材料性质，按有关规定进行修理。

4. 风浪冲刷抢护的要求

（1）铺设土工织物或复合土工膜防浪，宜符合下列要求：①先清除铺设范围内堤坡上的杂物；②铺设范围按堤坡受风浪冲击的范围确定；③土工织物或复合土工膜的上沿宜用木桩固定，表面宜用铜丝或绳坠块石的方法固定。

（2）挂柳防浪，宜符合下列要求：①选干枝直径不小于 0.1 m，长不小于 1 Im 的树（枝）冠；②在树杈上系重物止浮，在干枝根部系绳备挂；③在堤顶临水侧打桩，桩距和悬挂深度根据流势及坍塌情况而定；④从坍塌堤段下游向上游顺序搭接叠压逐棵挂柳入水。

（3）土袋防浪，宜符合下列要求：①水上部分或水深较小时，先将堤坡适当削平，然后铺设土工织物或软草滤层；②根据风浪冲击范围摆放土袋，袋口朝向堤坡，依次排列，互相叠压；③堤坡较陡的，可在最底一层土袋前面打桩防止滑落。

（4）草、木排防浪抢护宜将草、木排拴固在堤上，或用锚固定，将草、木排浮在距堤 3 ～ 5 m 的水面上。

5. 坍塌抢修的要求

（1）堤防坍塌险情应按“护脚固基、缓流挑流”的原则抢修，并符合下列要求：①堤防坍塌抢修，宜抛投块石、石笼、土袋等防冲物体护脚固基，②大流顶冲、水深流急，水流淘刷严重、基础冲塌较多的险情，应采用护岸缓流的措施。

（2）堤岸防护工程坍塌险情宜根据护脚材料冲失程度及护坡、土心坍塌的范围和速度，及时采取不同的抢修措施：①护脚坡面轻微下沉，宜抛块石、石笼加固，并将坡面恢复到原设计状况。护脚坍塌范围较大时，可采用抛柴枕、土袋枕等方法抢修；②护坡块石滑塌，宜抛石、石笼、土袋抢修。土心外露滑塌时，宜先采用柴枕、土袋、土袋枕或土工织物软体排抢修滑塌部位，然后抛石笼或柴枕固基；③护坡连同部分土心快速沉入水中，宜先抛柴枕、土袋或柴石搂厢抢护坍塌部位，然后抛块石、石笼或柴枕固基。

（3）采用块石、石笼、土袋抢修应符合下列要求：①根据水流速度大小，选择抛投的防冲物体；②抛投防冲物体宜从最能控制险情的部位抛起，向两边展开；③块石的重量以 30 ～ 75 kg 为宜，水深流急处，宜用大块石抛投；④装石笼做到小块石居中，大块石在外，装石要满，笼内石块要紧密匀称；⑤土袋充填度以不大于 80% 为宜，装土后用绳绑扎封口；⑥抛于内层的土袋宜尽量紧贴土心。

（4）采用柴枕抢修宜符合下列要求：

①柴枕长 5 ～ 15 m，枕径 0.5 ～ 1.0 m，柴、石体积比 2 ∶ 1 左右，可按流速大小或出险部位调整用石量；②捆抛枕的作业场地宜设在出险部位上游距水面较近且距出险部位不远的位置；③用于护岸缓流的柴枕宜高出水面 1 m，在枕前加抛散石或石笼护脚；④抛于内层的柴枕宜尽量紧贴土心。

（5）采用柴石搂厢抢修宜符合下列要求：①查看流势，分析上、下游河势变化趋势，勘测水深及河床土质，确定铺底宽度和桩、绳组合而成；②整修堤坡，宜将崩塌后的土体外坡削成1 ∶ 0.5左右；③柴石搂厢每立方米埽体压石0.2 ～ 0.4 m3，埽体着底前宜厚柴薄石，着底后宜薄柴厚石，压石宜采用前重后轻的压法；④底坯总厚度1.5 m左右，在底坯上继续加厢，每坏厚1.0 ～ 1.5 m。每加厢一坯，宜适当后退，做成1 ∶ 0.5左右的埽坡，坡度宜陡不宜缓，不宜超过1 ∶ 0.5。每坯之间打桩联接；⑤搂厢修做完毕后宜在厢体前抛柴枕以及石笼护脚护根；⑥柴石搂厢关键工序宜由熟练人员操作。

（6）采用土袋枕抢修宜符合下列要求：①土袋枕用幅宽2.5 ～ 3.0 m的织造型土工织物缝制，长3.0 ～ 5.0 m，高、宽均为0.6 ～ 0.7 m；②装土地点宜设在靠近坝垛出险部位的坝顶，袋中土料宜充实；③水深流急处，宜有留绳，防止土袋枕冲走；④抛于内层的土袋枕宜尽量紧贴土心。

（7）采用土工织物软体排抢修宜符合下列要求：①用于织造型土工织物，按险情出现部位的大小，缝制成排体，也可预先缝制成6 m×6 m、10 m×8 m、10 m×12 m等规格的排体，排体下端缝制折径为1 m左右的横袋，两边及中间缝制折径1 m左右的竖袋，竖袋间距一般3 ～ 4 m；②两侧拉绳直径为1.0 cm的尼龙绳，上下两端的挂排绳分别为直径1.0 cm和1.5 cm的尼龙绳，各绳缆均宜留足长度；③排体上游边宜与未出险部位搭接，软体排宜将土心全部护住；④排体外宜抛土枕、土袋、块石等。

6. 滑坡抢修的要求

（1）堤防滑坡险情应按“减载加阻”的原则抢修，并且符合下列要求：①在渗水严重的滑坡体上，应避免大量人员践踏；②在滑动面上部和堤顶，不应存放料物和机械。

（2）堤岸防护工程发生护坡、护脚连同部分土心下滑或重力式挡土墙发生砌体倾倒的险悄，其抢修宜符合下列要求：①发生“缓滑”，宜采用抛石固基及上部减载的方法抢修；②发生“骤滑”，宜采用土工织物软体排或柴石搂厢等保护土心，防止水流冲刷；③发生倾倒，宜抛石、抛石笼或采用柴石搂厢抢修。

（3）堤防背水坡滑坡险情，宜采用固脚阻滑的方法抢修，并符合下列要求：①在滑坡体下部堆放土袋、块石、石笼等重物，堆放量可视滑坡体大小，以阻止继续下滑和起固脚作用为原则确定；②削坡减载。

（4）堤防背水坡排渗不畅、滑坡范围较大、险情严重且取土困难的堤段宜抢筑滤水土撑，并符合下列要求：①可清理滑坡体松土并按有关规定开挖导渗沟；②土撑底部宜铺设土工织物，并用沙性土料填筑密实；③每条土撑顺堤方向长10 m左右，顶宽5 ～ 8 m，边坡1 ∶ 3 ～ 1 ∶ 5，戗顶高出浸润线出逸点不小于0.5 m，土撑间距8 ～ 10 m；④堤基软弱，或背水坡脚附近的渍水及软泥的堤段，宜在土撑坡脚处用块石、沙袋固脚。

（5）堤防背水坡排渗不畅、滑坡范围较大、险情严重而取土较易的堤段宜抢筑滤水后戗，并符合下列要求：①后戗长度根据滑坡范围大小确定，两端宜超过滑坡堤段 5 m，后戗顶宽 3 ～ 5 m；②施工宜符合本规程的有关规定。

（6）堤防背水坡滑坡严重、范围较大，修筑滤水土撑和滤水后戗难度较大，且临水坡又有条件抢筑截渗土戗的堤段，宜采用粘土前戗截渗的方法抢修，并符合本规程的有关规定。

（7）水位骤降引起临水坡失稳滑动的险情，可抛石或抛土袋抢护，并符合下列要求：①先查清滑坡范围，然后在滑坡体外缘抛石或土袋固脚；②不得在滑动土体的中上部抛石或土袋；③削坡减载。

（8）对由于水流冲刷引起的临水堤坡滑坡，其抢护方法应符合本规程的有关规定。

（9）采用抛石固基的方法抢修应符合下列要求：①出现滑动前兆时，宜探摸护脚块石，找出薄弱部位，迅速抛块石、柴枕、石笼等固基阻滑；②块石、柴枕、石笼等应压住滑动体底部。

（10）采用土工织物软体排、柴石搂厢抢修应符合规定。

四、滑坡处理

（一）滑坡类型

土坝的滑坡按其性质可分为剪切性滑坡、塑流性滑坡和液化性滑坡三类；按滑动面形状不同可分为弧形滑坡、直线或折线滑坡及复合滑坡三类；按滑坡发生的部位不同分为上游滑坡和下游滑坡两类。这里主要介绍第一种分法的几类滑坡。

（1）剪切性滑坡

主要是由于坝坡坡度较陡、填土压实密度较差、渗透水压力较大、受到较大外荷作用、填土密度发生变化和坝基土层强度较低等因素，使部分坝体或坝体连同部分坝基上土体的剪应力超过了土体抗剪强度，因而沿该面产生滑动。

（2）塑流性滑坡

主要发生在坝体和坝基为含水量较大的高塑性粘土的情况，这种土在一定的荷载作用下，产生蠕动作用或塑性流动，即使土的剪应力低于土的抗剪强度，但剪应变仍不断增加，当坝体产生明显的塑性流动时，便形成了塑流性滑坡。

（3）液化性滑坡

在坝体或坝基为均匀的密度较小的中细砂或粉砂情况下，当水库蓄水后土体处于饱和状态时，如遇强烈振动或地震，砂土体积产生急剧收缩，而土体孔隙中的水分来不及排出，使砂粒处于悬浮状态，抗剪强度极小，甚至为零，因而砂体像液体那样向坝坡外四处流散，造成滑坡，故称液化性滑坡，简称液化。

坝体产生滑坡的根本原因在于坝体内部（如设计、施工方面）存在问题等，而外部因素（如管理过程中水位控制不合理等），能够诱发、促使或加快滑坡的发生和发展。

1. 勘测设计方面的原因

某些设计指标选择过高，坝坡设计过陡，或对土石坝抗震的问题考虑不足；坝端岩石破碎或土质很差，设计时未进行防渗处理，因而产生绕坝渗流；坝基内有高压缩性软土层、淤泥层，强度较低，勘测时没有查明，设计时也未做任何处理；下游排水设备设计不当，使下游坝坡大面积散浸等。

2. 施工方面的原因

施工时为赶速度，土料碾压未达标准，干密度偏低，或者是含水量偏高，施工孔隙压力较大；冬季雨季施工时没有采取适当的防护措施，影响坝体施工质量；合龙段坝坡较陡，填筑质量较差；心墙坝坝壳土料未压实，水库蓄水后产生大量湿陷等。

3. 运用管理方面的原因

水库运用中若水位骤降，土体孔隙中水分来不及排出，致使渗透压力增大；坝后排水设备堵塞，浸润线抬高；白蚁等害虫害兽打洞，形成了渗流通道；在土石坝附近爆破或在坝坡上堆放重物等也会引起滑坡。

另外，在持续暴雨和风浪淘涮下，在地震和强烈振动作用下也能产生滑坡。

（二）土石坝滑坡的预防和处理

1. 滑坡的抢护

发现有滑坡征兆时，应分析原因采取临时性的局部紧急措施，及时进行抢护。主要措施有：

（1）对于因水库水位骤降而引起的上游坝坡滑坡，可立即停止放水，并在上游坝坡脚抛掷砂袋或砂石料，作为临时性的压重和固脚。若坝面已出现裂缝，在保证坝体有足够挡水能力的前提下，可采取在坝体上部削土减载的办法，增强其稳定性。

（2）对于因渗漏而引起的下游坝坡的滑坡，可尽可能降低水库水位，减小渗漏。或在上游坝坡抛土防渗，在下游滑坡体及其附近坝坡上设置导渗排水沟，降低坝体浸润线。当坝体滑动裂缝已达较深部位，则应在滑动体下部及坝脚处用砂石料压坡固脚或修筑土料戗台。

2. 滑坡的处理

当滑坡已经形成且坍塌终止，或经抢护已处于稳定的状态时，应根据滑坡的原因、状况，已采取的抢护办法等，确定合理、有效措施，进行永久性处理。滑坡处理应在水库低水位时进行，处理的原则是“上堵下排，上部减载，下部压重”。

（1）对于因坝体土料碾压不实、浸润线过高而引起的下游滑坡，可在上游修建粘土斜墙，或在坝体内修建混凝土防渗墙防渗，下游采取压坡、导渗和放缓坝坡等措施。

（2）对于因坝体土料含水量较大、施工速度较快、孔隙水压力过大而引起滑坡，可放缓坝坡、压重固脚和加强排水。当发生上游滑坡时，应降低库水位，然后在滑动体坡脚抛筑透水压重体，并在其上填土培厚坝脚，放缓坝坡。若无法降低库水位，则利用行船在水上抛石或抛砂袋，压坡固脚。

（3）对于因坝体内存在软弱土层而引起的滑坡，主要采取放缓坝坡，并在坝脚处设置排水压重的办法。

（4）对因坝基内存在软粘土层、淤泥层、湿陷性黄土层或易液化的均匀细砂层而引起的滑坡，可先在坝脚以外适当距离处修一道固脚齿槽，槽内填石块，然后清除坝坡脚至固脚齿槽间的软粘土等，铺填石块，和固脚齿槽相连，并在坝坡面上用土料填筑压重台。

（5）对于因排水设备堵塞而引起的下游滑坡，先是要分段清理排水设备，恢复其排水能力，若无法完全恢复，则在堆石排水体的上部设置贴坡排水，然后在滑动体的下部修筑压坡体、压重台等。

对于滑坡裂缝也要进行认真处理，处理时可将裂缝挖开，把其中稀软土体挖出，再用与原坝体相同的土料回填夯实，达到原设计干容重要求。

第七章　管道工程施工

第一节　水利工程常用管道

随着经济的快速发展，水利工程建设进入高速发展阶段，许多项目中管道工程占有很大的比例，因此合理的进行管道设计不仅能满足工程的实际需要，还能给工程带来有效的投资控制。目前管材的类型趋于多样化发展，主要有球墨铸铁管、钢管、玻璃钢管、塑料管（PVC-U 管，PE 管）以及钢筋混凝土管等。

一、铸铁管

铸铁管具有较高的机械强度及承压能力，有较强的耐腐蚀性，接口万便无识别结果其缺点在于不能承受较大的动荷载及质脆。按制造材料分为普通灰口铸铁管和球墨俦铁管，较为常用的为球墨铸铁管。

球墨铸铁和普通铸铁里均含有石墨单体，即铸铁是铁与石墨的混合体。但普通铸铁中的石墨是片状存在的，石墨的强度很低，所以相当于铸铁中存在许多片状的空隙，因此普通铸铁强度比较低，较脆。球墨铸铁中的石墨是呈球状的，相当于铸铁中存在许多球状的空隙。球状空隙对铸铁强度的影响远比片状空隙小，所以球墨铸铁强度比普通铸铁强度高许多，球墨铸铁的性能接近中碳钢，但价格比钢材便宜得多。

球墨铸铁管是在铸造铁水经添加球化剂后，经过离心机高速离心铸造成的低压力管材，一般应用管材直径可达 3000mm。其机械性能得到较好的改善，具有铁的本质、钢的性能。防腐性能优异、延展性能好，安装简易，主要用于输水、输气、输油等。

目前我国球墨铸铁管具备一定生产规模的厂家一般都是专业化生产线，产品数量及质量性能稳定，其刚度好，耐腐蚀性好，使用寿命长，承受压力较高。如果用T型橡胶接口，其柔性好，对地基适应性强，现场施工方便，施工条件要求不高，其缺点是价格较高。

（一）球墨铸铁管分类

按其制造方法不同可分为：砂型离心承插直管、连续铸铁直管及砂型铁管。

按其所用的材质不同可分为：灰口铁管、球墨铸铁管及高硅铁管。铸铁管多用于给水、排水和煤气等管道工程。

1. 给水铸铁管

①砂型离心铸铁直管。

砂型离心铸铁直管的材质为灰口铸铁，适用水及煤气等压力流体的输送。

②连续铸铁直管。

连续铸铁直管即连续铸造的灰口铸铁管，适用于水及煤气等压力流体的输送。

2. 排水铸铁管

普通排水铸铁承插管及管件。柔性抗震接口排水铸铁直管，此类铸铁管采用橡胶圈密封、螺栓紧固，在内水压下具有良好的挠曲性、伸缩性。能适应较大的轴向位移和横向曲挠变形，适用于高层建筑室内排水管，对地震区最为合适。

（二）接口形式

承插式铸铁管刚性接口抗应变性能差，受外力作用时，无塔供水设备接口填料容易碎裂而渗水，尤其在弱地基、沉降不均匀地区和地震区接口的破坏率较高。因此应尽量采取柔性接口。

目前采用的柔性接口形式有滑入式橡胶圈接口、R形橡胶圈接口、柔性机械式接口A型及柔性机械式接口K形。

1. 滑入式橡胶圈接口

橡胶圈与管材由供应厂方配套供应。安装橡胶圈前应将承口内工作面与插口外工作面清扫干净后，将橡胶圈嵌入承口凹梢内，并在橡胶圈外露表面及插口工作面，涂以对橡胶圈质量无影响的滑润剂。待供水设备插口端部倒角与橡胶圈均匀接触后，再用专用工具将插口推入承口内，推入深度应到预先设定的标志，并复查已经安好的前一节、前二节接口推入深度。

2. T球墨铸铁管滑入式T形接口

我国生产的《离心铸造球墨铸铁管》（GB 13295——2008）、《球墨铸铁管件》（GB 13294—1991）规定了退火离心铸造、输水用球墨铸铁管直管、管件、胶圈的技术性能，其接口形式均采用滑入式T形接口。

3. 机械式（压兰式）球墨铸铁管接口

日本久保田球墨铸铁管机械式接口，近年来已被我国引进和采用。球墨铸铁管机械接口形式分为A形和K形。其管材管件由球墨铸铁直管、压兰、螺栓及橡胶圈组成。

机械式接口密封性能良好，试验时内水压力达到2MPa时无渗漏现象，轴向位移及折角等指标均达到很高水平，但成本较高。

二、钢管

钢管是经常采用的管道。其优点是管径可随需要加工，承受压力高、耐振动、薄而轻及管节长而接口少，接口形式灵活，单位管长重量轻，渗漏小节省管件，适合较复杂地形穿越，可现场焊接，运输方便等。钢管一般用管径要求大、受水压力高管段，及穿越铁路、河谷和地震区等管段。缺点是易锈蚀影响使用寿命、价格较高，故需做严格防腐绝缘处理。

三、玻璃钢管

玻璃钢管也称玻璃纤维缠绕夹砂管（RPM管）。主要以玻璃纤维及其制品为增强材料，以高分子成分的不饱和聚酯树脂、环氧树脂等为基本材料，以石英砂及碳酸钙等无机非金属颗粒材料为填料作为主要原料。管的标准有效长度为6m和12m，其制作方法有定长缠绕工艺、离心浇铸工艺和连续缠绕工艺三种。目前在水利工程中已被多个领域采用，如长距离输水、城市供水、输送污水等方面。

玻璃钢管是近年来在我国兴起的新型管道材料，优点是管道糙率低，一般按n=0.0084计算时其选用管径较球墨铸铁管或钢管小一级，可降低工程造价，且管道自重轻，运输方便，施工强度低，材质卫生，对水质无污染，耐腐蚀性能好。其缺点是管道本身承受外压能力差，对于施工技术要求高，生产中人工因素较多，如管道管件、三通、弯头生产，必须有严格的质量保证措施。

玻璃钢管特点：

1. 耐腐蚀性好，对水质无影响。玻璃钢管道能抵抗酸、碱、盐、海水、未经处理的污水、腐蚀性土壤或地下水及众多化学流体的侵蚀。比传统管材的使用寿命长，其设计使用寿命一般为50年以上。

2. 耐热性、抗冻性好。在一30℃状态下，仍具有良好的韧性和极高的强度，可在一50℃～80℃的范围内长期使用。

3. 自重轻、强度高，运输安装方便。采用纤维缠绕生产的夹砂玻璃钢管道，其比重在1.65～2.0，环向拉伸强度为180～300MPa，轴向拉伸强度为60～150MPa。

4. 摩擦阻力小，输水水头损失小。内壁光滑，糙率和摩阻力很小。糙率系数可达0.008 4，能显著减少沿程的流体压力损失，提高输水的能力。

5. 耐磨性好。

四、塑料管

塑料管一般是以塑料树脂为原料，加入稳定剂、润滑剂等经熔融而成的制品。由于它具有质轻、耐腐蚀、外形美观、无不良气味、加工容易、施工方便等特点，在建筑工程中获得了越来越广泛的应用。

（一）塑料管材特性

塑料管的主要优点是具有表面光滑、输送流体阻力小，耐蚀性能好、质量轻、成型方便、加工容易，缺点是强度较低及耐热性差。

（二）塑料管材分类

塑料管有热塑性塑料管和热固性塑料管两大类。热塑性塑料管采用的主要树脂有聚氯乙烯树脂（PVC）、聚乙烯树脂（PE）、聚丙烯树脂（PP）、聚苯乙烯树脂（PS）、丙烯腈－丁二烯－苯乙烯树脂（ABS）、聚丁烯树脂（PB）等；热固性塑料采用的主要树脂有不饱和聚酯树脂、环氧树脂、呋喃树脂、酚醛树脂等。

（三）常用塑料管性能及优缺点

1. 硬聚氯乙烯（PVC-U）。

化学腐蚀性好，不生锈；具有自熄性和阻燃性；耐老化性好，可在一15℃～60℃使用20～50年；密度小，质量轻，易扩口、粘结、弯曲、焊接、安装工作量仅为钢管的1/2，劳动强度低、工期短；水力性能好，内壁光滑，内壁表面张力，很难形成水垢，流体输送能力比铸铁管高3.7倍；阻电性能良好，体积电阻（1～3）×105Ω·cm，击穿电压23～2kV/mm；节约金属能源。

但韧性低，线膨胀系数大，使用温度范围窄；力学性能差，抗冲击性不佳，刚性差，平直性也差，因而管卡及吊架设置密度高；燃烧时热分解，会释放出有毒的气体和烟雾。

2. 无规共聚聚丙烯管（PP-R）。

PP-R在原料生产、制品加工、使用及废弃全过程均不会对人体及环境造成不利影响，与交联聚乙烯管材同辈成为绿色建材。除具有一般塑料管材质量轻、强度好、耐腐蚀、使用寿命长等优点外，还有无毒卫生，符合国家卫生标准要求；耐热保温；连接安装简单可靠；弹性好、防冻裂。但是线膨胀系数较大，为0.14～0.16mm/(m•K)；抗紫外线性能差，在阳光的长期直接照射下容易老化。

材料特性：

①可热熔连接，系统密封性好且安装便捷。

②在70℃的工作条件下可连续工作，寿命可达到50年，短期工作温度可达95℃。

③不结垢，流阻小。

④经济性好。

3. PE管。

PE材料（聚乙烯）由于其强度高、耐高温、抗腐蚀、无毒等特点，被广泛应用于给水管制造领域。因为它不会生锈，所以，是替代部分普通铁给水管的理想管材。

PE 管特点：

①对水质无污染：PE 管加工时不添加重金属盐稳定剂，材质无毒性，无结垢层，不滋生细菌，很好地解决了城市饮用水的二次污染。

②耐腐蚀性能较好：除了少数强氧化剂外，可耐多种化学介质的侵蚀；无电化学腐蚀。

③耐老化，使用寿命长：在额定温度、压力状况下，PE 管道可安全使用 50 年以上。

④内壁水流摩擦系数小：输水时水头阻力损失小。

⑤韧性好：耐冲击强度高，重物直接压过管道，不会导致管道破裂。

⑥连接方便可靠：PE 管热熔或电熔接口的强度高于管材本体，接缝不会由于土壤移动或活载荷的作用断开。

⑦施工简单：管道质轻，焊接工艺简单，施工方便，工程综合造价低。在水利工程中的应用：

第一，城镇、农村自来水管道系统：城市及农村供水主干管和埋地管。

第二，园林绿化供水管网。

第三，污水排放用管材。

第四，农田水利灌溉工程。

第五，工程建设过程中的临时排水、导流工程等。

4. 高密度聚乙烯管（HDPE）。

高密度聚乙烯管（HDPE）双壁波纹管是一种用料省、刚性高、弯曲性优良，具有波纹状外壁、光滑内壁的管材。双壁管较同规格同强度的普通管可省料 40%，具有高抗冲高抗压的特性。

基本特性：高密度聚乙烯是一种不透明白色蜡状的材料，比重比水轻，比重为 0.941～0.960，柔软而且有韧性，但比 LDPE 略硬，也略能伸长，无毒，无味。易燃，离火后能继续燃烧，火焰上端呈黄色，下端呈蓝色，燃烧时会熔融，有液体滴落，无黑烟冒出，同时，发出石蜡燃烧时发出的气味。

主要优点：耐酸碱，耐有机溶剂，电绝缘性优良，低温时，仍能保持一定的韧性。表面硬度，拉伸强度，刚性等机械强度都高于 LDPE，接近 PP，比 PP 韧，但表面光洁度不如 PP。

主要缺点：机械性能差，透气差，易变形，易老化，易发脆，脆性低于 PP，易应力开裂，表面硬度低，易刮伤。难印刷，印刷时，需进行表面放电处理，不能电镀，表面无光泽。

5. 塑料波纹管

塑料波纹管在结构设计上采用特殊的“环形槽”式异形断面形式，这种管材设计新颖、结构合理，突破了普通管材的“板式”传统结构，使管材具有足够的抗压和抗冲击强度，又具有良好的柔韧性。根据成型方法的不同可分单壁波纹管、双壁波纹管。其特点刚柔兼备，既具有足够的力学性能的同时，兼备优异的柔韧性；质量轻、省材料、降能耗、价格便宜；内壁光滑的波纹管能减少液体在管内流动阻力，进一步提高输送能力；耐化学腐蚀性强，可承受土壤中酸碱的影响；波纹形状能加强管道对土壤的负荷抵抗力，又不增加它的曲挠性，以便于连续敷设在凹凸不平的地面上；接口方便且密封性能好，搬运容易，安装方便，减轻劳动强度，缩短工期；使用温度范围宽、阻燃、自熄、使用安全；电气绝缘性能好，是电线套管理想材料。

五、混凝土管

混凝土管分为素混凝土管、普通钢筋混凝土管、自应力钢筋混凝土管和预应力混凝土管四类。按混凝土管内径的不同，可分为小直径管（内径 400mm 以下）、中直径管（400 ～ 1 400mm）和大直径管（1 400mm 以上）。按管子承受水压能力的不同，可分为低压管和压力管，压力管的工作压力一般有 0.4、0.6、0.8、1.0、1.2MPa 等。混凝土管与钢管比较，按管子接头形式的不同，又可分为平口式管、承插式管和企口式管。其接口形式有水泥砂浆抹带接口、钢丝网水泥砂浆抹带接口、水泥砂浆承插和橡胶圈承插等。

成型方法有离心法、振动法、滚压法、真空作业法及滚压、离心和振动联合作用的方法。预应力管配有纵向和环向预应力钢筋，因此具有较高的抗裂和抗渗能力。20 世纪 80 年代，中国和其他一些国家发展了自应力钢筋混凝土管，其主要特点是利用自应力水泥在硬化过程中的膨胀作用产生预应力，简化了制造工艺。混凝土管与钢管比较，可以大量节约钢材，延长使用寿命，且建厂投资少，铺设安装方便，已在工厂、矿山、油田、港口、城市建设和农田水利工程中得到广泛的应用。

混凝土管的优点是抗渗性和耐久性能好，不会腐蚀及腐烂，内壁不结垢等；缺点是质地较脆易碰损、铺设时要求沟底平整，且需做管道基础及管座，常用于大型水利工程。预应力钢筒混凝土管（PCCP）是由带钢筒的高强混凝土管芯缠绕预应力钢丝，再喷以水泥砂浆保护层而构成；用钢制承插口和钢筒焊在一起，由承插口上的凹槽与胶圈形成滑动式柔性接头；是钢板、混凝土、高强钢丝和水泥砂浆几种材料组合而成的复合型管材，主要有内衬式和嵌置式形式。在水利工程中应用广泛，如跨区域输水、农业灌溉、污水排放等。

预应力钢筒混凝土管（PCCP）也是近年在我国开始使用的新型管道材料，具有强度高，抗渗性好，耐久性强，不需要防腐等优点，且价格较低。缺点是自重大，运输费用高管件需要做成钢制，在大批量使用时，可在工程附近建厂加工制作，减少了长途运输环节缩短工期。

PCCP 管道的特点：

（1）能够承受较高的内外荷载。

（2）安装方便，适宜于各种地质条件下施工。（3）使用寿命长。

（4）运行和维护费用低。

PCCP 管道工程设计、制造、运输和安装难点集中在管道连接处。管件连接的部位主要有：顶管两端连接、穿越交叉构筑物及河流等竖向折弯处、管道控制阀、流量计、入流或分流叉管及排气检修设施两端。

第二节　管道开槽法施工

管道工程多为地下铺设管道，为铺设地下管道进行土方开挖叫挖槽。开挖的槽叫做沟槽或基槽，为建筑物、构筑物开挖的坑叫基坑。管道工程挖槽是主要工序，其特点是：管线长、工作量大、劳动繁重、施工条件复杂。又因为开挖的土成分较为复杂，施工中常受到水文地质、气候、施工地区等因素影响，所以一般较深的沟槽土壁常用木板或板桩支撑，当槽底位于地下水位以下时，需采取排水和降低地下水位的施工方法。

一、沟槽的形式

沟槽的开挖断面应考虑管道结构的施工方便，确保工程质量和安全，具有一定强度和稳定性。同时也应考虑少挖方、少占地、经济合理的原则。在了解开挖地段的土壤性质及地下水位情况后，可结合管径大小、埋管深度、施工季节、地下构筑物等情况，施工现场及沟槽附近地下构筑物的位置因素来选择开挖方法，并合理地确定沟槽开挖断面。常采用的沟槽断面形式有直槽、梯形槽、混合槽等；当有两条或多条管道共同埋设时，还需采用联合槽。

直槽，即槽帮边坡基本为直坡（边坡小于 0.05 的开挖断面）。直槽一般都用于地质情况好、工期短、深度较浅的小管径工程，如地下水位低于槽底，直槽深度不超过 1.5m 的情况。在地下水位以下采用直槽时则需考虑支撑。

梯形槽（大开槽），即槽帮具有一定坡度开挖断面，开挖断面槽帮放坡，不用支撑。槽底如在地下水位以下，目前多采用人工降低水位的施工方法，减少支撑。采用此种大开槽断面，在土质好（如黏土、亚黏土）时，即使槽底在地下水以下，也可以在槽底挖成排水沟，进行表面排水，保证其槽帮土壤的稳定。大开槽断面是应用较多的一种形式，特别适用于机械开挖的施工方法。

混合槽，即由直槽与大开槽组合而成的多层开挖断面，较深的沟槽宜采用此种混合槽分层开挖断面。混合槽一般多为深槽施工。采取混合槽施工时上部槽尽可能采用机械施工开挖，下部槽的开挖常需同时考虑采用排水及支撑的施工措施。

沟槽开挖时，为了防止地面水流入坑内冲刷边坡，造成塌方和破坏基土，上部应有排水措施。对于较大的井室基槽的开挖，应先进行测量定位，抄平放线，定出开挖宽度，按放线分层挖土，根据土质和水文情况采取在四侧或两侧直立开挖和放坡，以保证施工操作安全。放坡后基槽上口宽度由基础底面宽度及边坡坡度来决定，坑底宽度应根据管材、管外径和接口方式等确定，以便于施工操作。

二、开挖方法

沟槽开挖有人工开挖和机械开挖两种施工方法。

（一）人工开挖

在小管径、土方量少或施工现场狭窄、地下障碍物多、不易采用机械挖土或深槽作业时，底槽需支撑无法采用机械挖土时，通常采用人工挖土。

人工挖土使用的主要工具为铁锹、镐，主要施工工序为放线、开挖、修坡、清底等。沟槽开挖须按开挖断面先求出中心到槽口边线距离，并按此在施工现场施放开挖边线。槽深在 2m 以内的沟槽，人工挖土和沟槽内出土结合在一起进行。较深的沟槽，分层开挖，每层开挖深度一般在 2 ～ 3m 为宜，利用层间留台人工倒土出土。在开挖过程中应控制开挖断面将槽帮边坡挖出，槽帮边坡应不陡于规定坡度，检查时可用坡度尺检验，外观检查不得有亏损、鼓胀现象，表面应平顺。

槽底土壤严禁扰动。挖槽在接近槽底时，要加强测量，注意清底，不要超挖。如果发生超挖，应按规定要求进行回填，槽底应保持平整，槽底高程及槽底中心每侧宽度均应符合设计要求，同时满足土方槽底高程偏差不大于 ±20mm，石方槽底高程偏差—20 ～—200mm。

沟槽开挖时应注意施工安全，操作人员应有足够的安全施工的工作面，防止铁锹、镐碰伤。槽帮上如有石块碎砖应清走。原沟槽每隔 50m 设一座梯子，上下沟槽应走梯子。在槽下作业的工人应戴安全帽。当在深沟内挖土清底时，沟上要有专人监护，注意沟壁的完好，确保作业的安全，防止沟壁塌方伤人。每日上下班前，应检查沟槽有无裂缝、坍塌等现象。

（二）机械开挖

目前使用的挖土机械主要有推土机、单斗挖土机、装载机等。机械挖土的特点是效率高、速度快、占用工期少。为了充分发挥机械施工的特点，提高机械利用率，保证安全生产，施工前的准备工作应做细，并合理选择施工机械。沟槽（基坑）的开挖，多是采用机械开挖、人工清底的施工方法。

机械挖槽时，应保证槽底土壤不被扰动和破坏。一般地机械不可能准确地将槽底按规定高程整平，设计槽底以上宜留 20 ～ 30cm 不挖，而用人工清挖的施工方法。

采用机械挖槽方法，应向司机详细交底，交底内容一般包括挖槽断面（深度、槽帮坡度、宽度）的尺寸、堆土位置、电线高度、地下电缆、地下构筑物及施工要求，并根据情况会同机械操作人员制定安全生产措施后，方可进行施工。机械司机进入施工现场，应听从现场指挥人员的指挥，对现场涉及机械、人员安全的情况应及时提出意见，妥善解决，并且确保安全。

指定专人与司机配合，保质保量，安全生产。其他配合人员应熟悉机械挖土有关安全操作规程，掌握沟槽开挖断面尺寸，算出应挖深度，及时测量槽底高程和宽度，防止超挖和亏挖，经常查看沟槽有无裂缝、坍塌迹象，注意机械工作安全。挖掘前，当机械司机释放喇叭信号后，其他人员应离开工作区，维护施工现场安全。工作结束后指引机械开到安全地带，当指引机械工作和行动时，注意上空线路及行车安全。

配合机械作业的土方辅助人员，如清底、平地、修坡人员应在机械的回转半径以外操作，如必须在其半径以内工作时，如拨动石块的人员，则应在机械运转停止后方允许进入操作区。机上机下人员应彼此密切的配合，当机械回转半径内有人时，应严禁开动机器。

在地下电缆附近工作时，必须查清地下电缆的走向并做好明显的标志。采用挖土机挖土时，应严格保持在 1m 以外距离工作。其他各类管线也应查清走向，开挖断面应在管线外保持一定距离，一般以 0.5 ～ 1m 为宜。

无论是人工挖土还是机械开挖，管沟应以设计管底标高为依据。要确保施工过程中沟底土壤不被扰动，不被水浸泡，不受冰冻，不遭污染。当无地下水时，挖至规定标高以上 5 ～ 10cm 即可停挖；当有地下水时，则挖至规定标高以上 10 ～ 15cm，待下管前清底。

挖土不容许超过规定高程，若局部超挖应认真进行人工处理，当超挖在 15cm 之内又无地下水时，可用原状土回填夯实，其密实度不应低于 95%；当沟底有地下水或沟底土层含水量较大时，可以用砂夹石回填。

（三）冬雨季施工

1. 雨期施工。

雨期施工，尽量缩短开槽长度，速战速决。

雨期挖槽时，应充分考虑由于挖槽和堆土，破坏原有排水系统后会造成排水不畅，应布置好排除雨水的排水设施和系统，防止雨水浸泡房屋和淹没农田及道路。

雨期挖槽应采取措施，防止雨水倒灌沟槽。一般采取如下措施：在沟槽四周的堆土缺口，如运料口、下管道口、便桥桥头等堆叠挡土，使其闭合，构成一道防线；堆土向槽的一侧应拍实，避免雨水冲塌，并挖排水沟，将汇集的雨水引向槽外。

雨期挖槽时，往往由于特殊需要，或暴雨雨量集中时，还应考虑有计划地将雨水引入槽内，宜每 30m 左右做一泄水口，以免冲刷槽帮，同时还应采取防止塌槽、漂管等措施。

为防止槽底土壤扰动，挖槽见底后应立即进行下一工序，否则槽底以上宜暂留 20cm 不挖，作为保护层。

雨期施工不宜靠近房屋、墙壁堆土。

2. 冬期施工

人工挖冻土法：采用人工使用大锤打铁楔子的方法，打开了冻结硬壳将铁楔子打入冻土层中。开挖冻土时应制定必要的安全措施，严禁掏洞挖土。

机械挖冻土方法：当冻结深度在 25cm 以内时，使用一般中型挖掘机开挖；冻结深度在 40cm 以上时，可在推土机后面装上松土器械将冻土层破开。

三、下管

下管方法有人工下管法和机械下管法。应根据管子的重量和工程量的大小、施工环境、沟槽断面、工期要求及设备供应等情况综合考虑来确定。

（一）人工下管法

人工下管应以施工方便、操作安全为原则，可根据工人操作的熟练程度、管子重量、管子长短、施工条件、沟槽深浅等因素综合考虑。其适用范围为：管径小，自重轻；施工现场狭窄，不便于机械操作；工程量较小，而且机械供应有困难。

1. 贯绳下管法

适用于管径小于 30cm 以下的混凝土管、缸瓦管。用带铁钩的粗白棕绳，由管内穿出钩住管头，然后一边用人工控制白棕绳，一边滚管，将管子缓慢送入沟槽内。

2. 压绳下管法。

压绳下管法是人工下管法中最常用的一种方法。

适用于中、小型管子，方法灵活，可作为分散下管法。具体操作是在沟槽上边打入两根撬棍，分别套住一根下管大绳，绳子一端用脚踩牢，用手拉住绳子的另一端，听从一人号令，徐徐放松绳子，直至将管子放至沟槽底部。

当管子自重大，一根撬棍的摩擦力不能克服管子自重时，两边可各自多打入一根撬棍，以增大绳的摩擦阻力。

3. 集中压绳下管法。

此种方法适用较大管径，即从固定位置往沟槽内下管，然后在沟槽内将管子运至稳管位置。在下管处埋入 1/2 立管长度，内填土方，将下管用两根大绳缠绕（一般绕一圈）在立管上，绳子一端固定，另一端由人工操作，利用绳子和立管之间的摩擦力控制下管速度。操作时注意两边放绳要均匀，防止管子倾斜。

4. 搭架法（吊链下管）。

常用有三脚架式四脚架法，在架子上装上吊链起吊管子。

其操作过程如下：先在沟槽上铺上方木，将管子滚至方木上。吊链将管子吊起，撤出原铺方木，操作吊链使管子徐徐下入沟底。下管用的大绳应质地坚固、不断股、不糟朽、无夹心。

（二）机械下管法

机械下管速度快、安全，并且可减轻工人的劳动强度。条件允许时，应尽可能采用机械下管法。其适用范围为：管径大，自重大；沟槽深，工程量大；施工现场便于机械操作。机械下管一般沿沟槽移动。因此，沟槽开挖时应一侧堆土，另一侧作为机械工作面，运输道路、管材堆放场地。管子堆放在下管机械的臂长范围之内，以减少管材的二次搬运。

机械下管视管子重量选择起重机械，常用有汽车起重机和履带式起重机。采用机械下管时，应设专人统一指挥。机械下管不应一点起吊，采用两点起吊时吊绳应找好重心，平吊轻放。各点绳索受的重力 q 与管子自重 Q、吊绳的夹角 α 有关。

起重机禁止在斜坡地方吊着管子回转，轮胎式起重机作业前将支腿撑好，轮胎不应承担起吊的重量。支腿距沟边要有 2.0m 以上距离，必要时应垫木板。在起吊作业区内，禁止无关人员停留或通过。在吊钩和被吊起的重物下面，严禁任何人通过或站立。起吊作业不应在带电的架空线路下作业，在架空线路同侧作业时，起重机臂杆距架空线保持一定安全距离。

四、稳管

稳管是将每节符合质量要求的管子按照设计的平面设置和高程稳在地基或基础上。稳管包括管子对中和对高程的两个环节，两者同时进行。

（一）管轴线位置的控制

管轴线位置的控制是指所铺设的管线符合设计规定的坐标位置。其方法是在稳管前由测量人员将管中心钉测设在坡度板上，稳定时由操作人员将坡度板上中心钉挂上小线，即为管子轴线位置。稳、管具体操作方法有中心线法和边线法。

1. 中心线法。

即在中心线上挂一垂球，在管内放置一块带有中心刻度的水平尺，当垂球线穿过水平尺的中心刻度时，则表示管子已经对中。倘若垂线往水平尺中心刻度左边偏离，表明管子往右偏离中心线相等一段距离，调整管子位置，使其居中为止。

2. 边线法。

即在管子同一侧，钉一排边桩，其高度接近管中心处。在边桩上钉一小钉，其位置距中心垂线保持同一常数值。稳、管时，将边桩上的小钉挂上边线，即边线是与中心垂线相距同一距离的水平线。在稳管操作时，使管外皮和边线保持同一间距，则表示管道中心处于设计轴线位置。边线法稳管操作简便，应用较广泛。

（二）管内底高程控制

沟槽开挖接近设计标高，由测量人员埋设坡度板，坡度板上标出桩号、高程和中心钉，坡度板埋设间距，排水管道一般为 10m，给水管道一般为 15 ～ 20m。管道平面及纵向折点和附属构筑物处，根据需要增设坡度板。

相邻两块坡度板的高程钉至管内底的垂直距离保持一常数，则两个高程钉的连线坡度与管内底坡度相平行，该连线称坡度线。坡度线上任何一点到管内底的垂直距离为一常数，称为下反数，稳管时，用一木制丁字形高程尺，上面标出下反数刻度，将高程尺垂直放在管内底中心位置，调整管子高程，使高程尺下反数的刻度以及坡度线相重合，则表明管内底高程正确。

稳管工作的对中和对高程两者同时进行，根据管径大小，可由 2 人或 4 人进行，互相配合，稳好后的管子用石块垫牢。

五、沟槽回填

管道主要采用沟槽埋设的方式，由于回填土部分和沟壁原状土不是一个整体结构，整个沟槽的回填土对管顶存在一个作用力，而压力管道埋设于地下，一般不做人工基础，回填土的密实度要求虽严，实际上若达到这一要求并不容易，因此管道在安装及输送介质的初期一直处于沉降的不稳定状态。对于土壤而言，这种沉降通常可分为三个阶段，第一阶段是逐步压缩，使受扰动的沟底土壤受压；第二阶段是土壤在它弹性限度内的沉降；第三阶段是土壤受压超过其弹性限度的压实性沉降。

对于管道施工的工序而言，管道沉降分为五个过程：管子放入沟内，由于管材自重使沟底表层的土壤压缩，引起管道第一次沉降，如果管子入沟前没挖接头坑，在这一沉降过程中，当沟底土壤较密，承载能力较大、管道口径较小时，管和土的接触主要在承口部位；开挖接头坑，使管身与土壤接触或接触面积的变化，引起第二次沉降；管道灌满水后，因管重变化引起第三次沉降；管沟回填土后，同样引起第四次沉降；实践证明，整个沉降过程不因沟槽内土的回填而终止，它还有一个较长时期的缓慢的沉降过程，这就是第五次沉降。

管道的沉降是管道垂直方向的位移，是由管底土壤受力后变形所致，不一定是管道基础的破坏。沉降的快慢及沉降量的大小，随土壤的承载力、管道作用于沟底土壤的压力、管道和土壤接触面形状的变化而变化。

如果管底土质发生变化，管接口及管道两侧（胸腔）回填土的密实度不好，就可能发生管道的不均匀沉降，引起管接口的应力集中，造成接口漏水等事故；而这些漏水的发展又引起管基础的破坏，水土流移，反过来加剧管道的不均匀沉降，最后导致管道更大程度的损坏。

管道沟槽的回填，特别是管道胸腔土的回填极为重要，否则管道会因应力集中而变形、破裂。

（一）回填土施工。

回填土施工包括填土、摊平、夯实、检查等四个工序。回填土土质应符合设计要求，保证填方的强度和稳定性。

两侧胸腔应同时分层填土摊平，夯实也应同时以同一速度前进。管子上方土的回填，从纵断面上看，在厚土层与薄土层之间，已夯实土与未夯实土之间，应有较长的过渡地段，以免管子受压不匀发生开裂。相邻两层回填土的分装位置应错开。

胸腔和管顶上 50 cm 范围内夯土时，夯击力过大，将会使管壁或沟壁开裂。因此应根据管沟的强度确定夯实机械。

每层土夯实后，应测定密实度。回填后应使沟槽上土面呈拱形，避免日久因土沉降而造成地面下凹。

（二）冬期和雨期施工。

1. 冬期施工。

应尽量采取缩短施工段落，分层薄填，迅速夯实，铺土须当天完成。

管道上方计划修筑路面者不得回填冻土。上方无修筑路面计划者，胸腔及管道顶以上 50 cm 范围内不得回填冻土，其上部回填冻土含量也不能超过填方总体积的 15%，且冻土尺寸不得大于 10cm。

冬期施工应根据回填冻土含量、填土高度、土壤种类来确定预留沉降度，一般中心部分高出地面 10 ～ 20cm 为宜。

2. 雨期施工。

还土应边还土边碾压夯实，当日回填当日夯实。雨后还土应先测土壤含水量，对过湿土应做处理。

槽内有水时，应先排除，方可回填；取土还土时，应当避免造成地面水流向槽内的通道。

第三节　管道不开槽法施工

地下管道在穿越铁路、河流、土坝等重要建筑物和不适宜采用开槽法施工时，可选用不开槽法施工。其施工的特点为：不需要拆除地上的建筑物、不影响地面交通、减少土方开挖量、管道不必设置基础和管座、不受季节影响，有利于文明施工。

管道不开槽法施工种类较多，可归纳为掘进顶管法、不取土顶管法、盾构法和暗挖法等等。暗挖法与隧洞施工有相似之处，在此主要介绍顶管法和盾构法。

一、掘进顶管法

掘进顶管法包括人工取土顶管法、机械取土顶管法和水力冲刷顶管法等。1. 人工取土顶管法

人工取土顶管法是依靠人工在管内端部挖掘土壤，然后在工作坑内借助顶进设备，把敷设的管子按设计中心和高程的要求顶入，并用小车将土从管中运出。适用于管径大于 800mm 的管道顶进，应用较广泛。

（一）顶管施工的准备工作。

工作坑是掘进顶管施工的主要工作场所，应有足够的空间和工作面，保证下管、安装顶进设备和操作间距。施工前，要选定工作坑的位置、尺寸及进行顶管后背验算。后背可分为浅覆土后背和深覆土后背，具体计算可按挡土墙计算方法确定。顶管时，后背不应当破坏及产生不允许的压缩变形。工作坑位置可根据以下条件确定：

1. 根据管线设计，排水管线可选在检查井处。

2. 单向顶进时，应选在管道下游端，以利排水。

3. 考虑地形和土质情况，选择可利用的原土后背。

4. 工作坑与被穿越的建筑物要有一定安全距离，距水、电源地方较近。

（二）挖土与运土。

管前挖土是保证顶进质量及地上构筑物安全的关键，管前挖土的方向和开挖形状直接影响顶进管位的准确性。由于管子在顶进中是循着已挖好的土壁前进的，管前周围超挖应严格控制。

管前挖土深度一般等于千斤顶出镐长度，如土质较好，可超前 0.5m。超挖过大，土壁开挖形状就不易控制，易引起管位偏差和上方土坍塌。在松软土层中顶进时，应采取管顶上部土壤加固或管前安设管檐，操作人员在其内挖土，防止坍塌伤人。

管前挖出土应及时外运。管径较大时，可以用双轮手推车推运。管径较小应采用双筒卷扬机牵引四轮小车出土。

（三）顶进。

顶进是利用千斤顶出镐在后背不动的情况下将管子推向前进。其操作过程如下：

1. 安装好顶铁挤牢，管前端已挖一定长度后，启动油泵，千斤顶进油，活塞伸出一个工作行程，将管子推向一定距离。

2. 停止油泵，打开控制闸，千斤顶回油，活塞回缩。

3. 添加顶铁，重复上述操作，直至需要安装下一节管子为止。

4. 卸下顶铁，下管，在混凝土管接口处放一圈麻绳，从而保证接口缝隙和受力均匀。

5. 在管内口处安装一个内涨圈，作为临时性加固措施，防止顶进纠偏时错口，涨圈直径小于管内径 5 ～～ 8cm，空隙用木楔背紧，涨圈用 7 ～ 8mm 厚钢板焊制，宽 200 ～ 300mm。

6. 重新装好顶铁，重复上述操作。

在顶进过程中，要做好顶管测量及误差校正工作。

（二）机械取土顶管法

机械取土顶管与人工取土顶管除掘进和管内运土不同外，其余部分大致相同。机械取土顶管是在被顶进管子前端安装机械钻进的挖土设备，配上皮带运土，可代替人工挖、运土。

二、盾构法

盾构是用于地下不开槽法施工时进行地层开挖及衬砌拼装时起支护作用的施工设备，基本构造由开挖系统、推进系统和衬砌拼装系统三部分组成。

（一）施工准备

盾构施工前根据设计提供的图纸和有关资料，对施工现场应进行详细的勘察，对地上、地下障碍物、地形、土质、地下水和现场条件等诸方面进行了解，根据勘察结果，编制盾构施工方案。

盾构施工的准备工作还应包括测量定线、衬块预制、盾构机械组装、降低地下水位、土层加固以及工作坑开挖等。

（二）盾构工作坑及始顶

盾构法施工也应当设置工作坑，作为盾构开始、中间和结束井。

开始工作坑与顶管工作坑相同，其尺寸应满足盾构和顶进设备尺寸的要求。工作坑周壁应做支撑或者采用沉井或连续墙加固，防止坍塌，并且在顶进装置背后做好牢固的后背。

盾构在工作坑导轨上至盾构完全进入土中的这一段距离，借助外部千斤顶顶进。与顶管方法相同。

当盾构已进入土中以后，在开始工作坑后背与盾构衬砌环之间各设置一个木环，其大小尺寸与衬砌环相等，在两个木环之间用圆木支撑，作为始顶段的盾构千斤顶的支撑结构。一般情况下，衬砌环长度达 30 ～ 50m 以后，才能起到后背作用，方可拆除工作坑内圆木支撑。

如顶段开始后，即可起用盾构本身千斤顶，将切削环的刃口切入土中，在切削环掩护下进行掘土，一面出土一面将衬砌块运入盾构内，待千斤顶回镐后，其空隙部分进行砌块拼装。再以衬砌环为后背，启动千斤顶，重复上述的操作，盾构便不断前进。

（三）衬砌和灌浆

按照设计要求，确定砌块形状和尺寸以及接缝方法，接口有平口、企口和螺栓连接。企口接缝防水性能好，但拼装复杂；螺栓连接整体性好，刚度大。砌块接口涂抹黏绍剂，提高防水性能，常用的黏结剂有沥青玛脂、环氧胶泥等。

砌块外壁与土壁间的间隙应用水泥砂浆或豆石混凝土浇筑。通常每隔 3 ～ 5 衬砌环有一灌注孔环，此环上设有 4 ～ 10 个灌注孔。灌注孔直径不小于 36mm。

灌浆作业应及时进行。灌入顺序自下而上，左右对称地进行，灌浆时应防止浆液漏入盾构内，在此之前应做好止水。

砌块衬砌和缝隙注浆合称为一次衬砌。二次衬砌按照动能要求，在一次衬砌合格后可进行二次衬砌。二次衬砌可浇筑豆石混凝土、喷射混凝土等。

第四节　管道的制作安装

一、钢管

（一）管材

管节的材料、规格、压力等级等应该符合设计要求，管节宜工厂预制，现场加工应符合下列规定：

1. 管节表面应无斑疤、裂纹、严重锈蚀等缺陷；

2. 焊缝外观质量应符合表 7-2 的规定，焊缝无损检验合格；

3. 直焊缝卷管管节几何尺寸允许偏差应符合表 7-1 的规定；

4. 同一管节允许有两条纵缝，管径大于或等于 600mm 时，纵向焊缝间距应大于 300mm；管径小于 600mm 时，其间距应大于 100mm。

表 7-1　焊缝的外观质量

项目	技术要求
外观	不得有熔化金属流到焊缝外未熔化的母材上，焊缝和热影响区表面不得有裂纹、气孔、弧坑和灰渣等缺陷；表面光顺、均匀、焊道与母材应平缓过渡
宽度	应焊出坡口边缘 2 ～ 3mm
表面余高	应小于或等于 1+0.2 倍坡口边缘宽度，且不大于 4mm
咬边	深度应小于或等于 0.5mm，焊缝两侧咬边总长不得超过焊缝长度的 10%，且连续长不应大于 100mm
错边	应小于或等于 0.2，且不应大于 2mm
未焊满	不允许

注：t 为壁厚（mm）。

（二）钢管安装

1. 管道安装应符合现行国家标准《工业金属管道工程施工及验收规范》（GB50235—2010）、《现场设备、工业管道焊接工程施工及验收规范》（GB 50236—2011）等规范的规定，并应符合下列规定：

①对首次采用的钢材、焊接材料、焊接方法或者焊接工艺，施工单位必须在施焊前按设计要求和有关规定进行焊接试验，并应根据试验结果编制焊接工艺的指导书；

②焊工必须按规定经相关部门考试合格后再持证上岗，并应根据经过评定的焊接工艺指导书进行施焊；

表 7-2　直焊缝卷管管节几何尺寸的允许偏差

项目	允许偏差 /mm	
周长	Di ≤ 600	±2.0
	Di ≥ 600	±0.003 5Di
圆度	管端 0.005Di；其他他部位 0.01Di	
端面垂直度	0.001Di；且不大于 1.5	

弧度	用孤长 πDi/6 的弧形板量测于管内壁或外壁纵缝处形的间隙，其间隙为 0.k+2，且不大于 4，距管端 200mm 纵缝处的间隙不大于 2

注：Di 为管内径（m），t/ 为壁厚（mm）。

③沟槽内焊接时，应采取有效技术措施保证管道底部的焊缝质量。

2. 管道安装前，管节应逐根测量、编号。宜选用管径相差最小的管节组对接。

3. 下管前应先检查管节的内外防腐层，合格后方可下管。

4. 管节组成管段下管时，管段的长度、吊距，应根据管径、壁厚、外防腐层材料的种类及下管方法确定。

5. 弯管起弯点至接口的距离不得小于管径，且不得小于 100mm。

6. 管节组对焊接时应先修口、清根，管端端面的坡口角度、钝边、间隙，应符合设计要求，设计无要求时应符合表 7-3 的规定；不得在对口间隙夹焊帮条或用加热法缩小间隙施焊。

表 7-3 电弧焊管端倒角各部尺寸

倒角形式		间隙 b/mm	钝边 p/mm	坡口角度 α/（°）
图示	壁厚 t/mm			
	4~9	1.5~3.0	1.0~1.5	60~70
	10~26	2.0~4.0	1.0~2.0	60±5

7. 对口时应使内壁齐平，错口的允许偏差应为壁厚的 20%，且不得大于 2mm。

8. 对口时纵、环向焊缝的位置应符合下列规定：

①纵向焊缝应放在管道中心垂线上半圆的 45° 左右处；

②纵向焊缝应错开，管径小于 600mm 时，错开的间距不得小于 100mm；管径大于或等于 600mm 时。错开的间距不得小于 300mm；

③有加固环的钢管，加固环的对焊焊缝应和管节纵向焊缝错开，其间距不应小于 100mm；加固环距管节的环向焊缝不应小于 50mm；

④环向焊缝距支架净距离不应小于 100mm；

⑤直管管段两相邻环向焊缝的间距不应小于 200mm，并不应小于管节的外径；

⑥管道任何位置不得有十字形焊缝。

9. 不同壁厚的管节对口时，管壁厚度相差不宜大于 3mm。不同管径的管节相连时，两管径相差大于小管管径的 15% 时，可用于渐缩管连接渐缩管的长度不应小于两管径差值的 2 倍，且不应小于 200mm。

10. 管道上开孔应符合下列规定：

①不得在干管的纵向、环向焊缝处开孔；

②管道上任何位置不得开方孔；

③不得在短节上或管件上开孔；

④开孔处的加固补强应符合设计要求。

11. 直线管段不宜采用长度小于 800mm 的短节拼接。

12. 组合钢管固定口焊接及两管段间的闭合焊接，应在无阳光直照和气温较低时施焊；采用柔性接口代替闭合焊接时，应与设计协商确定。

13. 在寒冷或恶劣环境下焊接应符合下列规定：

①清除管道上的冰、雪、霜等；

②工作环境的风力大于 5 级、雪天或相对湿度大于 90% 时，应采取保护措施；

③焊接时，应使焊缝可自由伸缩，并应该使焊口缓慢降温；

④冬期焊接时，应根据环境温度进行预热处理，并应符合表 7-4 的规定。

表 7-4　冬期焊接预热的规定

钢号	环境温度 /℃	预热宽度 /mm	预热达到温度 /℃
含碳量≤ 0.2% 碳素钢	≤ -20	焊口每侧不小于 40	100 ～ 150
0.2% ＜含碳量＜ 0.3%	≤ -10		
16Mn	≤ 0		100 ～ 200

14. 钢管对口检查合格后，方可进行接口定位焊接。定位焊接采用点焊时，应符合下列规定：

①点焊焊条应采用与接口焊接相同的焊条；

②点焊时，应对称施焊，其焊缝厚度应和第一层焊接厚度一致；

③钢管的纵向焊缝及螺旋焊缝处不得点焊；

④点焊长度与间距应符合表 7-5 的规定。

表 7-5 点焊长度与间距

管外径 Do/mm	点焊长度 /mm	环向点焊点 / 处
350 ～ 500	50 ～ 60	5
600 ～ 700	60 ～ 70	6
>800	80 ～ 100	点焊间距不宜大于 400mm

15. 焊接方式应符合设计和焊接工艺评定的要求，管径大于 800mm 时，应采用双而焊。

16. 管道对接时，环向焊缝的检验应符合下列规定：

①检查前应清除焊缝的渣皮及飞溅物；

②应在无损检测前进行外观质量检查；

③无损探伤检测方法应按设计要求选用；

④无损检测取样数量与质量要求应按设计要求执行；设计无要求时，压力管道的取样数量应不小于焊缝量的 10%；

⑤不合格的焊缝应返修，返修次数不得超过 3 次。

17. 钢管采用螺纹连接时，管节切口断面应平整，偏差不得超过一扣；丝扣应光洁，不得有毛刺、乱扣、断扣，缺扣总长不得超过丝扣全长的10%；. 接口紧固后宜露出 2 ～ 3 扣螺纹。

18. 管道采用法兰连接时，应符合下列规定：

①法兰应与管道保持同心，两法兰间应平行；

②螺栓应使用相同规格，且安装方向应一致；螺栓应对称紧固，紧固好的螺栓应露出螺母外；

③与法兰接口两侧相邻的第一至第二个刚性接口或焊接接口，待法兰螺栓紧固后方可施工；

④法兰接口埋入土中时，应采取防腐措施。

（三）钢管内外防腐

1. 管体的内外防腐层宜在工厂内完成，现场连接的补口按设计要求来处理。

2. 液体环氧涂料内防腐层应符合下列规定：

（1）施工前具备的条件应符合下列规定：

①宜采用喷（抛）射除锈，除锈等级应不低于《涂覆涂料前钢材表面处理、第 1 部分》（GB/T 8923.1—2011）中规定的Sa2 级；内表面经喷（抛）射处理后，应用清洁、干燥、无油的压缩空气将管道内部的砂粒、尘埃、锈粉等微尘清除干净；

②管道内表面处理后，应在钢管两端 60 ～ 100mm 范围内涂刷硅酸锌或者其他可焊性防锈涂料，干膜厚度为 20 ～ 40pm；

（2）内防腐层的材料质量应符合设计要求；

（3）内防腐层施工应符合下列规定：

①应按涂料生产厂家产品说明书的规定配制涂料，不宜加稀释剂；

②涂料使用前应搅拌均匀；

③宜采用高压无气喷涂工艺，在工艺条件受限时，可采用空气喷涂或挤涂工艺；

④应调整好工艺参数且稳定后，方可正式涂敷；防腐层应平整、光滑，无流挂、无划痕等；涂敷过程中应随时监测湿膜厚度；

⑤环境相对湿度大于 85% 时，应对钢管除湿后才能作业；严禁在雨、雪、雾及风沙等气候条件下露天作业。

3. 埋地管道外防腐层应符合设计要求，其构造应符合表 7-6、表 7-7 的规定。

表 7-6 石油沥青涂料外防腐层构造

材料种类	普通级（三油二布）		加强级（四油三布）		特加强级（五油四布）	
	构造	厚度/mm	构造	厚度/mm	构造	厚度/mm
石油沥青涂料	（1）底料一层 （2）沥青（厚度≥1.5 mm） （3）玻璃布一层 （4）沥青（厚度1.0～1.5mm） （5）玻璃布一层 （6）沥青（厚度1.0～1.5mm） （7）聚氯乙烯工业薄膜一层	≥4.0	（1）底料一层 （2）沥青（厚度2 1.5mm） （3）玻璃布一层 （4）沥青（厚度1.0～1.5mm） （5）玻璃布一层 （6）沥青（厚度1.0～1.5mm） （7）玻璃布一层 （8）沥青（厚度1.0～1.5mm） （9）聚氯乙烯工业薄膜一层	≥5.5	（I）底料一层 （2）沥青（厚度2 1.5mm） （3）玻璃布一层 （4）沥青（厚度1.0～1.5mm） （5）玻璃布一层 （6）沥青（厚度1.0～1.5mm） （7）玻璃布一层 （8）沥青（厚度1.0～1.5mm） （9）玻璃布一层 （10）沥青（厚度L0～1.mm） （II）聚氯乙烯工业薄膜一层	27.Q

表 5-7 环氧煤沥青涂料外防腐层构造

材料种类	普通级（三油）		加强级（四油一布）		特加强级（六油二布）	
	构造	厚度/mm	构造	厚度/mm	构造	厚度/mm
环氧煤沥青涂料	（1）底料 （2）面料 （3）面料 （4）面料	≥0.3	（1）底料 （2）面料 （3）面料 （4）玻璃布 （5）面料 （6）面料	≥0.4	（1）底料 （2）面料 （3）面料 （4）玻璃布 （5）面料 （6）面料 （7）玻璃布 （8）面料 （9）面料	≥0.6

4. 石油沥青涂料外防腐层施工应符合下列规定：

（1）涂底料前管体表面应清除油垢、灰渣、铁锈；人工除氧化皮、铁锈时，其质量标准应达 St3 级；喷砂或化学除锈时，其质量标准应达 Sa2.5 级；

（2）涂底料时基面应干燥，基面除锈后及涂底料的间隔时间不得超过 8h。涂刷应均匀、饱满，涂层不得有凝块、起泡现象，底料厚度宜为 0.1 ～ 0.2mm，管两端 150 ～ 250mm 内不得涂刷；

（3）沥青涂料熬制温度宜在 230℃左右，最高温度不得超过 250℃，熬制时间宜控制在 45h，每锅料应抽样检查，其性能应符合表 7-8 的规定；

表 5-8 石油沥青涂料性能

项目	软化点（环球法）	针入度（25℃、100g）	延度（25℃）
性能指标	2125℃	5 ～ 20（1/10mm）	≥ 10mm

（4）沥青涂料应涂刷在洁净、干燥的底料上，常温下刷沥青涂料时，应在涂底料后 24h 之内实施；沥青涂料涂刷温度以 200 ～ 230℃为宜；

（5）涂沥青后应立即缠绕玻璃布，玻璃布的压边宽度应为 20 ～ 30mm，接头搭接长度应为 100 ～ 150mm，各层搭接接头应相互错开，玻璃布的油浸透率应达到 95% 以上，不得出现大于 50mm×50mm 的空白；管端或施工中断处应留出长 150 ～ 250mm 的缓坡型搭茬；

（6）包扎聚氯乙烯膜保护层作业时，不得有褶皱、脱壳现象；压边宽度应为 20 ～ 30mm，搭接长度应为 100 ～ 150mm；

（7）沟槽内管道接口处施工，应在焊接、试压合格后进行，接茬处应粘结牢固、严密。

5. 环氧煤沥青外防腐层施工应符合下列规定：

（1）管节表面应符合相关规定；焊接表面应光滑无刺、无焊瘤、棱角；

（2）应按产品说明书的规定配制涂料；

（3）底料应在表面除锈合格后尽快涂刷，空气湿度过大时，应立即涂刷，涂刷应均匀，不得漏涂；管两端 100 ～ 150mm 范围内不涂刷，或在涂底料之前，在该部位涂刷可焊涂料或硅酸锌涂料，干膜厚度不应小于 25 um；

（4）面料涂刷和包扎玻璃布，应在底料表干后、固化前来进行，底料与第一道面料涂刷的间隔时间不得超过 24h。

6. 雨期、冬期石油沥青和环氧煤沥青涂料外防腐层施工应符合下列规定：

（1）环境温度低于 5℃时，不宜采用环氧煤沥青涂料；采用石油沥青涂料时，应采取冬期施工措施；环境温度低于 -15℃或相对湿度大于 85% 时，未采取措施不得进行施工；

（2）不得在雨、雾、雪或 5 级以上大风环境露天施工；

（3）已涂刷石油沥青防腐层的管道，炎热天气下不宜直接受阳光照射；冬期气温等于或低于沥青涂料脆化温度时，不得起吊、运输和铺设；脆化温度试验应符合现行国家标准《石油沥青脆点测定法弗拉斯法》（GB/T 4510 —— 2006）的规定。

二、球墨铸铁管安装

（1）管节及管件的规格、尺寸公差、性能应符合国家有关标准规定和设计要求，进入施工现场时其外观质量应符合下列规定：

①管节及管件表面不得有裂纹，不得有妨碍使用的凹凸不平的缺陷；

②采用橡胶圈柔性接口的球墨铸铁管，承口的内工作面与插口的外工作面应光滑、轮廓清晰，不得有影响接口密封性的缺陷。

（2）管节及管件下沟槽前，应清除承口内部的油污、飞刺、铸砂及凹凸不平的铸瘤；柔性接口铸铁管及管件承口的内工作面、插口的外工作面应修整光滑，不得有沟槽、凸脊缺陷；有裂纹的管节及管件不得使用。

（3）沿直线安装管道时，宜选用管径公差组合最小的管节组对连接，确保接口的环向间隙应均匀。

（4）采用滑入式或机械式柔性接口时，橡胶圈的质量、性能、细部尺寸，应符合国家有关球墨铸铁管和管件标准的规定。

（5）橡胶圈安装经检验合格后，方可进行管道安装。

（6）安装滑入式橡胶圈接门时，推入深度应达到标记环，并复查与其相邻已安好的第一至第二个接口推入的深度。

（7）安装机械式柔性接口时，应使插口与承口法兰压盖的轴线相重合；螺栓安装方向应一致，用扭矩扳手均匀、对称地紧固。

（8）管道沿曲线安装时，接口的允许转角应符合表 7-9 的规定。

表 5-9 沿曲线安装接口的允许转角

管径 Di/mm	75 ～600	700～800	≥900
允许转角 /（°）	3	2	1

三、PCCP 管道

1. PCCP 管道运输、存放及现场检验

（1）PCCP 管道装卸。

装卸 PCCP 管道的起重机必须具有一定的强度，严禁超负荷或在不稳定的工况下进行起吊装卸，管子起吊采用兜身吊带或专用的起吊工具，严禁采用穿心吊，起吊索具用柔性材料包裹，避免碰损管子。装卸的过程始终保持轻装轻放的原则，严禁溜放或用推土机、叉车等直接碰撞和推拉管子，不得抛、摔、滚、拖。管子起吊时，管中不得有人，管下不准有人逗留。

（2）PCCP 管道装车运输。

管子在装车运输时采取必需的防止振动、碰撞、滑移措施，在车上设置支座或在枕木上固定木楔以稳定管子，并与车厢绑扎牢稳，避免出现超高、超宽、超重等情况。另外在运输管子时，对管子的承插口要进行妥善的包扎保护，管子上面或里面禁止装

运其他物品。

（3）PCCP 管现场存放。

PCCP 管只能单层存放，不允许堆放。长期（1 个月以上）存放时，必须采取适当的养护措施。存放时保持出厂横立轴的正确摆放位置，不得随意变换位置。

（4）PCCP 管现场检验。

到达现场的 PCCP 管必须附有出厂证明书，凡标志技术条件不明、技术指标不符合标准规定或设计要求的管子不得使用，证书至少包括如下资料：

1）交付前钢材及钢丝的实验结果；

2）用于管道生产的水泥及骨料的实验结果；

3）每一钢筒试样检测结果；

4）管芯混凝土及保护层砂浆试验结果；

5）成品管三边承载试验及静水压力试验报告；

6）配件的焊接检测结果和砂浆、环氧树脂涂层或防腐涂层的证明材料。

管子在安装前必须逐根进行外观检查：检查 PCCP 管尺寸公差，如椭圆度、断面垂直度、直径公差和保护层公差，符合现行国家质量验收标准规定；检查承插口有无碰损、外保护层有无脱落等，发现裂缝、保护层脱落、空鼓、接口掉角等缺陷在规范允许范围内，使用前必须修补并经鉴定合格后，方可使用。

PCCP 管安装采用的橡胶密封圈材质必须符合 JC625—1996 的规定。橡胶圈形状为“O”形，使用前必须逐个检查，表面不能有气孔、裂缝、重皮、平面扭曲、肉眼可见的杂质及有碍使用和影响密封效果的缺陷。生产 PCCP 管厂家必须提供橡胶圈满足规范要求的质量合格报告及对应用水无害的证明书。

规范规定公称直径大于 1 400mm PCCP 管允许使用有接头的密封圈，但是接头的性能不得低于母材的性能标准，现场抽取 1% 的数量进行接头强度试验。

2. PCCP 管的吊装就位及安装

（1）PCCP 管施工原则。

PCCP 管在坡度较大的斜坡区域安装时，按照由下至上的方向施工，先安装坡底管道，顺序向上安装坡顶管道，注意将管道的承口朝上，以便于施工。根据标段内的管道沿线地形的坡度起伏，施工时进行分段分区开设多个工作面，同时进行各段管道安装。

现场对 PCCP 管逐根进行承插口配管量测，按长短轴对正方式进行安装。严禁将管子向沟底自由滚放，采用机具下管尽量减少沟槽上机械的移动和管子在管沟基槽内的多次搬运移动。吊车下管时注意吊车站位位置沟槽边坡的稳定。

（2）PCCP 管吊装就位。

PCCP 管的吊装就位根据管径、周边地形、交通状况和沟槽的深度、工期要求等条件综合考虑，选择施工方法。只要施工现场具备吊车站位的条件，就采用吊车吊装就位，用两组倒链和钢丝绳将管子吊至沟槽内，用手扳葫芦配合吊车，对管子进行上下、左右微动，通过下部垫层、三角枕木和垫板使管子就位。

（3）管道及接头的清理、润滑。

安装前先清扫管子内部，清除插口和承口圈上的全部灰尘、泥土及异物。胶圈套入插口凹槽之前先分别在插口圈外表面、承口圈的整个内表面和胶圈上涂抹润滑剂，胶圈滑入插口槽后，在胶圈及插口环之间插入一根光滑的杆（或用螺丝刀），将该杆绕接口圆两周（两个方向各一周），使胶圈紧紧地绕在插口上，形成一个非常好的密封面，然后再在胶圈上薄薄地涂上一层润滑油。所使用的润滑剂必须是植物性的或经厂家同意的替代型润滑剂而不能使用油基润滑剂，因为油基润滑剂会损害橡胶圈，故而不能使用。

（4）管子对口。

管道安装时，将刚吊下的管子的插口与已安装好的管子的承口对中，使插口正对承口。采用手扳葫芦外拉法将刚吊下的管子的插口缓慢而平稳地滑入前一根已安装的管子的承口内就位，管口连接时作业人员事先进入管内，往两管之间塞入挡块，控制两管之间的安装间隙在 20 ～ 30mm，同时也避免承插口环发生碰撞。特别注意管子顺直对口时使插口端和承口端保持平行，并使圆周间隙大致相等，以期准确就位。

注意勿让泥土污物落到已涂润滑剂的插口圈上。管子对接后及时检查胶圈位置，检查时，用一自制的柔性弯钩插入插口凸台与承口表面之间，并绕接缝转一圈，以确保在接口整个一圈都能触到胶圈，如果接口完好，就可拿掉挡块，将管子拉拢到位。如果在某一部位触不到胶圈，就要拉开接口，仔细检查胶圈有无切口、凹穴或其他损伤。如有问题，必须重换一只胶圈，并且重新连接。每节 PCCP 管安装完成后，细致进行管道位置和高程的校验，确保安装质量。

（5）接口打压。

PCCP 管其承插口采用双胶圈密封，管子对口完成后对每一处接口做水压试验。在插口的两道密封圈中间预留 10mm 螺孔作试验接口，试水时拧下螺栓，将水压试水机与之连接，注水加压。为防止管子在接口水压试验时产生位移，在相邻两管间用拉具拉紧。

（6）接口外部灌浆。

为保护外露的钢承插口不受腐蚀，需在管接口外侧进行灌浆或人工抹浆。具体做法如下：

1）在接口的外侧裹一层麻布、塑料编织带或油毡纸（15 ～ 20cm 宽）作模，并用细铁丝将两侧扎紧，上面留有灌浆口，在接口间隙内放一根铁丝，以备灌浆时来回牵动，以使砂浆密实。

2）用 1 ∶ 1.5 ～ 2 的水泥砂浆调制成流态状，将砂浆灌满绕接口一圈的灌浆带，来回牵动铁丝使砂浆从另一侧冒出，再用干硬性混合物抹平灌浆带顶部的敞口，保证管底接口密实。第一次仅浇灌至灌浆带底部 1/3 处，就进行了回填，以便对整条灌浆带灌满砂浆时起支撑作用。

（7）接口内部填缝。

接口内凹槽用 1 ∶ 1.5 ～ 2 的水泥砂浆进行勾缝并抹平管接口内表面，使之与管内壁平齐。

（8）过渡件连接。

阀门、排气阀或钢管等为法兰接口时，过渡件与其连接端必须采用相应的法兰接口，其法兰螺栓孔位置及直径必须与连接端的法兰一致。其中垫片或垫圈位置必须正确，拧紧时按对称位置相间进行，防止拧紧过程中产生的轴向拉力导致两端管道拉裂或接口拉脱。

连接不同材质的管材采用承插式接口时，过渡件和其连接端必须采用相应的承插式接口，其承口内径或插口外径及密封圈规格等必须符合连接端承口和插口的要求。

四、玻璃钢管

1. 管材

管节及管件的规格、性能应符合国家有关标准的规定和设计要求，进入施工现场时其外观质量应符合下列规定：

（1）内、外径偏差、承口深度（安装标记环）、有效长度、管壁厚度、管端面垂直度等应符合产品标准规定；

（2）内、外表面应光滑平整，无划痕、分层、针孔、杂质、破碎等等现象；（3）管端面应平齐、无毛刺等缺陷；

（4）橡胶圈应符合相关规定。

2. 接口连接、管道安装应符合下列规定

（1）采用套筒式连接的，应清除套筒内侧和插口外侧的污渍和附着物；（2）管道安装就位后，套筒式或承插式接口周围不应有明显变形与胀破；（3）施工过程中应防止管节受损伤，避免内表层和外保护层剥落；

（4）检查井、透气井、阀门井等附属构筑物或水平折角处的管节，应采取避免不均匀沉降造成接口转角过大的措施；

（5）混凝土或砌筑结构等构筑物墙体内的管节，可采取设置橡胶圈或中介层法等措施，管外壁与构筑物墙体的交界面密实及不渗漏。

3. 管道曲线铺设时，接口的允许转角不得大于表 7-10 的规定。

表 5-10 沿曲线安装的接口允许转角

管内径 Di/mm	允许转角 /（°）	
	承插式接口	套筒式接口
400 ～ 500	1.5	
500<Di<1 000	1.0	2.0
1 000<Di<1 800	1.0	1.0
Di>1800	0.5	0.5

4．管沟垫层与回填

（1）沟槽深度由垫层厚度、管区回填土厚度、非管区回填土厚度组成。管区回填土厚度分为主管区回填土厚度和次管区回填土厚度。管区回填土一般为素土，含水率为17%（土用手攥成团为准）。主管区回填土应在管道安装后尽快回填，次管区回填土是在施工验收时完成，也可以一次连续性完成。

（2）工程地质条件是施工的需要，也是管道设计时需要的重要数据，必须认真勘察。为了确定开挖的土方量，需要付算回填的材料量，以便于安排运输和备料。

（3）玻璃纤维增强热固性树脂夹砂管道施工较为复杂，为使整个施工过程合理，保证施工质量，必须作好施工组织设计。其中施工排水、土石方平衡、回填料确定、夯实方案等对玻璃纤维增强热固性树脂夹砂管道的施工十分重要。

（4）作用在管道上方的荷载，会引起管道垂直直径减小，小平方向增大，即有椭圆化作用。这种作用引起的变形就是挠曲。现场负责管道安装的人员必须保证管道安装时挠曲值合格，使管道的长期挠曲值低于制造厂的推荐值。

5．沟槽、沟底与垫层

（1）沟槽宽度主要考虑夯实机具便于操作。地下水位较高时，应先进行降水，从而保证回填后，管基础不会扰动，避免造成管道承插口变形或管体折断。

（2）沟底土质要满足作填料的土质要求，不应含有岩石、卵石、软质膨胀土、不规则碎石和浸泡土。注意沟底应连续平整，用水准仪根据设计标高找平，管底不准有砖块、石头等杂物，不应超挖（除承插接头部位），并清除沟上可能掉落的、碰落的物体，防止砸坏管子。沟底夯实后做10～15cm厚砂垫层，采用中粗砂或碎石屑均可。为安装方便承插口下部要预挖30cm深操作坑。卞管应采用尼龙带或麻绳双吊点吊管，将管子轻轻放入管沟，管子承口朝来水方向，管线安装方向用经纬仪控制。

（3）本条是为了方便接头正常安装，同时避免接头承受管道的重量。施工完成后，经回填和夯实，使管道在整个长度上形成连续支撑。

6．管道支墩

（1）设置支墩的目的是有效地支撑管内水压力产生的推力。支墩应用混凝土包围管件，但管件两端连接处留在混凝土墩外，便于连接和维护。也可以用混凝土做支墩座，预埋管卡子固定管件，其目的是使管件位移后不脱离密封圈连接。固定支墩一般用于弯管、三通、变径管处。

（2）止推应力墩也称挡墩，同样是承受管内产生的推力。该墩要完全包围住管道。止推应力墩一般使用在偏心三通、侧生Y型管、Y型管、受推应力的特殊备件处。

（3）为防止闸门关闭时产生的推力传递到管道上，在闸门井壁设固定装置或采用其他形式固定闸门，这样可以大大减轻对管道的推力。

（4）设支撑座可以避免管道产生不正常变形。分层浇灌可以使每层水泥有足够的时间凝固。

（5）如果管道连接处有不同程度的位移就会造成过度的弯曲应力。对刚性连接应采取以下的措施：第一，将接头浇筑在混凝土墩的出口处，这样可以使外面的第一根管段有足够的活动自由度。第二，用橡胶包裹住管道，以弱化硬性过渡点。

（6）柔性接口的管道，当纵坡大于15时，自下而上安装可防止管道下滑移动。

7．管道连接

（1）管道的连接质量实际反映了管道系统的质量，关系到管道是否能正常工作。不论采取哪种管道连拉形式，都必须保证足够的强度和刚度，并具有一定的缓解轴向力的能力，而且要求安装方便。

（2）承插连接具有制作方便、安装速度快等优点。插口端与承口变径处留有一定空隙，是为了防止温度变化产生过大的温度应力。

（3）胶合刚性连接适用于地基比较软和地上活动荷载大的地带。

（4）当连接两个法兰时，只要一个法兰上有2条水线即可。在拧紧螺栓时应交叉循序渐进，避免一次用力过大损坏法兰。

（5）机械连接活接头有被腐蚀的缺点，所以往往做成外层有环氧树脂或塑料作保护层的钢壳、不锈钢壳、热浸镀锌钢壳。本条强调控制螺栓的扭矩，不要扭紧过度而损坏管道。

（6）机械钢接头是一种柔性连接。由土壤对钢接头腐蚀严重，故本条提出应注意防腐。

（7）多功能连接活接头主要用于连接支管、仪表或管道中途投药等，比较灵活方便。

8．沟槽回填与回填材料

（1）管道和沟槽回填材料构成统一的“管道一土壤系统”，沟槽的回填于安装同等重要。管道在埋设安装后，土壤的重力及活荷载在很大程度上取决于管道两侧土壤的支撑力。土壤对管壁水平运动（挠曲）的这种支撑力受土壤类型、密度和湿度影响。为了防止管道挠曲过大，必须采用加大土壤阻力，提高土壤支撑力的办法。管道浮动将破坏管道接头，造成不必要的重新安装。热变形是指由于安装时的温度与长时间裸露暴晒温度的差异而导致的变形，这将造成接头处封闭不严。

（2）回填料可以加大土壤阻力，提高土壤支撑力，所以管区的回填材料、回填埋设和夯实，对控制管道径向挠曲是非常重要的，对管道运行也是关键环节，所以必须正确进行。

（3）第一次回填由管底回填至0.7DN处，特别是管底拱腰处一定要捣实；第二次回填到管区回填土厚度即0.3DN+300mm处，最后原土回填。

（4）分层回填夯实是为了有效地达到要求的夯实密度，使管道有足够的支撑作用。砂的夯实有一定难度，所以每层应控制在150mm以内。当砂质回填材料处于接近其最佳湿度时，夯实最易完成。

9．管道系统验收与冲洗消毒

（1）冲洗消毒

冲洗是以不小于1.0m/s的水流速度清洗管道，经有效氯浓度不低于20mg/L的清洁水浸泡24h后冲洗，达到除掉消除细菌和有机物污染，使管道投入使用后输送水质符合饮用水标准。

（2）玻璃钢管道的试压

管道安装完毕后，应按照设计规定对管道系统进行压力试验。根据试验的目的，可以分为检查管道系统机械性能的强度试验和检查管路连接情况的密封性试验。按试验时使用的介质，可分为水压试验和气压试验。

玻璃钢管道试压的通常规定：

1）强度试验通常用洁净的水或设计规定用的介质，用空气或惰性气体进行密封性试验。

2）各种化工工艺管道的试验介质，应按设计规定的具体规定采用。工作压力不低于 0.07MPa 的管路一般采用水压试验，工作压力低于 0.07MPa 的管路一般采用气压试验。

3）玻璃钢管道密封性试验的试验压力，一般为管道的工作压力。

4）玻璃钢管道强度试验的试验压力，一般为工作压力的 1.25 倍，但不得大于工作压力的 1.5 倍。

5）压力试验所用的压力表和温度计必须是符合技术监督部门规定的。工作压力以下的管道进行气压试验时，可采用水银或水的 U 形玻璃压力计，但刻度必须准确。

6）管道在试压前不得进行油漆和保温，以便对于管道进行外观和泄漏检查。

7）当压力达到试验压力时，停止加压，观察 10min，压力降不大于 0.05MPa，管体和接头处无可见渗漏，然后压力降至工作压力，稳定 120min，并进行外观检查，不渗漏为合格。

8）试验过程中，如遇泄漏，不得带压修理。待缺陷消除之后，应重新进行试验。

五、PE 管

1. 管材

管节及管件的规格、性能应符合国家有关标准的规定和设计要求，进入施工现场时其外观质量应符合下列规定：

（1）不得有影响结构安全、使用功能及接口连接的质量缺陷；

（2）内、外壁光滑、平整，无气泡、无裂纹、无脱皮和严重的冷斑及明显的痕纹、凹陷；

（3）管节不得有异向弯曲，端口应平整；

（4）橡胶圈应符合规范的规定。

2. 管道铺设应符合下列规定

（1）采用承插式（或套筒式）接口时，宜人工布管且在沟槽内连接；槽深大于 3m 或管外径大于 400mm 的管道，宜用非金属绳索兜住管节下管；严禁将管节翻滚抛入槽中；

（2）采用电熔、热熔接口时，宜在沟槽边上将管道分段连接后以弹性铺管法移入沟槽；移入沟槽时，管道表面不得有明显的划痕。

3．管道连接

应符合下列规定

（1）承插式柔性连接、套筒（带或套）连接、法兰连接、卡箍连接等方法采用的密封件、套筒件、法兰、紧固件等配套管件，必须由管节生产厂家配套供应；电熔连接、热熔连接应采用专用电器设备、挤出焊接设备和工具进行施工；

（2）管道连接时必须对连接部位、密封件、套筒等配件清理干净，套筒（带或套）连接、法兰连接、卡箍连接用的钢制套筒、法兰、卡箍、螺栓等金属制品应根据现场土质并且参照相关标准采取防腐措施；

（3）承插式柔性接口连接宜在当日温度较高时进行，插口端不宜插到承口底部，应留出不小于 10mm 的伸缩空隙，插入前应在插口端外壁做出插入深度标记；插入完毕后，承插口周围空隙均匀，连接的管道平直；

（4）电熔连接、热熔连接、套筒（带或套）连接、法兰连接、卡箍连接应在当日温度较低或接近最低时进行；电熔连接、热焰连接时电热设备的温度控制、时间控制，挤出焊接时对焊接设备的操作等，必须严格按接头的技术指标和设备的操作程序进行；接头处应有沿管节圆周平滑对称的外翻边，内翻边应铲平；

（5）管道与井室宜采用柔性连接，连接方式符合设计要求；设计无要求时，可采用承插管件连接或中介层做法；

（6）管道系统设置的弯头、三通、变径处应采用混凝土支墩或金属卡箍拉杆等技术措施；在消火栓及闸阀的底部应加垫混凝土支墩；非锁紧型承插连接管道，每根管节应有 3 点以上的固定措施；

（7）安装完的管道中心线及高程调整合格后，即将管底有效支撑的角范围用中粗砂回填密实，不得用土或其他材料回填。

4．管材和管件的验收

（1）管材和管件应具有质量检验部门的质量合格证，以及应有明显的标志表明生产厂家和规格。包装上应标有批号、生产日期和检验代号。

（2）管材和管件的外观质量应符合下列规定：

1）管材与管件的颜色应一致，无色泽不均及分解变色线。

2）管材和管件的内外壁应光滑、平整，无气泡、裂口、裂纹、脱皮和严重的冷斑及明显的痕纹、凹陷。

3）管材轴向不得有异向弯曲，其直线度偏差应小于 1%；管材端口必须平整并垂直于管轴线。

4）管件应完整，无缺损、变形，合模缝、浇口应平整及无开裂。

5）管材在同一截面内的壁厚偏差不得超过 14%；管件的壁厚不得小于相应的管材的壁厚。

6）管材和管件的承插粘结面必须表面平整、尺寸准确。

5．塑料管和管件的存放

（1）管材应按不同的规格分别堆放；DN25 以下的管子可进行捆扎，每捆长度应一致，且重量不宜超过 50kg；管件应按不同品种、规格分别装箱。

（2）搬运管材和管件时，应小心轻放，严禁剧烈撞击、以及尖锐物品碰撞、抛摔滚拖；管材和管件应存放在通风良好、温度不超过 40℃的库房或简易棚内，不得露天存放，距离热源 1m 以上。

（3）管材应水平堆放在平整的支垫物上，支垫物的宽度不应小于 75mm，间距不大于 1m，管子两端外悬不超过 0.5m，堆放高度不得超过 1.5m。管件逐层码放，不得叠置过高。

6. 安装的一般规定

（1）管道连接前，应对管材和管件及附属设备按设计要求进行核对，并应在施工现场进行外观检查，符合要求方可使用。主要检查项目包括耐压等级、外表面质量、配合质量、材质的一致性等。

（2）应根据不同的接口形式采用相应的专用加热工具，不得使用明火加热管材和管件。（3）采用熔接方式相连的管道，宜采用同种牌号材质的管材和管件，对性能相似的必须先经过试验，合格后方可进行。

（4）在寒冷气候（-5℃以下）和大风环境条件下进行连接时，应采取保护措施或调整连接工艺。

（5）管材和管件应在施工现场放置一定的时间后再进行连接，以使管材和管件温度一致。

（6）管道连接时管端应洁净，每次收工时管口应临时封堵，防止杂物进入管内。

（7）管道连接后应进行外观检查，不合格者马上返工。

7. 热熔连接

（1）热熔承插连接：将管材外表面和管件内表面同时无旋转地插入熔接器的模头中加热数秒，然后迅速撤去熔接器，把已加热的管子快速地垂直插入管件，保压、冷却的连接过程。一般用于 4″ 以下小口径塑料管道的连接。

连接流程：检查→切管→清理接头部位及画线→加热→撤熔接器→找正→管件套入管子并校正→保压、冷却。

1）检查、切管、清理接头部位及画线的要求和操作方法和 UPVC 管粘结类似，但要求管子外径大于管件内径，以保证熔接后形成合适的凸缘。

2）加热：将管材外表面和管件内表面同时无旋转地插入熔接器的模头中（已预热到设定温度）加热数秒，加热温度为 260℃，加热时间见表 7-11：

表 5-11　PE 管热熔连接加热时间表

管材外径 /mm	熔接深度 /mm	热熔时间 /s	接插时间 /s	冷却时间 /s
20	14	5	4	2
25	16	7	4	2
32	20	8	6	4

40	21	12	6	4
50	22.5	18	6	4
63	24	24	8	6
75	26	30	8	8
90	29	40	8	8
110	32.5	50	10	8

注：当操作环境温度低于0℃时，加热时间应延长二分之一。

3）插接：管材管件加热到规定的时间后，迅速从熔接器模头中拔出并撤去熔接器，快速找正方向，将管件套入管端至画线位置，套入过程中若发现歪斜应及时校正。找正和校正可利用管材上所印的线条和管件两端面上成十字形的四条刻线作为参考。

4）保压、冷却：冷却过程中，不得移动管材或管件，完全冷却后才可进行下一个接头的连接操作。

（2）热熔对接连接：是将与管轴线垂直的两管子对应端面和加热板接触使之加热熔化，撤去加热板后，迅速将熔化端压紧，并保压至接头冷却，从而连接管子。这种连接方式无需管件，连接时必须使用对接焊机。

其连接步骤如下：装夹管子→铣削连接面→加热端面→撤加热板→对接→保压、冷却 1）将待连接的两管子分别装夹在对接焊机的两侧夹具上，管子端面应伸出夹具20～30mm，并调整两管子使其在同一轴线上，管口错边不宜大于管壁厚度的10%。

2）用专用铣刀同时铣削两端面，使其和管轴线垂直、两待连接面相吻合；铣削后用刷子、棉布等工具清除管子内外的碎屑及污物。

3）当加热板的温度达到设定温度后，将加热板插入两端面间同时加热熔化两端面，加热温度和加热时间按对接工具生产厂或管材生产厂的规定，加热完毕快速撤出加热板，接着操纵对接焊机使其中一根管子移动至两端面完全接触并形成了均匀凸缘，保持适当压力直到连接部位冷却到室温为止。

第八章 水利工程建设质量控制

第一节 水利工程建设质量控制概述

“百年大计，质量第一”是人们对建设工程项目质量重要性的高度概括工程质量是基本建设效益得以实现的基本保证。没有质量，就没有投资效益、没有工程进度、没有社会信誉，工程质量是实现建设工程功能与效果的基本要素。质量控制是保证工程质量的一种有效方法，是建设工程项目管理的核心，是决定了工程建设成败的关键项目监理机构要进行有效的工程质量控制，必须熟悉工程质量形成过程及其影响因素，了解工程质量管理的制度，掌握工程参与主体单位的工程质量责任。

一、建设工程质量

质量是指一组固有特性满足要求的程度。“固有特性”包括明示的和隐含的特性，明示的特性一般以书面阐明或明确向顾客指出，隐含的特性是指惯例或一般做法。“满足要求”是指满足顾客及相关方的要求，包括法律法规及标准规范的要求。

建设工程质量简称工程质量，是指建设工程满足相关标准规定和合同约定要求的程度，包括其在安全、使用功能及其在耐久性能、节能与环境保护等方面所有明示和隐含的固有特性。

建设工程作为一种特殊的产品，除了具有一般产品共有的质量特性外，还具有特定的内涵。建设工程质量的特性主要表现在适用性、耐久性、安全性、可靠性、经济性、节能性、与环境的协调性七个方面。上述七个方面的质量特性彼此之间是相互依存的。总体而言，适用、耐久、安全、可靠、经济、节能与环境适应性，都是必须达到的基本要求，缺一不可，但对不同门类的不同专业可以有不同的侧重面。

二、质量管理及全面质量管理

质量管理是在质量方面指挥和控制组织的协调的活动在质量方面的指挥和控制活动，通常包括制定质量方针、质量目标及质量策划、质量保证和质量改进质量管理是有计划、有系统的活动，为实施质量管理需要建立质量体系，而质量体系乂要通过质量策划、质量控制、质量保证和质量改进等活动发挥其职能，可以说这四项活动是质量管理工作的四大支柱。

全面质量管理(Total Quality Management，TQM)，是指一个组织以质量为中心，以全员参与为基础，目的在于通过顾客满意和本组织所有成员及社会受益而达到长期成功的管理途径全面质量管理，是一种现代的质量管理。它重视人的因素，强调全员参加、全过程控制、全企业实施的质量管理。全面质量管理的基本核心是提高人的素质，增强质量意识，调动人的积极性，人人做好本职的工作，通过抓好工作质量来保证和提高产品质量或服务质量。

（一）全面质量管理的基本方法

全面质量管理的特点，集中表现在“全面质量管理、全过程质量管理、全员质量管理”三个方面。

1. 计划阶段

又称 P（Plan）阶段，主要是在调查问题的基础上制订计划。计划的内容包括确立目标、活动等，以及制定完成任务的具体方法：这个阶段包括八个步骤中的前四个步骤：查找问题，进行排列，分析问题产生的原因和制定对策和措施。

2. 实施阶段

又称 D（Do）阶段，就是按照制订的计划和措施去实施，即执行计划。这个阶段是八个步骤中的第五个步骤，即执行措施。

3. 检查阶段

又称 C（Check）阶段，就是检查生产（设计或施工）是否按计划执行，其效果如何。这个阶段是八个步骤中的第六个步骤，即检查采取措施后的效果。

4. 处理阶段

又称 A（Action）阶段，就是总结经验以及清理遗留问题。这个阶段包括个步骤中的最后两个步骤：建立巩固措施，即把检查结果中成功做法和经验加以标准化、制度化，并使之巩固下来；提出尚未解决的问题，转入到下一个循环。

在 PDCA 循环中，处理阶段是一个循环的关键。PDCA 的循环过程是一个不断解决问题、不断提高质量的过程同时，在各级质量管理中都有一个 PDCA 循环，形成一个大环套小环、一环扣一环，互相制约、互为补充的有机整体。

（二）全面质量管理的基本观点

1．“质量第一”的观点

“质量第一”是推行全面质量管理的思想基础。工程质量的好坏，不仅关系到国民经济的发展及人民生命财产的安全，而且直接关系到企事业单位的信誉、经济效益、生存和发展因此，在工程项目的建设全过程中所有人员都必须牢固树立“质量第一”的观点。

2．“用户至上”的观点

“用户至上”是全面质量管理的精髓。工程项目用户至上的观点包括两层含义：一是直接或间接使用工程的单位或个人；二是在企事业内部，生产（设计、施工）过程中下一道工序为上一道工序的用户。

3．预防为主的观点

工程质量的好坏是设计、建筑出来的，而不是检验出来的。检验只能确定工程的质量是否符合标准要求，但不能从根本上决定工程质量的高低，全面质量管理必须强调从事检验把关变为工序控制，从管质量结果变为管质量因素，防检结合，预防为主，防患于未然。用数据说话的观点工程技术数据是实行科学管理的依据，没有数据或数据不准确，质量则无法进行评价全面质量管理就是以数理统计方法为基本手段，依靠实际数据资料，作出正确判断，进而采取正确措施，进行质量管理

4．全面管理的观点

全面质量管理突出一个“全”字，要求实行全员、全过程、全企业的管理。因为工程质量好坏，涉及施工企业的每个部门、每个环节和每个职工。各项管理既相互联系，又相互作用，只有共同努力和齐心管理，才能全面保证工程项目的质量。

5．一切按 PDCA 循环进行的观点

坚持按照计划、实施、检查、处理的循环过程办事，是进一步提高工程质量的基础。经过一次循环，对事物内在的客观规律就有进一步的认识，从而制订出新的质量计划与措施，使全面质量管理工作及工程质量不断提高。

三、建设工程质量的特点

建设工程质量的特点是由建设工程本身和建设生产的特点决定的。建设工程（产品）及其生产的特点：一是产品的固定性，生产的流动性；二是产品多样性，生产的单件性；三是产品形体庞大，高投入，生产周期长，具有风险性；四是产品的社会性，生产的外部约束性。正是由于上述建设工程的特点而形成工程质量本身的以下特点。

（一）影响因素多

建设工程质量受到多种因素的影响，如决策、设计、材料、机具设备、施工方法、施工工艺、技术措施、人员素质、工期、工程造价等，这些因素直接或间接地影响工程项目质量。

（二）质量波动大

由于建筑生产的单件性、流动性，不像一般工业产品的生产那样，有固定的生产流水线、有规范化的生产工艺和完善的检测技术、有成套的生产设备和稳定的生产环境，所以工程质量容易产生波动且波动大。同时，因为影响工程质量的偶然性因素和系统性因素比较多，其中任一因素发生变动，都会使工程质量产生波动如材料规格品种使用错误、施工方法不当、操作未按规程进行、机械设备过度磨损或出现故障、设计计算失误等，都会发生质量波动，产生系统因素的质量变异，造成工程质量事故为此，要严防出现系统性因素的质量变异，把质量波动控制在偶然性因素范围内。

（三）质量隐蔽性

建设工程在施工过程中，分项工程交接多、中间产品多、隐蔽程多，因此质量存在隐蔽性。若在施工中不及时进行质量检查，事后只能从表面上检查，就很难发现内在的质量问题，这样就容易产生判断错误，即将不合格品误认为合格品。

（四）终检的局限性

工程项目建成后不可能像一般工业产品那样依靠终检来判断产品的质量，或将产品拆卸、解体来检查其内在质量，或对不合格零部件进行更换。而工程项目的终检（竣工验收）无法进行工程内在质量的检验，发现隐蔽的质量缺陷。因此，工程项目的终检存在一定的局限性。这就要求工程质量控制应以预防为主，防患于未然

（五）评价方法的特殊性

水利工程质量的检查评定及验收是按单元工程、分部工程、单位工程进行的。单元工程的质量是整个工程质量验收的基础。隐蔽工程在隐蔽前要检查合格后验收，涉及结构安全的试块、试件以及有关材料，应按规定进行见证和取样检测，涉及结构安全和使用功能的重要分部工程要进行抽样检测。工程质量是在施工单位按合格质量标准自行检查评定的基础上，由项目监理机构组织有关单位、人员进行检验，确认验收。这种评价方法体现了“验评分离、强化验收、完善手段、过程控制”的指导思想。

四、影响工程质量的因素

影响工程质量的因素很多，但归纳起来主要有五个方面，即人（Man）、材料（Material）、机械（Machine）、方法（Method）以及环境（Environment），简称 4M1E。

（一）人员素质

人是生产经营活动的主体，也是工程项目建设的决策者、管理者、操作者，工程建设的规划、决策、勘察、设计、施工与竣工验收等全过程，都是通过人的工作来完成的。人员的素质，即人的文化水平、技术水平、决策能力、管理能力、组织能力、作业能力、控制能力、身体素质及职业道德等，都将直接和间接地对规划、决策、勘察、设计和施工的质量产生影响，而规划是否合理．决策是否正确，设计是否符合所

需要的质量功能，施工能否满足合同、规范、技术标准的需要等，都将对工程质量产生不同程度的影响。人员素质是影响工程质量的一个重要因素因此，水利行业实行资质管理和各类专业从业人员持证上岗制度是保证人员素质的重要管理措施

（二）工程材料

工程材料是指构成工程实体的各类建筑材料、构配件、半成品等，它是工程建设的物质条件，是工程质量的基础。工程材料选用是否合理、产品是否合格、材质是否经过检验、保管使用是否得当等。都将直接影响到建设工程的结构刚度和强度，影响工程外表及观感，影响工程的使用功能，影响工程的使用安全。

（三）机械设备

机械设备可分为两类：一类是指组成工程实体及配套的工艺设备和各类机具，如水轮机、泵机、通风设备等，它们构成了建筑设备安装工程或工业设备安装工程，形成完整的使用功能；另一类指施工过程中使用的各类机具设备，包括大型垂直与横向运输设备、各类操作工具、各种施工安全设施、各类测量仪器和计量器具等，简称施工机具设备，它们是施工生产的手段。施工机具设备对工程质量也有重要的影响。工程所用机具设备，其产品质量优劣直接影响工程使用功能质量。施工机具设备的类型是否符合工程施工特点，性能是否先进稳定，操作是否方便安全等，都会影响工程项目的质量。

（四）方法

方法是指工艺方法、操作方法和施工方案。在工程施工中，施工方案是否合理，施工工艺是否先进，施工操作是否正确，都将对工程质量产生重大的影响。采用新技术、新工艺、新方法，不断提高工艺技术的水平，是保证工程质量稳定提高的重要因素。

（五）环境条件

环境条件是指对工程质量特性起重要作用的环境因素，包括工程技术环境，如工程地质、水文、气象等；工程作业环境，如施工环境作业面大小、防护设施、通风照明和通信条件等；工程管理环境，主要指工程实施的合同环境与管理关系的确定，组织体制及管理制度等：周边环境，如工程邻近的地下管线、建（构）筑物等。环境条件往往对工程质量产生特定的影响。加强环境管理，改进作业条件，把握好技术环境，辅以必要的措施，是控制环境对质量影响的重要保证。

五、质量控制

质量控制是质量管理的一部分，致力于满足质量要求质量控制的目标就是确保产品的质量能满足顾客、法律法规等方面所提出的质量要求质量控制的范围涉及产品质量形成全过程的各个环节。任何一个环节的工作没做好，都会使产品质量受到损害，从而不能满足质量的要求因此，质量控制是通过采取一系列的作业技术和活动对各个过程实施控制的。质量控制的工作内容包括了作业技术和活动这些活动包括：确定控

制对象，例如一道工序、设计过程、制造过程等；规定控制标准，即详细说明控制对象应达到的质量要求；制定具体的控制方法，例如工艺规程；明确所采用的检验方法，包括检验手段；实际进行检验；说明实际和标准之间有差异的原因；为解决差异而采取的行动。

质量控制具有动态性，因为质量要求随着时间的进展而在不断变化，为了满足不断更新的质量要求，对质量控制进行持续改进。项目监理机构在工程质量控制过程中，应遵循以下几条原则：

（一）坚持质量第一的原则

建设工程质量不仅关系工程的适用性和建设项目投资效果，而且关系到人民群众生命财产的安全所以，项目监理机构在进行投资、进度、质量三大目标控制时，在处理三者关系时，应坚持“百年大计，质量第一”，在工程建设中自始至终把“质量第一”作为对工程质量控制的基本原则。

（二）坚持以人为核心的原则

人是工程建设的决策者、组织者、管理者与操作者工程建设中各单位、各部门、各岗位人员的工作质量水平和完善程度，都直接和间接地影响工程质量。所以，在工程质量控制中，要以人为核心，重点控制人的素质和人的行为，充分发挥人的积极性和创造性，以人的工作质量来保证工程质量。

（三）坚持以预防为主的原则

工程质量控制应该是积极主动的，应事先对影响质量的各种因素加以控制，而不能是消极被动的，等出现质量问题再进行处理，从而造成不必要的损失，所以，要重点做好质量的事先控制和事中控制，以预防为主，加强过程和中间产品的质量检查与控制。

（四）以合同为依据，坚持质量标准的原则

质量标准是评价产品质量的尺度，工程质量是否符合合同规定的质量标准要求，应通过质量检验并与质量标准对照。符合质量标准要求的才是合格的，不符合质量标准要求的就是不合格的，必须返工处理。

（五）坚持科学、公平、守法的职业道德规范

在工程质量控制中，项目监理机构必须坚持科学、公平、守法的职业道德规范，要尊重科学，尊重事实，以数据资料为依据，客观及公平地进行质量问题的处理。要坚持原则，遵纪守法，秉公监理。

六、工程建设各单位的质量责任

水利工程质量实行项目法人（建设单位）负责、监理单位控制、施工承包人保证和政府监督相结合的质量管理体制。由此可见，水利工程质量管理的三个体系分别为：

政府部门的质量监督体系，发包人和监理单位的质量控制体系，设计、施工单位的质量保证体系。

（一）项目法人的质量责任

项目法人（建设单位）应根据国家和水利部有关规定而依法设立，主动接受水利工程质量监督机构对其质量体系的监督检查。项目法人（建设单位）应根据工程规模和工程特点，按照水利部有关规定，通过资质审查招标选择勘测设计、施工、监理单位并实行合同管理。在合同文件中，必须有工程质量条款，明确图纸、资料、工程、材料、设备等的质量标准及合同双方的质量责任。项目法人（建设单位）要加强工程质量管理，建立健全施工质量检查体系，根据工程特点建立质量管理机构和质量管理制度。项目法人（建设单位）在工程开工前，应按规定向水利工程质量监督机构办理工程质量监督手续。在工程施工过程中，应主动接受质量监督机构对工程质量的监督检查。项目法人（建设单位）应组织设计和施工单位进行设计交底；施工中应对工程质量进行检查，工程完工后，应及时组织有关单位进行工程质量验收、签证。

（二）监理单位的质量责任

监理单位必须持有水利部颁发的监理单位资格等级证书，依照核定的监理范围承担相应的水利工程的监理任务．监理单位必须接受水利工程质量监督机构对其监理资格质量检查体系及质量监理工作的监督检查。监理单位必须严格执行国家法律、水利行业法规、技术标准，严格履行监理合同。监理单位根据所承担的监理任务向水利工程施工现场派出相应的监理机构，人员配备必须满足项目的要求。监理人上岗必须持有水利部颁发的监理人岗位证书，一般监理人员上岗要经过岗前培训。监理单位应根据监理合同参与招标工作，从保证工程质量全面履行工程承建合同出发，签发施工图纸；审查施工单位的施工组织设计和技术措施；指导监督合同中有关质量标准、要求的实施；参加工程质量检查、工程质量事故调查处理和工程验收工作

（三）设计单位的质量责任

设计单位必须按其资质等级及业务范围承担勘测设计任务，并应主动接受水利工程质量监督机构对其资质等级及质量体系的监督检查。

设计单位必须建立健全设计质量保证体系，加强设计过程质量控制，健全设计文件的审核、会签批准制度，做好设计文件的技术交底的工作。

设计文件必须符合下列基本要求：设计文件应当符合国家、水利行业有关工程建设法规、工程勘测设计技术规程、标准和合同的要求；设计依据的基本资料应完整、准确、可靠，设计论证充分，计算成果可靠；设计文件的深度应满足相应设计阶段有关规定要求，设计质量必须满足工程质量、安全需要并符合设计规范的要求；设计单位应按合同规定及时提供设计文件及施工图纸，在施工过程中要随时掌握施工现场情况，优化设计，解决有关设计问题。对大中型工程，设计单位应按合同规定在施工现场设立设计代表机构或派驻设计代表；设计单位应按水利部有关规定在阶段验收、单位工程验收和竣工验收中，对施工质量是否满足设计要求提出评价。

（四）施工单位的质量责任

施工单位必须按其资质等级和业务范围承揽工程施工任务，接受水利工程质量监督机构对其资质和质量保证体系的监督检查。施工单位必须依据国家、水利行业有关工程建设法规、技术规程、技术标准的规定及设计文件和施工合同的要求进行施工，并对其施工的工程质量负责；施工单位不得将其承接的水利建设项目的主体工程进行转包，对工程的分包，分包单位必须具备相应资质等级，并对其分包工程的施工质量向总包单位负责，总包单位对全部工程质量向项目法人（建设单位）负责工程分包必须经过项目法人（建设单位）的认可。

施工单位要推行全面质量管理，建立健全质量的保证体系，制定和完善岗位质量规范、质量责任及考核办法，落实质量责任制。在施工过程中要加强质量检验工作，认真执行“三检制”，切实做好工程质量的全过程控制。工程发生质量事故，施工单位必须按照有关规定向监理单位、项目法人（建设单位）及有关部门报告，并保护好现场，接受工程质量事故调查，认真进行事故处理；竣工工程质量必须符合国家和水利行业现行的工程标准及设计文件要求，并应向项目法人（建设单位）提交完整的技术档案、试验成果及有关资料。

七、进行施工项目的目标控制

施工项目的目标有阶段性目标和最终目标。实现各项目标是施工项目管理的目的所在，因此应当坚持以控制论理论为指导，进行全过程的科学控制。施工项目的控制目标包括进度控制目标、质量控制目标、成本控制目标、安全控制目标和施工现场控制目标。

在施工项目目标控制的过程之中，会不断受到各种客观因素的干扰，各种风险因素随时可能发生，故应通过组织协调与风险管理，对施工项目目标进行动态控制。

八、施工项目的合同管理

由于施工项目管理是在市场条件下进行的特殊交易活动的管理，这种交易活动从投标开始，持续于项目实施的全过程，因此必须依法签订合同。合同管理的好坏直接关系到项目管理及工程施工技术经济效果和目标的实现，因此要严格执行合同条款约定，进行履约经营，保证工程项目顺利进行。合同管理势必涉及国内和国际上有关法规和合同文本、合同条件，在合同管理中应予以高度重视。为了取得更多的经济效益，还必须重视索赔，研究索赔方法、策略和技巧。

九、施工项目的信息管理

项目信息管理旨在适应项目管理的需要，为了预测未来和正确决策提供依据，提高管理水平。项目经理部应建立项目信息管理系统，优化信息结构，实现项目管理信息化。项目信息包括项目经理部在项目管理过程中形成的各种数据、表格、图纸、文字、音像资料等。项目经理部应负责收集、整理、管理本项目范围内的信息。项目信息收集应随工程的进展进行，保证真实、准确。

施工项目管理是一项复杂的现代化的管理活动，要依靠大量信息及对大量信息进行管理。进行施工项目管理和施工项目目标控制、动态管理，必须依靠计算机项目信息管理系统，获得项目管理所需要的大量信息，并使信息资源共享。另外要注意信息的收集与储存，使本项目的经验和教训得到记录和保留，为了以后的项目管理提供必要的资料。

第二节　施工阶段的质量控制

工程施工是使工程设计意图最终实现并形成工程实体的阶段，也是最终形成工程产品质量和工程项目使用价值的重要阶段。工程施工质量控制是项目监理机构工作的主要内容项目监理机构应基于施工质量控制的依据和工作程序，抓好施工质量控制工作。施工阶段的质量控制应重点做好图纸会审与设计交底、施工组织设计的审查、施工方案的审查和现场施工准备质量控制等工作施工阶段项目监理机构的质量控制包括审查、巡视、监理指令、旁站、见证取样、验收和平行检验，工程变更的控制与质量记录资料的管理等。

一、质量控制的依据、程序及方法

（一）质量控制的依据

项目监理机构施工质量控制的依据，大体上有以下几类。

1. 工程合同文件

建设工程监理合同、建设单位与其他相关单位签订的合同，包括和施工单位签订的施工合同，与材料设备供应单位签订的材料设备采购合同等。项目监理机构既要履行建设工程监理合同条款，又要监督施工单位、材料设备供应单位履行有关工程质量合同条款。因此．项目监理机构监理人员应熟悉这些相应条款，据以进行质量控制。

2. 已批准的工程勘察设计文件、施工图纸及相应的设计变更与修改文件

工程勘察包括工程测量、工程地质和水文地质勘察等内容，工程勘察成果文件为工程项目选址、工程设计和施工提供科学可靠的依据。也是项目监理机构审批工程施工组织设计或施工方案、工程地基基础验收等工程质量控制的重要依据。经过批准的设计图纸和技术说明书等设计文件是质量控制的重要依据。施工图审查报告与审查批准书、施工过程中设计单位出具的工程变更设计都属于设计文件的范畴，“按图施工”是施工阶段质量控制的一项重要原则，已批准的设计文件无疑是监理人进行质量控制的依据。但是从严格质量管理和质量控制的角度出发，监理单位在施工前还应参加建

设单位组织的设计交底工作，以达到了解设计意图和质量要求，发现图纸差错和减少质量隐患的目的。

3. 质量标准与技术规范（规程）

质量标准与技术规范（规程）是针对不同行业、不同的质量控制对象而制定的，包括各种有关的标准、规范或规程根据适用性，标准分为国家标准、行业标准、地方标准和企业标准．它们是建立和维护正常的生产与工作秩序应遵守的准则，也是衡量工程、设备和材料质量的尺度对于国内工程，国家标准是必须执行与遵守的最低要求，行业标准、地方标准和企业标准的要求不能低于国家标准的要求企业标准是企业生产和工作的要求与规定，适用于企业的内部管理。

这里需要指出的是，工程建设监理制度，是按照国际惯例建立起来的，特别适用于大型工程、外资工程及对外承包工程。所以，进行质量控制还必须注意其他国家标准当需要依据这些标准进行质量控制时，就要熟悉它、执行它。

（二）施工阶段质量控制程序

1. 合同项目质量控制程序

监理机构应在施工合同约定的期限内，经发包人同意后向承包人发出进场通知，要求承包人按约定及时调遣人员和施工设备、材料进场进行施工准备进场通知中应明确合同工期起算日期；监理机构应协助发包人向承包人移交施工合同约定应由发包人提供的施工用地、道路、测量基准点及供水、供电、通信设施等开工的必要条件；承包人完成开工准备后，应向监理机构提交开工申请。监理机构在检查发包人和承包人的施工准备满足开工条件后，签发开工令。

由于承包人原因使工程未能按施工合同约定时间开工，监理机构应通知承包人在约定时间内提交赶工措施报告并说明延误开工原因。以此增加的费用和工期延误造成的损失由承包人承担；由于发包人原因使工程未能按施工合同约定时间开工，监理机构在收到承包人提出的顺延工期的要求，应立即与发包人和承包人共同协商补救办法。由此增加的费用和工期延误造成的损失由发包人承担。

2. 单位工程质量控制程序

监理机构应审批每一个单位工程的开工申请，熟悉图纸，审核承包人提交的施工组织设计、技术措施等，确认后签发开工通知。

3. 分部工程质量控制程序

监理机构应审批承包人报送的每一分部工程开工申请，审核承包人递交的施工措施计划，检查该分部工程的开工条件，确认后签发分部工程的开工通知。

4. 单元工程（工序）质量控制程序

第一个单元工程在分部工程开工申请获批准后自行开工，后续单元工程凭监理机构签发的上一单元工程施工质量合格证明方可开工。

5. 混凝土浇筑开仓

监理机构应对承包人报送的混凝土浇筑开仓报审表进行审核。符合开仓条件后，方可签发。

（三）施工阶段质量控制方法

施工阶段质量检查的主要方法有以下几种。

1. 旁站监理

旁站是指项目监理机构对工程的关键部位或者关键工序的施工质量进行的监督活动。项目监理机构应根据工程特点和施工单位报送的施工组织设计，将影响工程主体结构安全的、完工后无法检测其质量的或返工会造成较大损失的部位及其施工过程作为旁站的关键部位、关键工序，安排监理人员进行旁站，并应及时记录旁站情况。

旁站工作程序：第一，开工前，项目监理机构应根据工程特点和施工单位报送的施工组织设计，确定旁站的关键部位、关键工序，并书面通知施工单位；第二，施工单位在需要实施旁站的关键部位、关键工序进行施工前书面通知项目监理机构；第三，接到施工单位书面通知后，项目监理机构应安排旁站人员实施旁站。

2. 巡视检验

巡视是项目监理机构对施工现场进行的定期或不定期的检查活动，是项目监理机构对工程实施建设监理的方式之一。项目监理机构应安排监理人员对工程施工质量进行巡视。巡视应包括下列主要内容：第一，施工单位是否按工程设计文件、工程建设标准和批准的施工组织设计、（专项）施工方案施工。施工单位必须按照工程设计图纸和施工技术标准施工，不得擅自修改工程设计，不能偷工减料。第二，使用的工程材料、构配件和设备是否合格。应检查施工单位使用的工程原材料、构配件和设备是否合格，不得在工程中使用不合格的原材料、构配件和设备，只有经过复试检测合格的原材料、构配件和设备才能够用于工程。第三，施工现场管理人员，特别是施工质量管理人员是否到位。应对其是否到位及履职情况做好检查和记录。第四，特种作业人员是否持证上岗。应对施工单位的特种作业人员是否持证上岗进行检查。

3. 见证取样与平行检测

见证取样是指项目监理机构对施工单位进行的涉及结构安全的试块、试件及工程材料现场取样、封样、送检工作的监督活动。完成取样后，施工单位取样人员应在试样或其包装上作出标识、封志。标识和封志应标明工程名称、取样部位、取样日期、样品名称和样品数量等信息，并由见证取样的专业监理工程师和施工单位取样人员签字。

平行检测是指项目监理机构在施工单位自检的同时，按有关规定、建设工程监理合同约定对同一检验项目进行的检测试验活动项目监理机构应根据工程特点、专业要求，以及建设工程监理合同约定，对施工质量进行平行检验。平行检验的项目、数量、频率和费用等应符合建设工程监理合同的约定，对于平行检验不合格的施工质量，项目监理机构应签发监理通知单，要求施工单位在指定的时间内整改并重新报验。

4. 监理指令文件的签发

在工程质量控制方面，项目监理机构发现施工存在质量问题的，或施工单位采用不适当的施工工艺，或施工不当造成工程质量不合格的，应及时签发监理通知单，要求施工单位整改、监理通知单由专业监理工程师或总监理工程师签发。监理人员发现可能造成质量事故的重大隐患或已发生质量事故的，总监理工程师应签发工程暂停令。因建设单位原因或非施工单位原因引起工程暂停的，在具备复工条件时，应及时签发工程复工令，指令施工单位复工。所有这些指令和记录，要作为主要的技术资料存档以备查，作为今后解决纠纷的重要依据。

5. 工程变更的控制

施工过程中，由于前期勘察设计的原因，或由于外界自然条件的变化，未探明的地下障碍物、管线、文物、地质条件不符等，以及施工工艺方面的限制、建设单位要求的改变，均会涉及工程变更做好工程变更的控制工作，是工程质量控制的一项重要内容。工程变更单由提出单位填写，写明工程变更原因、工程变更内容，并附必要的附件，包括：工程变更的依据、详细内容、图纸；对工程造价、工期的影响程度分析，以及对功能、安全影响的分析报告。

对于施工单位提出的工程变更，项目监理机构可按照下列程序处理：第一，总监理工程师组织专业监理工程师审查施工单位提出的工程变更申请，提出审查意见。对涉及工程设计文件修改的工程变更，应由建设单位转交原设计单位修改工程设计文件。必要时，项目监理机构应建议建设单位组织设计、施工等单位召开论证工程设计文件修改方案的专题会议工。第二，总监理工程师组织专业监理工程师对工程变更费用及工期影响作出评估。第三，总监理工程师组织建设单位、施工单位等共同协商确定工程变更费用及工期变化，会签工程变更单第四，项目监理机构根据批准的工程变更文件监督施工单位实施工程变更。

6. 质量记录资料的管理

质量记录资料是施工单位进行工程施工或安装期间，实施质量控制活动的记录，还包括对这些质量控制活动的意见及施工单位对这些意见的答复，它详细地记录了工程施工阶段质量控制活动的全过程。因此，它不但在工程施工期间对工程质量的控制有重要作用，而且在工程竣工和投入运行后，对于查询和了解工程建设的质量情况，以及工程维修和管理提供大量有用的资料与信息。质量记录资料包括以下三方面内容：第一，施工现场质量管理检查记录资料；第二，工程材料质量记录；第三，施工过程作业活动质量记录资料。施工质量记录资料应真实、齐全、完整，相关各方人员的签字齐备、字迹清楚、结论明确，与施工过程的进展同步。监理资料的管理应由总监理工程师负责，并指定专人具体实施。

二、实体形成过程各阶段的质量控制的主要内容

（一）事前质量控制内容

事前质量控制内容是指正式开工前所进行的质量控制工作，其具体内容包括以下方面：

1. 承包人资质审核

主要包括：第一，检查工程技术负责人是否到位；第二，审查分包单位的资质等级。

2. 施工现场的质量检验、验收

包括：第一，现场障碍物的拆除、迁建和清除后的验收；第二，现场定位轴线、高程标桩的测设、验收；第三，基准点、基准线的复核、验收等。负责审查批准承包人在工程施工期间提交的各单位工程和部分工程的施工措施计划、方法及施工质量保证措施。督促承包人建立和健全质量保证体系，组建专职的质量管理机构，配备专职的质量管理人员承包人现场应设置专门的质量检查机构和必要的试验条件，配备专职的质量检查、试验人员，建立完善的质量检查制度。

3. 采购材料和工程设备的检验与交货验收

承包人负责采购的材料和工程设备，应由承包人会同现场监理人进行检验与交货验收，检验材质证明和产品合格证书。工程观测设备的检查现场监理人需检查承包人对各种观测设备的采购、运输、保存、率定、安装、埋设、观测和维护等。其中观测设备的率定、安装、埋设和观测均必须在有现场监理人员在场的情况下进行。

4. 施工机械的质量控制

凡是直接危及工程质量的施工机械，如混凝土搅拌机、振动器等，应按技术说明书查验其相应的技术性能，不符合要求的，不得在工程中使用；施工中使用的衡器、量具、计量装置应有相应的技术合格证，使用时应完好并且不超过它们的校验周期。

（二）事中控制的内容

监理人有权对全部工程的所有部位及其任何一项工艺、材料和工程设备进行检查与检验，也可随时提出要求，在制造地、装配地、储存地点、现场、合同规定的任何地点进行检查、测量和检验，以及查阅施工记录。承包人应提供通常需要的协助，包括劳务、电力、燃料、备用品、装置和仪器等承包人也应按照监理人的指示，进行现场取样试验、工程复核测量和设备性能检测，提供试验样品、试验报告和测量成果，以及监理人要求进行的其他工作，监理人的检查和检验不解除承包人按合同规定应负的责任。

施工过程中承包人应对工程项目的每道施工工序认真地行检查，并应把自行检查结果报送监理人备查，重要工程或关键部位承包人自检结果核准后才能进行下一道工序施工。如果监理人认为必要时，也能随时进行抽样检验，承包人必须提供抽查条件。如抽查结果不符合合同规定，必须进行返工处理，处理合格后，方可继续施工；否则，将按质量事故处理。依据合同规定的检查和检验，应由监理人与承包人按商定的时间和地点共同进行检查与检验。

隐蔽工程和工程隐蔽部位的检查。包括：第一，覆盖前的检查。经承包人的自行检查确认隐蔽工程或工程的隐蔽部位具备覆盖条件的，在约定的时间之内，承包人应通知监理人进行检查：如果监理人未按约定时间到场检查，拖延或无故缺席，造成工期延误，承包人有权要求延长工期和赔偿其停工或窝工损失。第二，虽然经监理人检

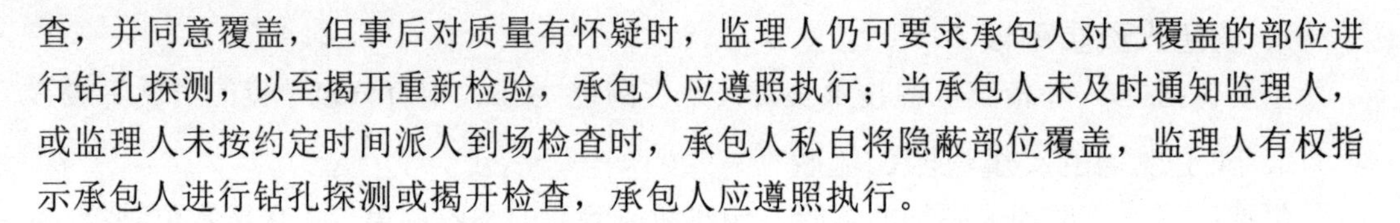

查，并同意覆盖，但事后对质量有怀疑时，监理人仍可要求承包人对已覆盖的部位进行钻孔探测，以至揭开重新检验，承包人应遵照执行；当承包人未及时通知监理人，或监理人未按约定时间派人到场检查时，承包人私自将隐蔽部位覆盖，监理人有权指示承包人进行钻孔探测或揭开检查，承包人应遵照执行。

（三）事后质量控制的内容

审核完工资料；审核施工承包人提供的质量检验报告及有关技术性文件；整理有关工程项目质量的技术文件，并编目、建档；评价工程项目质量状况及水平；组织联动试车等。

第三节　水利工程施工质量验收

工程施工质量验收是指工程施工质量在施工单位自行检查评定合格的基础上，由工程质量验收责任方组织，工程建设相关单位参加，对单元、分部、单位工程及其隐蔽工程的质量进行抽样检验，对技术文件进行审核，并根据设计文件及相关标准以书面形式对工程质量是否达到合格作出确认。工程施工质量验收是工程质量控制的重要环节。工程项目划分时，应按从大到小的顺序进行，这样有利于从宏观上进行项目评定的规划，不至于在分期实施过程中，从低到高评定时出现的层次、级别和归类上的混乱。

一、水利水电工程项目划分的原则

（一）新规程有关项目的名称与划分原则

水利水电工程质量检验与评定应当进行项目划分。项目按级划分为单位工程、分部工程、单元（工序）工程等三级。

水利水电工程项目划分应结合工程结构特点、施工部署及施工合同要求进行，划分结果应有利于保证施工质量和施工质量管理。

1. 单位工程项目划分原则

（1）枢纽工程

一般以每座独立的建筑物为一个单位工程。当工程规模大时，可将一个建筑物中具有独立施工条件的一部分划分为一个单位工程。

（2）堤防工程

按招标标段或工程结构划分单位工程。可将规模较大交叉联结建筑物及管理设施以每座独立的建筑物划分为一个单位工程。

（3）引水（渠道）工程

按理标标段或工程结构划分单位工程。可将大、中型（渠道）建筑物以每座独立的建筑物划分为一个单位工程。

（4）除险加固工程

按招标标段或加固内容，并结合工程量划分单位工程。

2．分部工程项目划分原则

（1）枢纽工程

土建部分按设计的主要组成部分划分，金属结构及启闭机安装工程和机电设备安装工程按组合功能划分。

（2）堤防工程

按长度或功能划分。

（3）引水（渠道）工程

引水（渠道）工程中的河（渠）道按施工部署或长度划分。大、中型建筑物按工程结构主要组成部分划分。

3．单元工程项目划分原则

按规定进行划分；河（渠）道开挖、填筑与衬砌单元工程划分界限宜设在变形缝或结构缝处，长度一般不大于 100 m。同一分部工程中各单元工程的工程量（或投资）不宜相差太大。

（二）新规程有关项目划分程序

由项目法人组织监理、设计及施工等单位进行工程项目划分，并确定主要单位工程、主要分部工程、重要隐蔽单元工程及关键部位单元工程。项目法人在主体工程开工前将项目划分表及说明书面报相应工程质量监督机构确认。

工程质量监督机构收到项目划分书面报告后，应当在 14 个工作日内对项目划分进行确认，并将确认结果书面通知项目法人。工程实施过程中，需对单位工程、主要分部工程、重要隐蔽单元工程和关键部位单元工程的项目划分进行调整时，项目法人应重新报送工程质量监督机构确认。

（三）有关质量术语

1．水利水电工程质量

工程满足国家和水利行业相关标准和合同约定要求的程度，在安全性、使用功能、适用性、外观及环境保护等方面的特性总和。

2．质量检验和质量评定

通过检查、量测、试验等方法，对工程质量特性进行的符合性评价。将质量检验结果与国家和行业技术标准及合同约定的质量标准所进行的比较活动。

3．单位工程和分部工程

指具有独立发挥作用或独立施工条件的建筑物。指在一个建筑物内能组合发挥一种功能的建筑安装工程，是组成单位工程的重要部分。对单位工程安全性、使用功能或效益起决定性作用的分部工程称为主要分部工程。

4. 单元工程和关键部位单元工程

指在分部工程中由几个工序（或工种）施工完成的最小综合体，是日常质量考核的基本单位。指对工程安全性或效益或使用功能有显著影响的单元工程。

5. 重要隐蔽单元工程

指主要建筑物的地基开挖、地下洞室开挖、地基防渗、加固处理和排水等隐蔽工程中，对工程安全或使用功能有严重影响的单元工程。

6. 主要建筑物及主要单位工程

主要建筑物，指其失事后将造成下游灾害或严重影响工程效益的建筑物，如堤坝、泄洪建筑物、输水建筑物、电站厂房及泵站等，属于主要建筑物的单位工程称之为主要单位工程。

二、水利水电工程施工质量检验的要求

（一）施工质量检验的基本要求

根据施工质量检验的基本要求如下：承担工程检测业务的检测机构应具有水行政主管部门颁发的资质证书。工程施工质量检验中使用的计量器具、试验仪器仪表及设备应定期进行检定，并具备有效的检定证书。国家规定需强制检定的计量器具应经县级以上计量行政部门认定的计量检定机构或其授权设置的计量检定机构进行检定。检测人员应熟悉检测业务，了解被检测对象性质和所用仪器设备的性能，经考核合格后，持证上岗。参与中间产品及混凝土（砂浆）试件质量资料复核的人员应具有工程师以上工程系列技术职称，并从事过相关试验工作。工程中永久性房屋、专用公路、专用铁路等项目的施工质量检验与评定可按相应行业标准执行。

项目法人、监理、设计、施工和工程质量监督等单位根据工程建设需要，可委托具有相应资质等级的水利工程质量检测机构进行工程质量检测施工单位自检性质的委托检测项目及数量。对涉及工程结构安全的试块、试件及有关材料应实行见证取样见证取样资料由施工单位制备，记录应真实、齐全，参与见证取样人员应在相关文件上签字。

（二）新规程对施工过程中参建单位的质量检验职责的主要规定

施工单位应当依据工程设计要求、施工技术标准和合同约定，确定检验项目及数量并进行自检，自检过程应当有书面记录，同时结合自检情况如实填写。项目法人应对施工单位自检和监理单位抽检过程进行督促检查，对报工程质量监督机构核备、核定的工程质量等级进行认定。

工程质量监督机构应对项目法人、监理、勘测、设计、施工单位及工程其他参建单位的质量行为和工程实物质量进行监督检查。检查结果应当按有关规定及时公布，并书面通知有关单位。临时工程质量检验及评定标准，由项目法人组织监理、设计及施工等单位根据工程特点，并报相应的工程质量监督机构核备。

质量检验包括施工准备检查，原材料和中间产品质量检验，水工金属结构、启闭机及机电产品质量检查，单元（工序）工程质量检验，质量事故检查和质量缺陷备案，工程外观质量检验等。质量缺陷备案表由监理单位组织填写，内容应真实、全面、完整。各工程参建单位代表应在质量缺陷备案表上签字，若有不同意见应明确记载。质量缺陷备案表应及时报工程质量监督机构备案。质量缺陷备案资料按竣工验收的标准制备。工程竣工验收时、项目法人应向竣工验收委员会汇报并提交历次质量缺陷备案资料。

三、水利水电工程施工质量评定

质量评定时，应按从低层到高层的顺序依次进行，这样可以从微观上按照施工工序和有关规定，在施工过程中把好质量关，由低层到高层逐级进行工程质量控制和质量检验。其评定的顺序是：单元工程、分部工程、单位工程、工程项目。新规程规定水利水电工程施工质量等级分为“合格”“优良”两级，合格标准是工程验收标准，优良等级是为了工程项目质量创优而设置的。

（一）新规程水利水电工程施工质量等级评定的主要依据

国家及相关行业技术标准；经批准的设计文件、施工图纸、金属结构设计图样与技术条件、设计修改通知书、厂家提供的设备安装说明书及有关技术文件；工程承发包合同中约定的技术标准；工程施工期及试运行期的试验和观测分析成果。

（二）新规程有关施工质量合格标准

1. 单元（工序）工程施工质量合格标准

单元工程按工序划分情况，分为划分工序单元工程和不划分工序单元工程。划分工序的单元工程进行施工质量评定，应先进行其各工序的施工质量评定，在工序验收评定合格和施工项目实体质量检验合格的基础上，再进行单元工程施工质量验收评定不划分工序单元工程的施工质量验收评定，在单元工程中所包含的检验项目检验合格和施工项目实体质量检验合格的基础上进行。工序和单元工程施工质量等各类项目的检验，应采用随机布点和监理工程师现场指定区位相结合的方式进行。工序和单元工程施工质量验收评定表及其备查资料的制备由工程施工单位负责，其规格宜采用国际标准 A4 纸（210 mm ×297 mm），验收评定表一式 4 份，备查资料一式 2 份，其中验收评定表及其备查资料 1 份应由监理单位保存，其余应由施工单位来保存。

2. 分部工程施工质量合格标准

所含单元工程的质量全部合格。质量事故及质量缺陷已按要求处理，并经检验合格；原材料、中间产品及混凝土（砂浆）试件质量全部合格，金属结构及启闭机制造质量合格，机电产品质量合格。

3. 单位工程施工质量合格标准

所含分部工程质量全部合格；质量事故已按要求进行了处理；工程外观质量得分

率达到70%以上；单位工程施工质量检验与评定资料基本齐全；工程施工期及试运行期，单位工程观测资料分析结果符合国家和行业技术标准及合同约定的标准要求

三、新规程有关施工质量优良标准

（一）单元工程施工质量优良标准

全部返工重做的单元工程，经检验达到优良标准时，可评为优良等级单元工程中的工序分为主要工序和一般工序。其中：

1. 工序施工质量评定优良的标准如下

第一，主控项目，检验结果应全部符合本标准的要求；第二，一般项目，逐项应有90%及以上的检验点合格，并且不合格点不应集中；第三，各项报验资料应符合《单元工程评定标准》要求。

2. 划分工序单元工程施工质量评定优良的标准如下

第一，各工序施工质量验收评定应全部合格，其中优良工序应达到50%及以上，且主要工序应达到优良等级；第二，各项保验资料应符合《单元工程评定标准》要求。

3. 不划分工序单元工程施工质量评定优良的标准如下

第一，主控项目，检验结果应全部符合本标准的要求；第二，一般项目，逐项应有90%及以上的检验点合格，并且不合格点不应集中；第三，各项报验资料应符合《单元工程评定标准》要求。

（二）分部工程施工质量优良标准

所含单元工程质量全部合格，其中70%以上达到优良等级，主要单元工程以及重要隐蔽单元工程（关键部位单元工程）质量优良率达90%以上，且未发生过质量事故。中间产品质量全部合格，混凝土（砂浆）试件质量达到优良等级（当试件组数小于30时，试件质量合格）。原材料质量、金属结构及启闭机制造质量合格，机电产品质量合格。

（三）单位工程施工质量优良标准

所含分部工程质量全部合格，其中70%以上达到了优良等级，主要分部工程质量全部优良，且施工中未发生过较大质量事故；质量事故已按要求进行处理；外观质量得分率达到85%以上；单位工程施工质量检验与评定资料齐全；工程施工期及试运行期，单位工程观测资料分析结果符合国家和行业技术标准以及合同约定的标准要求。

（四）工程项目施工质量优良标准

单位工程质量全部合格，其中70%以上单位工程质量达到优良等级，且主要单位工程质量全部优良。工程施工期及试运行期，各单位工程观测资料分析结果均符合国家和行业技术标准及合同约定的标准要求。

施工项目管理是施工企业对施工项目进行有效的掌握控制，主要特征包括：一是施工项目管理者是建筑施工企业，他们对施工项目全权负责；二是施工项目管理的对

象是施工项目，具有时间的控制性，也就是施工项目有运作周期（投标一竣工验收）；三是施工项目管理的内容是按阶段变化的。根据建设阶段及要求的变化，管理的内容具有很大的差异；四是施工项目管理要求强化组织协调工作，主要是强化项目管理班子，优选项目经理，科学地组织施工并运用现代化的管理方法。

在施工项目管理的全过程中，为了取得各阶段目标和最终目标的实现，在进行各项活动中，必须加强管理工作。

四、建立施工项目管理组织

由企业采用适当的方式选聘称职的施工项目经理。根据施工项目组织原则，选用适当的组织形式，组建施工项目管理机构，明确责任、权利和义务。在遵守企业规章制度的前提下，根据施工项目管理的需要，制订施工项目管理制度。

项目经理作为企业法人代表的代理人，对工程项目施工全面负责，一般不准兼管其他工程，当其负责管理的施工项目临近竣工阶段且经建设单位同意后，可以兼任另一项工程的项目管理工作。项目经理通常由企业法人代表委派或组织招聘等方式确定。项目经理与企业法人代表之间需要签订工程承包管理合同，明确工程工期、质量、成本、利润等指标要求和双方的责、权、利以及合同中止处理、违约处罚等项内容。

项目经理以及各有关业务人员组成、人数根据工程规模大小而定。各成员由项目经理聘任或推荐确定，其中技术、经济、财务主要负责人需经企业法人代表或其授权部门同意。项目领导班子成员除了直接受项目经理领导，实施项目管理方案外，还要按照企业规章制度接受企业主管职能部门的业务监督和指导。

项目经理应有一定的职责，如贯彻执行国家和地方的法律、法规；严格遵守财经制度、加强成本核算；签订和履行“项目管理目标责任书”；对工程项目施工进行有效控制等。项目经理应有一定的权力，如参与投标和签订施工合同；用人决策权；财务决策权；进度计划控制权；技术质量决定权；物资采购管理权；现场管理协调权等。项目经理还应获得一定的利益，如物质奖励以及表彰等。

五、项目经理的地位

项目经理是项目管理实施阶段全面负责的管理者，在整个施工活动中有举足轻重的地位。确定施工项目经理的地位是搞好施工项目管理的关键。

（一）从企业内部看

项目经理是施工项目实施过程中所有工作的总负责人，是项目管理的第一责任人。从对外方面来看，项目经理代表企业法定代表人在授权范围内对建设单位直接负责。由此可见，项目经理既要对有关建设单位的成果性目标负责，又要对建筑业企业的效益性目标负责。

（二）协调各方面关系

项目经理是协调各方面关系，使之相互紧密协作和配合的桥梁与纽带。要承担合同责任、履行合同义务、执行合同条款、处理合同纠纷、受法律的约束和保护。

（三）项目经理是各种信息的集散中心

通过各种方式和渠道收集有关的信息，并运用这些信息，达到控制的目的，使项目获得成功。

（四）项目经理是施工项目责、权、利的主体

这是因为项目经理是项目中人、财、物、技术、信息和管理等所有生产要素的管理人。项目经理首先是项目的责任主体，是实现项目目标的最高责任者。责任是实现项目经理责任制的核心，它构成了项目经理工作的压力，也是确定项目经理权力和利益的依据。其次，项目经理必须是项目的权力主体。权力是确保项目经理能够承担起责任的条件和手段。如果不具备必要的权力，项目经理就无法对工作负责。项目经理还必须是项目利益的主体，利益是项目经理工作的动力，如果没有一定的利益，项目经理就不愿负相应的责任，难以处理好国家、企业和职工的利益关系。

六、项目经理的任职要求

项目经理的任职要求包括执业资格的要求、知识方面的要求、能力方面的要求和素质方面的要求。

（一）执业资格的要求

一级项目经理应担任过一个一级建筑施工企业资质标准要求的工程项目，或两个二级建筑施工企业资质标准要求的工程项目施工管理工作的主要负责人，并已取得国家认可的高级或者中级专业技术职称。

二级项目经理应担任过两个工程项目，其中至少一个是二级建筑施工企业资质标准要求的工程项目施工管理工作的主要负责人，并已取得了国家认可的中级或初级专业技术职称。

三级项目经理应担任过两个工程项目，其中至少一个为三级建筑施工企业资质标准要求的工程项目施工管理工作的主要负责人，并已取得国家认可的中级或初级专业技术职称。

四级项目经理应担任过两个工程项目，其中至少一个为四级建筑施工企业资质标准要求的工程项目施工管理工作的主要负责人，并已取得国家认可的初级专业技术职称。

项目经理承担的工程规模应符合相应的项目经理资质等级。一级项目经理可承担一级资质建筑施工企业营业范围内的工程项目管理；二级项目经理可承担二级以下（含二级）建筑施工企业营业范围内的工程项目管理；三级项目经理可承担三级以下（含三级）建筑企业营业范围内的工程项目管理；四级项目经理可承担四级建筑施工企业营业范围内的工程项目管理。

项目经理每两年接受一次项目资质管理部门的复查。项目经理达到上一个资质等级条件的，可随时提出升级的要求。

（二）知识方面的要求

通常项目经理应接受过大专、中专以上相关专业的教育，必须具备专业知识，如土木工程专业或其他专业工程方面的专业，一般应是某个专业工程方面的专家，否则很难被人们接受或很难开展工作。项目经理还应受过项目管理方面的专门培训或再教育，掌握项目管理的知识。作为项目经理需要广博的知识，能迅速解决工程项目实施过程中遇到的各种问题。

（三）能力方面的要求

项目经理应具备以下几方面的能力：第一，必须具有一定的施工实践经历和按规定经过一段实践锻炼，特别是对同类项目有成功的经历。对项目工作有成熟的判断能力、思维能力和随机应变的能力；第二，具有很强的沟通能力、激励能力和处理人事关系的能力，项目经理要靠领导艺术、影响力和说服力而不是靠权力和命令行事；第三，有较强的组织管理能力和协调能力。能协调好各方面的关系，能处理好与业主的关系；第四，有较强的语言表达能力，有谈判技巧；第五，在工作中能发现问题，提出问题，能够从容地处理紧急情况。

（四）素质方面的要求

项目经理应注重工程项目对社会的贡献和历史作用。在工作中能注意社会公德，保证社会的利益，严守法律和规章制度。项目经理必须具有良好的职业道德，将用户的利益放在第一位，不牟私利，必须有工作的积极性、热情和敬业精神。具有创新精神，务实的态度，勇于挑战，勇于决策，勇于承担责任和风险。敢于承担责任，特别是有敢于承担错误的勇气，言行一致，正直，办事公正、公平，实事求是。能承担艰苦的工作，任劳任怨，忠于职守。具有合作的精神，能与他人共事，具有较强的自我控制能力。

七、项目经理的责、权、利

（一）项目经理的职责

贯彻执行国家和地方政府的法律制度，维护企业的整体利益及经济利益。法规和政策，执行建筑业企业的各项管理制度。严格遵守财经制度，加强成本核算，积极组织工程款回收，正确处理国家、企业和项目及单位个人的利益关系。签订和组织履行“项目管理目标责任书”，执行企业与业主签订的“项目承包合同”中由项目经理负责履行的各项条款。对工程项目施工进行有效控制，执行有关技术规范和标准，积极推广应用新技术、新工艺、新材料和项目管理软件集成系统，确保工程质量和工期，实现安全、文明生产，努力提高经济效益。组织编制施工管理规划及目标实施措施，组织编制施工组织设计并实施之。根据项目总工期的要求编制年度进度计划，组织编制施工季（月）度施工计划，包括劳动力、材料、构件及机械设备的使用计划，签订分包及租赁合同并严格执行。组织制定项目经理部各类管理人员的职责和权限、各项管理制度，并认真贯彻执行。科学地组织施工和加强各项管理工作。做好内、外各种关系的协调，为施工创造优越的施工条件。做好工程竣工的结算，资料整理归档，接受企业审计并做好项目经理部解体与善后工作。

（二）项目经理的权力

为了保证项目经理完成所担负的任务，必须授予相应的权力。项目经理应当有以下权力：

1. 用人决策权

项目经理应有权决定项目管理机构班子的设置，选择、聘任班子内成员，对任职情况进行考核监督、奖惩，乃至辞退。

2. 财务决策权

在企业财务制度规定的范围内，根据企业法定代表人的授权及施工项目管理的需要，决定资金的投入和使用，决定项目经理部的计酬方法。

3. 进度计划控制权

根据项目进度总目标和阶段性目标的要求，对项目建设的进度进行检查、调整，并在资源上进行调配，从而对进度计划进行有效的控制。

4. 技术质量决策权

根据项目管理实施规划或施工组织设计，有权批准重大技术方案和重大技术措施，必要时召开技术方案论证会，把好技术决策关和质量关，防止技术上决策失误，主持处理重大质量事故。

5. 物资采购管理权

按照企业物资分类和分工，对采购方案、目标、到货要求，以及对于供货单位的选择、项目现场存放策略等进行决策和管理。

（三）项目经理的利益

施工项目经理最终的利益是其行使权力和承担责任的结果，也是市场经济条件下责、权、利、效相互统一的具体体现。项目经理应享有以下的利益：第一，获得基本工资、岗位工资和绩效工资。第二，在全面完成“项目管理目标责任书”确定的各项责任目标，交工验收交结算后，接受企业考核和审计，可获得规定的物质奖励外，还可获得表彰、记功、优秀项目经理等荣誉称号及其他精神奖励。第四，经考核和审计，未完成“项目管理目标责任书”确定的责任目标或造成亏损的，按有关条款承担责任，并接受经济或行政处罚。第五，项目经理责任制是指以项目经理为主体的施工项目管理目标责任制度，用以确保项目履约，用以确立项目经理部与企业、职工三者之间的责、权、利关系。项目经理开始工作之前由建筑业企业法人或其授权人与项目经理协商、编制“项目管理目标责任书”，双方签字后生效。

项目经理责任制是以施工项目为对象，以项目经理全面负责为前提，以“项目管理目标责任书”为依据，以创优质工程为目标，以求得项目的最佳经济效益为目的，实行的一次性及全过程的管理。

八、项目经理责任制的特点

（一）项目经理责任制的作用

实行项目管理必须实现项目经理责任制。项目经理责任制是完成建设单位和国家对建筑业企业要求的最终落脚点。因此，必须规范项目管理，通过强化建立项目经理全面组织生产诸要素优化配置的责任、权力、利益和风险机制，更有利于对施工项目、工期、质量、成本、安全等各项目标实施强有力的管理，使项目经理有动力和压力，也有法律依据。

项目经理责任制的作用如下：明确项目经理与企业和职工三者之间的责、权、利、效关系；有利于运用经济手段强化对于施工项目的法制管理；有利于项目规范化、科学化管理和提高产品质量；有利于促进和提高企业项目管理的经济效益和社会效益。

（二）项目经理责任制的特点

1. 对象终一性

以工程施工项目为对象，实行施工全过程的全面一次性负责。

2. 主体直接性

在项目经理负责的前提下，实行全员管理，指标考核、标价分离、项目核算，确保上缴集约增效及超额奖励的复合型指标责任制。

3. 内容全面性

根据先进、合理、可行的原则，以保证工程质量、缩短工期、降低成本、保证安全和文明施工等各项指标为内容的全过程的目标责任制。

4. 责任风险性

项目经理责任制充分体现“指标突出、责任明确、利益直接、考核严格”的基本要求。

九、项目经理责任制的原则和条件

（一）项目经理责任制的原则

实行项目经理责任制有以下原则：

1. 实事求是

实事求是的原则就是从实际出发，做到具有先进性、合理性、可行性。不同的工程和不同的施工条件，其承担的技术经济指标不同，不同职称的人员实行不同的岗位责任，不追求形式。

2. 兼顾企业、责任者、职工三者的利益

企业的利益放在首位，维护责任者和职工个人正当利益，避免人为的分配不公，切实贯彻按劳分配、多劳多得的原则。

3. 责、权、利、效统一

尽到责任是项目经理责任制的目标，以“责”授“权”、以“权”保“责”，以“利”激励尽“责”。“效”是经济效益和社会效益，是考核尽“责”水平的尺度。

4. 重在管理

项目经理责任制必须强调管理的重要性。因为承担责任是手段，效益是目的，管理是动力。没有强有力的管理，“效益”不易实现。

（二）项目经理责任制的条件

实施项目经理责任制应具备下列条件：第一，工程任务落实、开工手续齐全、有切实可行的施工组织设计。第二，各种工程技术资料齐全、劳动力及施工设施已配备，主要原材料已落实并能按计划提供。第三，有一个懂技术、会管理、敢负责的人才组成的精干、得力的高效项目管理班子。第四，赋予项目经理足够的权力，并明确了其利益。第五，企业的管理层与劳务作业层分开。

十、编制施工项目管理规划

施工项目管理规划是对施工项目管理目标、组织、内容、方法、步骤、重点进行预测和决策，做出具体安排的纲领性文件。施工项目管理规划的内容主要如下。

进行工程项目分解，形成施工对象分解体系，以便确定阶段控制目标，从局部到整体地进行施工活动和进行施工项目管理。建立施工项目管理的工作体系，绘制施工项目管理工作体系图和施工项目管理工作信息流程图。编制施工管理规划，确定管理点，形成施工组织设计文件，以利于执行。现阶段这个文件便以施工组织设计代替。

第四节　水利工程质量问题与质量事故的处理

一、水利工程质量事故分类与事故报告内容

水利工程工程质量事故是指在水利工程建设过程中，由于建设管理、监理、勘测、设计、咨询、施工、材料、设备等原因造成工程质量不符合规程规范和合同规定的质量标准，影响工程使用寿命和对工程安全运行造成隐患及危害的事件需要注意的问题是，水利工程质量事故可以造成经济损失，也可以同时造成人身伤亡这里主要是指没有造成人身伤亡的质量事故。

工程质量事故按直接经济损失的大小，检查、处理事故对工期的影响时间长短和对工程正常使用的影响，分为一般质量事故、较大质量事故、重大质量事故和特大质

量事故。

（一）一般质量事故

指对工程造成一定经济损失，经处理后不影响正常使用并不影响使用寿命的事故。

（二）较大质量事故

指对工程造成较大经济损失或延误较短工期，经处理后不影响正常使用但对工程使用寿命有一定影响的事故。

（三）重大质量事故

指对工程造成重大经济损失或较长时间延误工期，经处理后不影响正常使用但对工程使用寿命有较大影响的事故。

（四）特大质量事故

指对工程造成特大经济损失或长时间延误工期，经处理仍对正常使用和工程使用寿命有较大影响的事故。

事故发生后，事故单位要严格保护现场，采取有效措施抢救人员和财产，防止事故的扩大。因抢救人员、疏导交通等原因需移动现场物件时，应作出标志、绘制现场简图并作出书面记录，妥善保管现场重要痕迹、物证，并且进行拍照或录像。

发生质量事故后，项目法人必须将事故的简要情况向项目主管部门报告。项目主管部门接到事故报告后，按照管理权限向上级水行政主管部门报告。发生（发现）较大质量事故、重大质量事故、特大质量事故，事故单位要在 48 h 内向有关单位提出书面报告。有关事故报告应包括以下主要内容：工程名称、建设地点、工期，项目法人、主管部门及负责人电话；事故发生的时间、地点、工程部位及相应的参建单位名称；事故发生的简要经过、伤亡人数和直接经济损失的初步估计；事故发生原因初步分析；事故发生后采取的措施及事故控制情况；事故报告单位、负责人以及联络方式。

二、水利工程质量事故调查的程序与处理的要求

在有关单位接到事故报告后，必须采取有效措施，防止事故扩大，并且立即按照管理权限向上级部门报告或组织事故调查和处理。

（一）水利工程质量事故调查

发生质量事故，要按照规定的管理权限组织调查组进行调查，查明事故原因，提出处理意见，提交事故调查报告。事故调查组成员实行回避制度。

事故调查管理权限按以下原则确定：一般事故由项目法人组织设计、施工、监理等单位进行调查，调查结果报项目主管部门核备。较大质量事故由项目主管部门组织调查组进行调查，调查结果报上级主管部门批准并报省级水行政主管部门核备。重大质量事故由省级以上水行政主管部门组织调查组进行调查，调查结果报水利部核备；特别重大质量事故由水利部组织调查。特别重大质量事故由国务院或者国务院授权有

关部门组织事故调查组进行调查。

事故调查的主要任务是：查明事故发生的原因、过程、经济损失情况和对后续工程的影响；组织专家进行技术鉴定；查明事故的责任单位和主要责任人应负的责任；提出工程处理和采取措施的建议；提出了对责任单位和责任人的处理建议；提出对事故调查报告。

（二）事故处理中设计变更的管理

事故处理需要进行设计变更的，需原设计单位或有资质的单位提出设计变更方案需要进行重大设计变更的，必须经原设计审批部门审定后实施。事故部位处理完毕后，必须按照管理权限经过质量评定与验收后，方可投入使用或进入下一阶段施工。

（三）质量缺陷的处理

所谓“质量缺陷”，是指小于一般质量事故的质量问题，即因特殊原因，使得工程个别部位或局部达不到规范和设计要求，且未能及时进行处理的工程质量问题。水利工程实行水利工程施工质量缺陷备案和检查处理制度。

对因特殊原因，使得工程个别部位或局部达不到规范和设计要求（不影响使用），且未能及时进行处理的工程质量缺陷问题（质量评定仍为合格），必须以工程质量缺陷备案形式进行记录备案。

质量缺陷备案的内容包括：质量缺陷产生的部位、原因，对质量缺陷是否处理和如何处理，对建筑物使用的影响等。内容必须真实、全面、完整，参建单位（人员）必须在质量缺陷备案表上签字，有不同意见应明确记载。质量缺陷备案资料必须按竣工验收的标准制备，作为工程竣工验收备查资料存档，质量缺陷备案表由监理单位组织填写。

工程项目竣工验收时，项目法人必须向验收委员会汇报并提交历次质量缺陷的备案资料。

第九章　水利工程建设项目施工质量管理

水利工程建设项目的施工质量管理指的是根据工程相关图纸和文件的设计要求，对工程参建各方及其技术人员的劳动下形成的工程实体建立健全有效的工程质量监督体系，进行质量控制，确保建设的水利工程项目可符合专门的工程或是合同所规定的质量要求和标准。

第一节　施工质量管理含义

质量是反映实体满足明确或隐含需要能力的特性的总和。质量管理指的是，对工程的质量和组织的活动进行协调。从这个定义中我们可以看出，质量管理不但包括工程的产品质量的管理，还要对社会工作的质量进行管理。除此以外，还要进行质量策划、质量控制、质量保证和质量改进等。

一、工程质量的特点

工程质量的特点主要表现在以下几个方面。

（一）质量波动大

工程建设的周期通常都比较长，就使工程所遭遇的影响因素增多，从而加大了工程质量的波动程度。

（二）影响因素多

对工程质量产生影响的因素有很多，有环境因素、人的因素、机械因素、材料因素、方法因素，因为水利工程建设的项目大多数由多家建设单位分工合作完成，各个建设单位的人员，材料以及机械等都不一致，使得工程的质量形式更为复杂，影响工程的因素也更多。

（三）质量变异大

从上述中我们可以得知，影响工程质量的因素有很多，这同时也就加大了工程质量的变异机率，任何因素的变异均会引起工程项目的质量变异。

（四）质量具有隐蔽性

由于工程在建设的过程中，多家建设单位参与施工，工序交接多；所使用的材料、人员的水平均衡不一，导致质量有好有差；隐蔽工程多，再加上取样的过程中还会受到多种因素和条件的限制，从而增大了错误判断率。

（五）终检局限性大

建筑工程通常都会有固定的位置，所以在对工程进行质检时，就不能对其进行解体或是拆卸，因此工程内部存在的很多隐蔽性的质量问题，在最后的终检验收时都很难发现。

在工程质量管理的过程中，除去要考虑到上述几项工程的特点之外，还要认识到质量、进度和投资目标这三者之间是一种对立统一的关系，工程的质量会受到投资、进度等方面的制约。想要保证工程的质量，就应该针对工程的特点，对质量进行严格控制，将质量控制贯穿于工程建设的之中。

二、水利工程质量管理的原则

对水利工程的质量进行管理的目的是使工程的建设符合相关的要求。那么我们在进行质量管理时应遵循以下几项原则。

（一）遵守质量标准原则

在对工程质量进行评价时，必须要依据质量标准来进行，而其中所涉及的数据则是质量控制的基础。工程的质量是否符合质量的相关要求，只有在将数据作为依据进行衡量之后才能做出最终的评判。

（二）坚持质量最优原则

坚持质量最优原则是对工程进行质量管理所遵循基本思想，在水利工程建设的过程中，所有的管理人员和施工人员都要将工程的质量放在首位。

（三）坚持为用户服务原则

在进行工程项目的建设过程中，要充分考虑到业主用户的需求，要把业主用户的需求作为整个工程项目管理的基础，要时刻谨记业主的需求，要把这种思想贯穿到各个施工人员当中。施工人员是质量的创造者，在工程建设中，施工人员的劳动创造才是工程的质量的基础，才是工程建设的不竭的动力。

（四）坚持全面控制原则

全面控制原则指的是，要对工程建设的整个过程都进行严格的质量控制。依靠能够确切反映客观实际的数字和资料对工程所有阶段质量进行控制，对工程建设的各个方面进行全面掌控。

（五）坚持预防为主原则

应该在水利工程实际实施之前，就要提前所有对工程质量产生影响的因素并对其进行全面的分析，找出其中的主导因素，将工程的质量问题消灭于萌芽的状态，从而真正做到未雨绸缪。

三、工程项目质量控制的任务

工程项目质量控制的任务的核心是要对工程建设各个阶段的质量目标进行监督管理。由于工程建设各阶段的质量目标不同，所以要对各阶段的质量控制对象和任务一一进行确定。

（一）工程项目决策阶段质量控制的任务

在工程项目决策阶段，在对工程质量的控制中，主要是对可行性研究报告进行审核，其必须要符合的条件才可以最终被确认执行。

（二）工程项目设计阶段质量控制的任务

在工程项目的设计阶段，对工程质量的控制主要是对和设计相关的各种资料和文件进行审核，审查设计基础资料的正确性和完整性；编制设计招标文件，组织设计方案竞赛；审查设计方案的先进性和合理性，确定最佳设计方案；督促设计单位完善质量保证体系，建立内部专业交底及专业会签制度；进行设计质量跟踪检查，控制设计图纸的质量。

（三）工程项目施工阶段质量控制的任务

对工程施工阶段进行质量控制是整个工程质量控制的中心环节。根据工程质量形成时间的不同，可以将施工阶段的质量控制分为质量的事前控制、事中控制和事后控制三个阶段。其中，事前控制是最为重要的一个阶段。

1. 事前控制

审查技术资质；完善工程质量体系；完善现场工程质量的管理制度；争取更多的支持；审核设计图纸；审核施工组织设计；审核原材料和配件；对那些永久性的生产设备或装置，应按审批同意的设计图纸组织采购或订货，在到货之后好要进行检查验收；检查施工场地。对于施工的场地也要进行检查验收；严把开工。在对工程建设正式开始之前的所有准备工作都做完，并且全部都合格之后，才可以下达开工的命令；对于中途停工的工程来说，如果没有得到上级的开工命令，那么暂时就不能复工。

2. 事中控制

工序控制对工程质量起着决定性的作用，因此一定要注重对工序的控制，以保证工程质量。找出影响工序质量的所有因素，将它们全部纳入质量体系的控制范围之内。

严格检查工序交接。在工程建设的过程中，每一个建设阶段只有按照有关的验收规定合格之后才能开始进行下一个阶段的建设。注重做实验或复核。审查质量事故处理方案。在工程建设的过程中，如果发生意外事故。要及时作出事故处理方案，在处理结束之后还要对处理效果进行检查。

注意检查验收。对已经完成的分部工程，严格按照相应的质量评定标准和办法进行检查验收。审核设计变更和图纸修改。在工程建设过程中，如果设计图纸出现了问题，要及时进行修改，并要对修改过后的图纸再次进行审核。

行使否决权。在对工程质量进行审核的过程中，可以按照合同的相关规定行使质量监督权和质量否决权。组织质量现场会议。组织定期或不定期的质量现场会议，及时分析、通报工程质量状况。

3. 事后控制

对承包商所提供的质量检验报告及有关技术性文性进行审核；对承包商提交的竣工图进行审核；组织联动试车；根据质量评定标准和办法，对完工的工程进行检查验收；组织项目竣工总验收；收集与工程质量相关的资料和文件并归档。

（四）水利工程质量管理的内容

在对水利工程的质量进行管理时，要注意从全面的观点出发。不仅要对工程质量进行管理，并且还要从工作质量和人的质量方面进行管理。

1. 工程质量

工程质量指的是建设水利工程要符合相关法律法规的规定，符合技术准、设计文件和合同等文件的要求，其所起到的具体作用要符合使用者的要求。具体来说，对工程质量管理主要表现在以下几个方面。

（1）工程寿命

所谓的工程寿命，实际上指的就是建设的项目在正常的环境条件下可以达到的使用时间，即工程的耐久性，这是进行水利工程项目建立最重要的指标之一。

（2）工程性能

工程性能就是工程建设的重点内容，要能够在各个方面，包括外观、结构、力学以及使用等方面满足使用者的需求。

（3）安全性

工程的安全性主要是指在工程的使用过程中，其结构上应能保护工程，具备一定的抗震、耐火效果，进而保护人员的人身不受损害。

（4）经济性

经济性指的是工程在建设和使用的过程中应该进行成本的计算，避免不必要的支出。

（5）可靠性

可靠性指的是工程在一定的使用条件和使用时间下，所能够有效完成相应功能的程度。例如，某水利工程在正常的使用条件和使用时间下，不会发生断裂或是渗透等问题。

（6）与环境的协调性

与环境的协调性指的是水利工程的建设和使用要与其所处的环境相互协调适应，不能违背自然环境的发展规律，与自然和谐共处，实现可持续的发展。

我们可以通过量化评定或定性分析来对上述六个工程质量的特性进行评定，以此明确规定出可以反映出工程质量特性的技术参数，然后通过相关的责任部门形成正式的文件下达给工程建设组织，以此来作为工程质量施工和验收的规范，这就是所谓的质量标准。

2. 工作质量

工作质量指的是从事建筑行业的部门和建筑工人的工作可以保证工程的质量。工作质量包括生产过程质量和社会工作质量两个方面，如技术工作、管理工作、社会调查、后勤工作、市场预测、维护服务等方面的工作质量。想要确保工程质量可以对达到相关部门的要求，前提条件就必须首先要保证工作质量要符合要求。

3. 人的质量

人的质量指的是参与工程建设员工的整体素质。人是工程质量的控制者，也是工程质量的“制造者”。工程质量的好与坏与人的因素是密不可分的。建设员工的素质主要指的是文化技术素质、思想政治素质、身体素质、业务管理素质等多个方面。

建设人员的文化技术素质直接影响工程项目质量，尤其是技术复杂、操作难度大、要求精度高的工程对建设人员的素质要求更高。身体素质是指根据工程施工的特点和环境，应严格控制人的生理缺陷，特殊环境下的作业比如高空；患有高血压、心脏病的人不能参与，否则容易引起安全事故。

思想政治素质和业务管理素质主要指的是在施工场地，施工人员的应该避免产生错误的情绪，比如畏惧、抑郁等，也注意错误的行为，比如吸烟、打盹、错误的判断、打闹嬉戏等等行为都会影响工作的质量。

四、水利水电建设项目进度控制

水利水电建设项目进度控制是指对水电工程建设各阶段的工作内容、工作秩序、持续时间和衔接关系。根据进度总目标和资源的优化配置原则编制计划，将该计划付诸实施，在实施的过程中经常检查实际进度是否按计划要求进行，对出现的偏差分析原因，采取补救措施或调整、修改原计划，直到工程竣工验收交付及使用。进度控制的最终目的是确保项目进度目标的实现，水利水电建设项目进度控制的总目标是建设工期。

水利水电建设项目的进度受许多因素的影响，项目管理者需事先对影响进度的各种因素进行调查，预测他们对进度可能产生的影响，编制可行的进度计划，指导建设项目按计划实施。然而在计划执行过程中，必然会出现新的情况，难以按照原定的进度计划执行。这就要求项目管理者在计划的执行过程中，掌握动态控制原理，不断进行检查，将实际情况与计划安排进行对比，找出偏离计划的原因，特别是找出主要原因，然后采取相应的措施。措施的确定有两个前提：一是通过采取措施，维持原计划，使之正常实施；二是采取措施后不能维持原计划，要对进度进行调整或修正，再按新的计划实施。这样不断地计划、执行、检查、分析、调整计划的动态循环过程就是进度控制。

五、影响进度因素

水利工程建设项目由于实施内容多、工程量大、作业复杂、施工周期长及参与施工单位多等特点，影响进度的因素很多，主要可归为人为因素，技术因素，项目合同因素，资金因素，材料、设备与配件因素，水文、地质、气象及其他环境因素，社会因素及一些难以预料的偶然突发因素等。

（一）工程项目进度计划

工程项目进度计划可以分为进度控制计划、财务计划、组织人事计划、供应计划、劳动力使用计划、设备采购计划、施工图设计计划、机械设备使用计划、物资工程验收计划等。其中工程项目进度控制计划是编制其他计划的基础，其他计划是进度控制计划顺利实施的保证。施工进度计划是施工组织设计的重要组成部分，并规定了工程施工的顺序和速度。水利工程项目施工进度计划主要有两种：一是总进度计划，即对整个水利工程编制的计划，要求写出整个工程中各个单项工程的施工顺序和起止日期及主体工程施工前的准备工作和主体工程完工后的结尾工作的施工期限；二是单项工程进度计划，即对水利枢纽工程中主要工程项目，如大坝、水电站等组成部分进行编制的计划，写出单项工程施工的准备工作项目和施工期限，要求进一步从施工方法和技术供应等条件论证施工进度的合理性和可靠性，研究加快施工的进度和降低工程成本的具体方法。

（二）进度控制措施

进度控制的措施主要有组织措施、技术措施、合同措施、经济措施和信息措施。组织措施包括落实项目进度控制部门的人员、具体控制任务和职责分工；项目分解、建立编码体系；确定进度协调工作制度，包括协调会议的时间．人员等；对影响进度目标实现的干扰和风险因素进行分析。技术措施是指采用先进的施工工艺、方法等，以加快施工进度。合同措施主要包括分段发包、提前施工以及合同期与进度计划的协调等。经济措施是指保证资金供应，信息管理措施主要是通过计划进度与实际进度的动态比较，收集有关进度的信息。

六、进度计划的检查和调整方法

在进度计划执行过程中，应根据现场实际情况不断进行检查，将检查结果进行分析，而后确定调整方案，这样才能充分发挥进度计划的控制功能，实现进度计划的动态控制。为此，进度计划执行中的管理工作包括：检查并掌握实际进度情况；分析产生进度偏差的主要原因；确定相应的纠偏措施或调整方法等三个方面。

（一）进度计划的检查

1. 进度计划的检查方法

（1）计划执行中的跟踪检查

在网络计划的执行过程中，必须建立相应的检查制度，定时定期地对计划的实际执行情况进行跟踪检查，搜集反映实际进度的有关数据。

（2）搜集数据的加工处理

搜集反映实际进度的原始数据量大面广，必须对其进行整理、统计和分析，形成与计划进度具有可比性的数据，以便在网络图上进行记录。根据记录的结果可以分析判断进度的实际状况，及时发现进度偏差，为网络图的调整提供信息。

（3）实际进度检查记录的方式

当采用时标网络计划时，可以采用实际进度前锋线记录计划实际执行情况，进行实际进度与计划进度的比较。

实际进度前锋线是在原时标网络计划上，自上而下从计划检查时刻的时标点出发，用点画线依次将各项工作实际进度达到的前锋点连接成的折线。通过实际进度前锋线与原进度计划中的各项工作箭线交点的位置可以判断实际进度与计划进度的偏差。当采用无时标网络计划时，可在图上直接用文字、数字、适当符号或列表记录计划的实际执行状况，进行实际进度和计划进度的比较。

2. 网络计划检查的主要内容

关键工作进度；非关键工作的进度及时差利用的情况；实际进度对各项工作之间逻辑关系的影响；资源状况；成本状况；存在的其他问题。

3. 对检查结果进行分析判断

通过对网络计划执行情况检查的结果进行分析判断，可为计划的调整提供依据。一般应进行如下分析判断：

对时标网络计划可利用绘制的实际进度前锋线，分析计划的执行情况及其发展趋势，对未来的进度做出预测、判断，找出偏离计划目标的原因及可供挖掘的潜力所在，对无时标网络计划可根据实际进度的记录情况对计划中未完的工作进行分析判断。

（二）进度计划的调整

进度计划的调整内容包括：调整网络计划中关键线路的长度、调整网络计划中非关键工作的时差、增（减）工作项目、调整逻辑关系、重新估计某些工作的持续时间、对资源的投入作相应调整。网络计划的调整方法如下：

1. 调整关键线路法

当关键线路的实际进度比计划进度拖后时，应在尚未完成的关键工作中，选择资源强度小或费用低的工作缩短其持续时间，并重新计算未完成部分的时间参数，将其作为一个新的计划实施。

当关键线路的实际进度比计划进度提前时，若不想提前工期，应选用资源占有量大或者直接费用高的后续关键工作，适当延长期持续时间，以降低其资源强度或费用；当确定要提前完成计划时，应将计划尚未完成的部分作为一个新的计划，重新确定关键工作的持续时间，按新计划实施。

2. 非关键工作时差的调整方法

非关键工作时差的调整应在其时差范围之内进行，以便更充分地利用资源、降低成本或满足施工的要求。每一次调整后都必须重新计算时间参数．观察该调整对计划全局的影响，可采用以下几种调整方法：第一，将工作在其最早开始时间与最退完成时间范围内移动。第二，延长工作的持续时间。第三，缩短工作的持续时间。

3. 增减工作时的调整方法

增减工作项目时应符合这样的规定：不打乱原网络计划总的逻辑关系，只对局部逻辑关系进行调整；在增减工作后应重新计算时间参数，分析对原网络计划的影响。当对工期有影响时，应采取调整措施，从而保证计划工期不变。

4. 调整逻辑关系

逻辑关系的调整只有当实际情况要求改变施工方法或组织方法时才能进行，调整时应避免影响原定计划工期和其他工作的顺利进行。

5. 调整工作的持续时间

当发现某些工作的原持续时间估计有误或实现条件不充分时，应重新估算其持续时间，并重新计算时间参数，尽最使原计划工期不受影响。

6. 调整资源的投入

当资源供应发生异常时，应采用资源优化方法对计划进行调整，或采取应急措施，使其对工期的影响最小。网络计划的调整可以定期调整，也可以根据检查的结果随时调整。

第二节　质量管理体系的建立与运行

一、工程项目质量管理系统的概述

工程项目质量管理体系是以控制、保证与提高工程质量为目标，运用系统的概念和方法，使企业各部门、各环节的质量管理职能组织起来，形成一个有明确任务、职责、权限、互相协调、互相促进的有机整体，使质量管理规范化、标准化的体系。

质量管理体系要素是构成质量体系的基本单元，它是工程质量产生和形成的主要因素。施工阶段是建设工程质量的形成阶段，是工程质量监督的重点，因此，必须做好质量管理的工作。

施工单位建立质量管理体系要抓好以下环节：要有明确的质量管理目标和质量保证工作计划；要建立一个完整的信息传递和反馈系统；要有一个可靠有效的计量系统；要建立和健全质量管理组织机构，明确职责分工；组织开展质量管理小组活动；要与协作单位建立质量的保证体系；要努力实现管理业务的规范化和管理流程程序化。

二、建设工程项目质量控制系统的建立

建设工程项目质量控制系统的建立首先需要质量体系文件化，对其进行策划，根据工程项目的总体要求，从实际出发，对质量管理体系文件进行编制，保证其合理性；然后要定期进行质量管理体系进行评审和评价。

（一）建立工程项目质量控制体系的基本原则

1. 全员参与的分层次规划原则

只有全员参与的质量管理体系当中才能为企业带来利益，又因水利工程的施工的特殊性，还需要对不同的施工单位制定不同的质量管理标准。

2. 过程管理原则

在工作过程中，按照建设标准和工程质量总体目标，分解到各个责任的主体，依据合适的管理方式，确定控制措施和方法。

3. 质量责任制原则

施工单位只需做好自己负责项目的工作即可，责任分明，质量与利益相结合，提高工程质量管理的效率。

4. 系统有效性原则

即做到整体系统和局部系统的组织、人员、资源和措施落实到位。

（二）建立步骤

1. 总体设计

质量体系建设的第一步一定要先对整个大的环境进行充分了解，制定一个符合社会、市场以及项目的质量方针和目标。

2. 质量管理体系文件的编制

编制质量手册、质量计划、程序文件和质量记录等质量体系文件，包括对于质量管理体系过程和方法所涉及的质量活动所进行的具体阐述。

3. 人员组织的确定

根据各个阶段方面的侧重部分，合理安排组织人员进行监督，制定质量控制工作

制度，按照制度形成质量控制的依据。

三、工程项目质量管理体系运行

质量管理体系运转的基本方式是按照计划（Plan）→执行（Do）→检查（Check）→处理（Action）的管理循环进行的，它包括了四个阶段、八个步骤。

（一）四个阶段

1. 计划阶段

按使用者要求，根据具体生产技术条件，找到生产中存在的问题及其原因，拟定生产对策和措施计划。

2. 执行阶段

按预定对策和生产措施计划，组织实施。

3. 检查阶段

对生产产品进行必要的检查和测试，即把执行的工作结果与预定目标对比，检查执行过程中出现的情况和问题。

4. 处理阶段

把经过检查发现的各种问题及用户意见进行处理，凡符合计划要求的给予肯定，成文标准化；对不符合计划要求和不能解决的问题，转入下一个循环，以便进一步研究解决。

（二）八个步骤

1. 分析现状，找到问题

依靠数据做支撑，不武断，不片面，结论合理有据。

2. 寻找各种影响因素

分析各种影响因素，要把可能因素加以分析。

3. 找出主要影响因素

找出主要影响因素，在分析的各种因素中找到主要的关键的影响因素，对症下药。改进工作，提高质量。

4. 研究对策

针对主要因素拟定措施，制订计划及确定目标。以上 4 个步骤均属 P（Plan 计划）阶段的工作内容。

5. 执行措施

执行措施，为 D（Do 执行）阶段的工作内容。

6. 检查工作结果

对执行情况进行检查，找出经验教训，是 C（Check 检查）阶段工作内容。

7. 巩固措施，制定标准

把成熟的措施订成标准（规程、细则），形成制度。

8. 遗留问题

把遗留问题转入下一个循环。

PDCA 循环工作原理是质量管理体系的动力运作方式，有着以下特点。四个阶段相互统一成一个整体，一个都不可缺少，先后次序不能颠倒。施工建设单位的各部门都存在 PDCA 循环。PDCA 循环在转动中前进的，每个循环结束，质量提高一步。每经过一次循环，就解决了一批问题，质量水平就有新的提高。

第三节　工程质量统计

对工程项目进行质量控制的一个重要方法是利用质量数据和统计分析方法。通过收集和整理质量数据，进行统计分析比较，可以找出生产过程的质量规律，从而对工程产品的质量状况进行判断，找出工程中存在的问题和问题缠身的原因，然后再有针对性地找出解决问题的具体措施，从而有效解决工程中出现的质量问题，保证工程质量符合要求。

一、工程质量数据

质量数据是用以描述工程质量特征性能的数据。它是进行质量控制的基础，如没有相关的质量数据，那么科学的现代化质量控制就不会出现。

（一）质量数据的收集

质量数据的收集总的要求应当是随机地抽样，即整批数据中每一个数据都有被抽到的同样机会，常用的方法有随机法、系统抽样法、二次抽样法和分层抽样法。

（二）质量数据的特征

为了进行统计分析和运用特征数据对质量进行控制，经常要使用许多统计特征数据。统计特征数据主要有均值、中位数、极值、极差、标准偏差、变异系数。其中，均值、中位数表示数据集中的位置；极差、标准偏差、变异系数表示数据的波动情况，即分散程度。

（三）质量数据的分类

根据不同的分类标准，可以将质量数据分为不同的种类。

1. 按质量数据的特点分类

（1）计数值数据

计数值数据是不连续的离散型数据。如果不合格品数、不合格的构件数等，这些反映质量状况的数据是不能用量测器具来度量的，采用计数的办法，只能出现 0、1、2 等非负数的整数。

（2）计量值数据

计量值数据是可连续取值的连续型数据。如长度、重量、面积、标高等质量特征，一般都是可以用量测工具或仪器等量测，通常都带有小数。

2. 按质量数据收集的目的分类

（1）控制性数据

控制性数据一般是以工序作为研究对象，是为分析、预测施工过程是否处于稳定状态而定期随机地抽样检验获得的质量数据。

（2）验收性数据

验收性数据是以工程的最终实体内容为研究对象，以分析、判断其质量是否达到技术标准或用户的要求，而采取随机抽样检验获取的质量数据。

（四）质量数据的波动

在工程施工过程中常可看到在相同的设备、原材料、工艺及操作人员条件下，生产的同一种产品的质量不同，反映在质量数据上，即具有波动性，其影响因素有偶然性因素以及系统性因素两大类。

1. 偶然性因素造成的质量数据波动

偶然性因素引起的质量数据波动属于正常波动，偶然因素是无法或难以控制的因素，所造成的质量数据的波动量不大，没有倾向性，作用是随机的，工程质量只有偶然因素影响时，生产才处于稳定状态。

2. 系统性因素造成的质量数据波动

由系统因素造成的质量数据波动属于异常波动，系统因素是可控制、易消除的因素，这类因素不经常发生，但具有明显的倾向性，对于工程质量的影响较大。

质量控制的目的就是要找出出现异常波动的原因，即系统性因素是什么，并加以排除，使质量只受随机性因素的影响。

二、质量控制的统计方法

在质量控制中常用的数学工具及方法主要有以下几种。

1. 排列图法

排列图法又叫作巴雷特法、主次排列图法，主要是用来分析各种因素对质量的影响程度，是分析影响质量主要问题的有效方法。如图 9-1 所示为排列图，纵坐标为 N，N 为频数，根据频数的大小可以判断出主次影响因素：累计频率 0 ～ 80% 的因素为主要因素，80% ～ 95% 为次要因素，95% ～ 100% 为一般因素。将众多因素进行排列，主要因素就会令人一目了然，如图 9-2 所示。

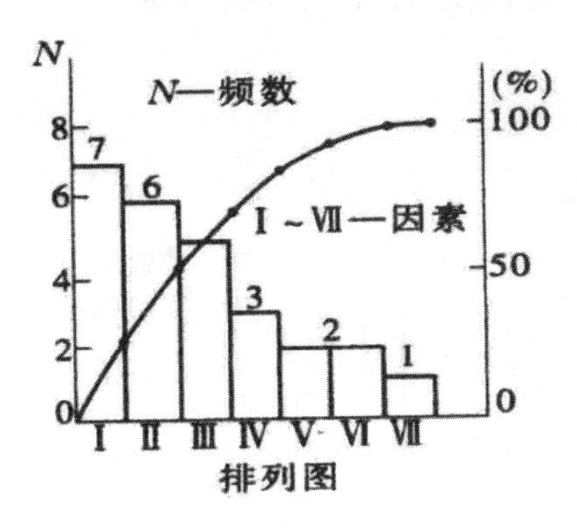

图 9-1　排列图

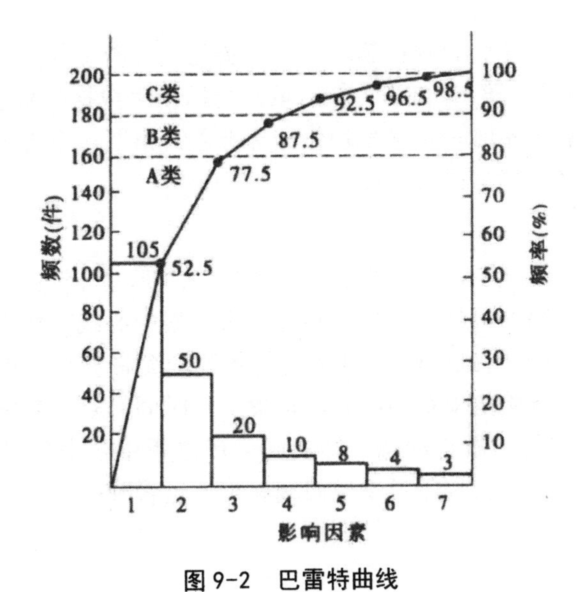

图 9-2　巴雷特曲线

2. 直方图法

直方图法又叫频率分布直方图，用来分析质量的稳定程度。它们通过抽样检查，将产品质量频率的分布状态用直方图形来表示，根据直方图形的分布形状，以质量指标均值 $\overline{x}$ 、标准差 S 和代表质量稳定程度的离差系数或其他指标作为判据、探索质量分布规律，分析及判断整个生产过程是否正常。

若以工程能力指数 Cp 作判据，$Cp=\frac{T}{6S}$，其中 T 为质量指标的允许范围，如图 9-3，则有：

第一，Cp > 1.33，说明了质量充分满足要求，但有超标准浪费。

第二，Cp=1.33，理想状态，生产稳定。

第三，1 < Cp < 1.33，较理想，但应加强控制。

第四，Cp＜1，不稳定，应该找出原因，采取措施。

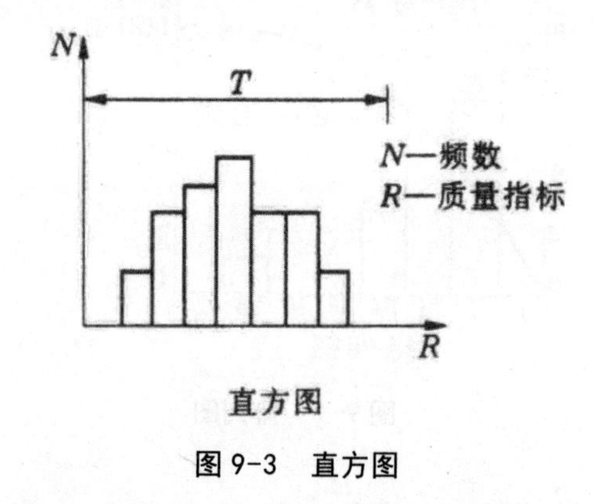

图 9-3　直方图

使用直方图需要注意的问题：第一，直方图是一种静态的图像，因此不能够反映出工程质量的动态变化。第二，画直方图时要注意所参考数据的数量应大于50个数据。第三，直方图呈正态分布时，可求平均值和标准差。第四，直方图出现异常时，应注意将收集的数据分层，然后画直方图。

3. 控制图法

控制图也可叫作管理图，用以进行适时的生产控制，掌握生产过程中的波动状况。如图 9-4 所示，控制图的纵坐标是质量指标，有一根中心线 C 代表质量的平均指标，一根上控制线 U 和一根下控制线 L，代表质量控制的允许波动范围。横坐标为质量检查的批次（时间）。将质量检查的结果，按批次（时间）点绘在图上，可以看出生产过程随时间变化而变化的质量动态，即反映生产过程中各个阶段质量波动状态的图形，如图 9-5 所示。如果工程质量出现问题就可通过管理图发现，进而及时制定措施进行处理。

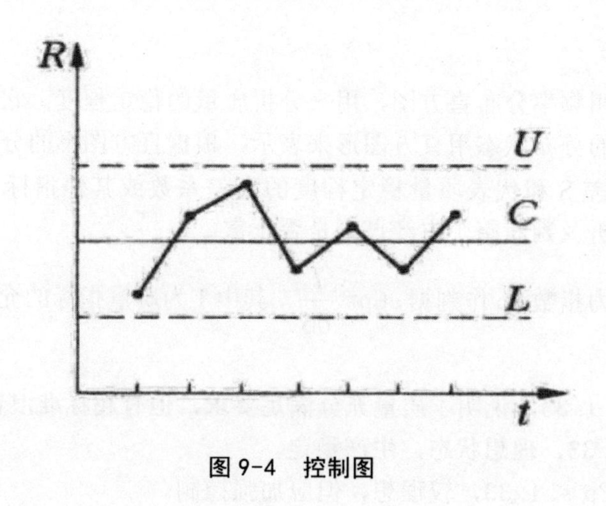

图 9-4　控制图

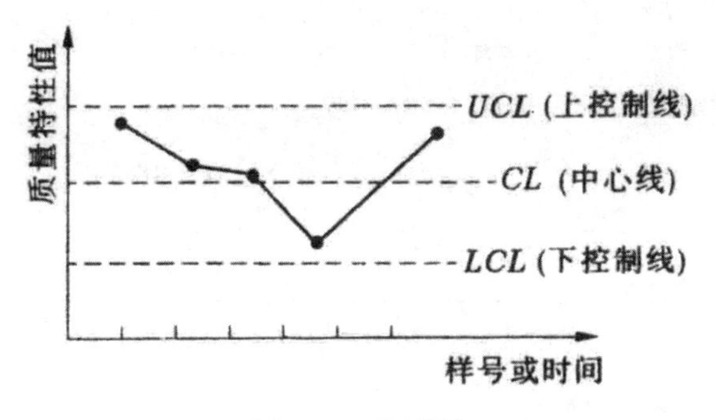

图 9-5　控制图

4. 因果分析图法

因果分析图也可叫鱼刺图、树枝图，这是一种逐步深入研究和讨论质量问题的图示方法，如图 9-6 所示。

根据排列图找出主要因素（主要问题），用因果分析图探寻问题产生的原因。这些原因，通常不外乎人、机器、材料、方法和环境等五个方面。这些原因有大有小，在一个大原因中，还有中原因、小原因，把这些原因按照大小顺序分别用主干、大枝、中枝、小枝来一一列出，如鱼刺状，并框出主要原因（主要原因不一定是大原因），根据主要的原因，制定出相应措施，如图 9-7 所示。

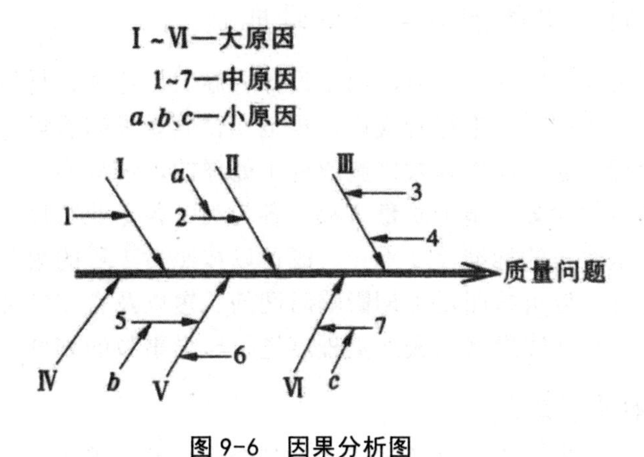

图 9-6　因果分析图

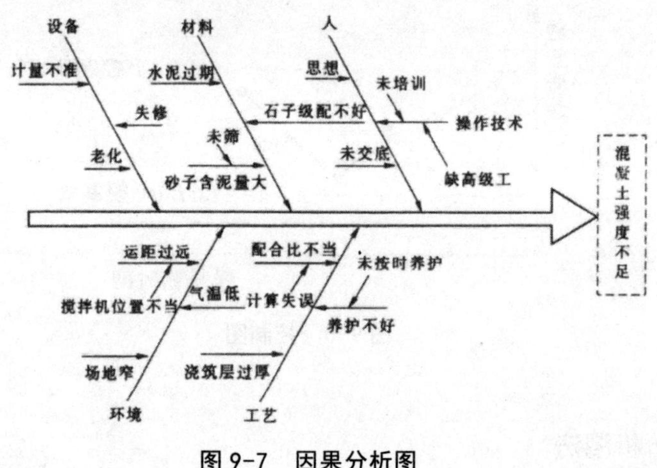

图 9-7　因果分析图

第四节　工程质量事故分析处理

工程建设项目事故是很难完全避免的。因此，必须加强组织措施、经济措施和管理措施，严防事故发生，对发生的事故应调查清楚，按有关规定进行处理。

一、工程质量事故的分类及处理职责

在水利工程在建设中或完工后，由于设计、施工、监理、材料、设备、工程管理和咨询等方面造成工程质量不符合规程、规范和合同要求的质量标准，影响工程的使用寿命或正常运行，通常需作补救措施或返工处理的，统称为工程质量事故。

日常所说的事故大多指施工质量事故。各门类、各专业工程，各地区、不同时期界定建设工程质量事故的标准尺度不一，既可以按照对工程的耐久性和正常使用的影响程度来进行划分，也可按照对工期影响时间的长短以及直接经济损失的大小进行划分。大多数情况下是按照经济损失严重程度进行质量事故的划分。

（一）一般质量事故

一般质量事故是指由于质量低劣或达不到合格标准，需加固补强，且对工程造成一定的经济损失，经处理后不影响正常使用、不影响工程使用寿命的事故。经济损失一般在 5000 ～ 50000 元范围之内。一般质量事故由相当于县级以上建设行政主管部门负责牵头进行处理。

（二）严重质量事故

严重质量事故是指对工程造成较大经济损失或者延误较短工期。经济损失一般在

50000 ~ 100000 元范围之内，延误工期包括工程建筑物结构不符合设计要求，发生倾斜、偏移或者裂缝等存在安全隐患的现象；发生结构强度不足，产生沉降等现象。若是发生事故导致严重后果也可属于严重质量事故，包括造成 2 人以下重伤或者事故性质恶劣。严重质量事故由县级以上建设行政主管部门负责牵头组织处理。

（三）重大质量事故

重大质量事故是指对工程造成特大经济损失，一般在 100000 元以上；或者是发生工程建筑物倒塌或报废；或者是由于工程的质量事故造成 3 人以上的人员重伤或者发生人员死亡都属于此列。

二、工程质量问题原因分析

工程质量问题表现形式千差万别，类型多种多样。但最基本的还是人、机械、材料、工艺和环境几方面的因素。一般可分为直接原因和间接原因。

（一）直接原因

直接原因主要有人的行为不规范和材料和机械的不符合规定要求。

1. 人的行为不规范

如设计人员不按规范设计，不经可行性论证，未做调查分析就拍板定案；没有搞清工程地质情况就仓促开工；监理人员不按规范进行监理；施工人员违反操作规程等，都属于人的行为不规范。

2. 建筑材料及制品不合格

又如水泥、钢材等某些指标不合格，都属于此列。

（二）间接原因

是指质量事故发生地的环境条件，如施工管理混乱，质量检查监督失职，质量保证体系不健全等。其主要表现为：图纸未经审查或不熟悉图纸，盲目施工。未经设计部门同意擅自修改设计或不按图施工。不按有关的施工质量验收规范和操作过程施工。缺乏基本结构知识，蛮干施工。施工管理紊乱，施工方案考虑不周，施工顺序错误，技术交底不清，违章作业，疏于检查、验收等，均可能导致质量问题。

间接原因往往导致直接原因的发生。还需要注意自然条件的影响，水和温度的变化对工程建筑物的材料影响很大，在高温、狂风、暴雨、雷电等恶劣环境下，材料可能会发生损坏，成为导致工程质量事故发生的诱因，要特别加以注意。

三、质量事故处理方案的确定

（一）事故处理的目的

工程质量事故分析与处理的目的主要是正确分析事故原因，防止事故恶化；创造正常的施工条件；排除隐患，预防事故发生；总结经验教训，区分事故责任；采取有效的处理措施，尽量减少经济损失，保证工程质量。

（二）事故处理的原则

质量事故发生后，应坚持“三不放过”原则，即事故原因不查清不放过，事故主要责任人和职工未受到教育不放过，补救措施不落实不放过。发生质量事故，应立即向有关部门（业主、监理单位、设计单位和质量监督机构等）汇报，并提交事故报告。

由质量事故而造成的损失费用，坚持事故责任是谁就由谁承担的原则。若责任在施工承包商，则事故分析与处理的一切费用由承包商自己负责；施工中事故责任不在承包商，则承包商可依据合同向业主提出索赔；若事故责任在设计或监理单位，应按有关合同条款给予相关单位必要的经济处罚；构成犯罪的，移交司法机关处理。

（三）事故处理方案

质量事故处理方案，应当在正确分析和判断事故产生原因的基础上确定。通常可以根据质量问题的情况，确定以下三类不同性质的处理方案。

1. 修补处理

适用于工程的某些部分的质量虽未达到规定的规范、标准或设计要求，存在一定的缺陷，但是通过修补可以不影响工程的外观和正常使用的质量事故。

2. 返工处理

当工程质量严重违反规范或标准，影响工程使用以及安全，而又无法通过修补的办法纠正所出现的缺陷时，必须返工。

3. 限制使用

当工程质量问题按修补方案处理无法达到规定的使用要求和安全标准，而又无法返工处理时，不得已时可以作出诸如结构卸荷或减荷以及限制使用的决定。

第十章　水利工程管理

第一节　水利工程管理的含义

《管子·度地》的记载表明，春秋时期已有细致水利工程管理制度。其中规定：水利工程要由熟悉技术的专门官吏管理，水官在冬天负责检查各地工程，发现需要维修治理的，即向政府书面报告，经批准后实施。施工要安排在春季农闲时节，完工后要经常检查维护。水利修防队伍从老百姓中抽调，每年秋季按人口和土地面积摊派，并且服工役可代替服兵役。汛期堤坝如果有损坏，要把责任落到实处到人，抓紧修治，官府组织人力支持。遇有大雨，要对堤防加以适当遮盖，在迎水冲刷的危险堤段要派人据守防护。这些制度说明我们的祖先在水利工程治理方面已经积累了丰富的实践经验。

一、水利工程管理的含义

水利工程是伴随着人类文明发展起来的，在整个发展过程中，人们对水利工程要进行管理的意识越来越强烈，但发展至今并没有一个明确的概念。近年来，随着对水利工程管理研究的不断深入，不少学者试图给水利工程管理下一个明确的定义。一部分学者认为，水利工程管理实质上就是保护和合理运用已建成的水利工程设施，调节水资源，为社会经济发展和人民生活服务工作，进而使水利工程能够很好地服务于防洪、排水、灌溉、发电、水运、水产、工业用水、生活用水和改善环境等方面。一部分学者认为，水利工程管理，就是在水利工程项目发展周期过程中，对水利工程所涉及的各项工作，进行的计划、组织、指挥、协调以及控制，以达到确保水利工程质量和安全，节省时间和成本，充分发挥水利工程效益的目的。它分为两个层次，一是工程项目管理：通过一定的组织形式，用系统工程的观点、理论和方法，对工程项目管理生命周期内的所有工作，包括项目建议书、可行性研究、设计、设备采购、施工、验收等系统过程，进行计划、组织、指挥、协调以及控制，以达到保证工程质量、缩短工期、提高投资的目的；二是水利工程运行管理：通过健全组织，建立制度，综合运用行政、经济、法律、技术等手段，对已投入运行的水利工程设施，进行保护、运用，以充分发挥工程的除害兴利效益。一部分学者认为，水利工程管理是运用、保护和经营已开发的水源、水域和水利工程设施的工作。一部分学者认为，水利工程管理是从水利工程的长期经济效益出发，以水利工程为管理对象，对其各项活动进行全面、全过程的管理。完整的内容应该涵盖工程的规划、勘测设计、项目论证、立项决策、工程设计、制定实施计划、管理体制、组织框架、建设施工、监理监督、资金筹措、验收决算、生产运行、经营管理等内容。一个水利工程的完整管理可以分为三个阶段，即第一阶段，工程前期的决策管理；第二阶段，工程的实施管理；第三阶段，工程的运营管理。

在综合多位学者对水利工程管理概念理解的基础上，可以这样归纳，水利工程管理是指在深入了解已建水利工程性质和作用的基础上，为尽可能地趋利避害，保护和合理利用水利工程设施，充分发挥水利工程的社会和经济效益，所做出必要管理。

二、流域治理体系

《水法》第十二条规定“国家对水资源实行流域管理与行政区域管理相结合的管理体制”。国务院水行政主管部门在国家确定的重要江河湖泊设立的流域管理机构，在所管辖的范围内行使法律、行政法规规定的和国务院水行政主管部门授予的水资源管理和监督职责。我国已按七大流域设立了流域管理机构，有长江水利委员会、黄河水利委员会、海河水利委员会、淮河水利委员会、珠江水利委员会、松辽水利委员会、太湖流域管理局。七大江河湖泊的流域机构依照法律、行政法规的规定和水利部的授权，在所管辖的范围内对水资源进行管理以及监督。

《水法》对流域管理机构的法定管理范围确定为：参与流域综合规划和区域综合规划的编制工作；审查并管理流域内水工程建设；参与拟订水功能区划，监测水功能区水质状况；审查流域内的排污设施；参与制订水量分配方案和旱情紧急情况下的水量调度预案；审批在边界河流上建设水资源开发、利用项目；制订年度水量分配方案和调度计划；参与取水许可管理；监督、检查、处理违法行为等。

新《水法》确立的“水资源流域管理与区域管理相结合，监督管理与具体管理相分离”的管理体制，一方面是对水资源流域自然属性的认识与尊重，体现了资源立法中生态观念的提升，另一方面是对政府管制中出现的部门利益驱动、代理人代理权异化、公共权力恶性竞争、设租与寻租等“政府失灵”问题的克服与纠正，体现了行政权力制约与管理科学化和民主化的公共治理理念。

水利工程建成交付水管单位后，水管单位就拥有了发挥工程效益的主要经营要素一劳动者（管理职工），主要劳动资料（水利工程），劳动对象（天然水资源）。如果运行费用的资金来源有保证，水管单位就拥有了全部经营要素。这些经营要素必须互相结合，才能够使水利工程发挥防洪、灌溉、发电、城镇供水、水产、航运等设计效益。使水利工程发挥效益的技术、经济活动就是经营水利的过程。经营的目的是以尽可能小的劳动耗费和尽可能少的劳动占用取得尽可能大的经营成果。尽可能大的经营成果就是在保证工程安全前提下，充分发挥工程的综合效益。水管单位为达到上述目标，就必须运用管理科学，把计划、组织、指挥、协调、控制等管理职能与经营过程结合起来，使各种经营要素得到合理的结合。概括地说，水利工程管理是一门在运用水利工程进行防洪、供水等生产活动过程中对各种资源（人与物）进行计划、组织、指挥、协调和控制，以及对所产生的经济关系（管理关系）及其发展变化规律进行研究的边缘学科，它涉及生产力经济学、政治经济学、管理科学、心理学、会计学、水利科学技术，以及数理统计、系统工程等许多社会科学和自然科学的理论和知识。

水管单位既是生产活动的组织者，又是一定社会生产关系的体现者。因此，水管单位的经营管理基本内容包括两个方面：一方面是生产力的合理组织，包括劳动力的组织、劳动手段的组织、劳动对象的组织，和生产力要素结合的组织，等等。另一方面是有关生产关系的正确处理，包括正确处理国家、水管单位与职工之间的关系，水管单位与用水单位的关系，等等。

经营管理过程是生产力合理组织以及生产关系的正确处理这两种基本职能共同结合发生作用的过程。在经营管理的实践中，又表现为计划、组织、指挥、协调和控制等一系列具体管理职能。通过决策和计划，明确水管单位的目标；通过组织，建立实现目标的手段；通过指挥，建立正常的生产秩序；通过协调，处理好各方面的关系；通过控制，检查计划的实现情况，纠正偏差，使各方面的工作更符合实际，从而保证计划的贯彻执行和决策的实现。

水管单位管理生产经营活动的具体内容可归纳为以下各项：（1）管理制度的确定和管理机构的建立。主要包括管理制度的建设，管理层次的确定，职能机构的设置，管理人员的配备，责任制和各项生产技术规章制度的建立等。（2）计划管理。主要包括定额管理、统计、技术档案管理等基础工作；生产经营的预测、决策；长期和年度计划的编制、执行与控制等。（3）生产技术管理。主要包括水利工程的养护修理、检查观测工作的组织管理；生产调度工作；信息管理；设备和物资管理；科学技术管理等。（4）成本管理。主要包括供水成本的测算，水价的核定，水费的管理等。（5）多种经营管理。主要包括水管单位开展多种经营的方针、原则、内容和量本利分析等。（6）财务管理。主要包括资金管理、经济核算，以及财务计划的编制和执行等。（7）考核评比。主要包括制定水管单位经营管理工作的考核内容、指标体系和综合评比方法等。

第二节 管理要求

一、基本要求

第一，工程养护应做到及时消除表面的缺陷和局部工程问题，防护有可能发生的损坏，保持工程设施的安全、完整、正常运用。

第二，管理单位应依据水利部、财政部《水利工程维修养护定额标准》编制次年度养护计划，并按规定报主管部门。

第三，养护计划批准下达后，应尽快组织实施。

二、大坝管护

（1）坝顶养护应达到坝顶平整，无积水，无杂草，无弃物；防浪墙、坝肩、踏步完整，轮廓鲜明；坝端无裂缝，无坑凹，无堆积物。（2）坝顶出现坑洼和雨淋沟缺，应及时用相同材料填平补齐，并应该保持一定的排水坡度；坝顶路面如有损坏，应及时修复；坝顶的杂草、弃物应及时清除。（3）防浪墙、坝肩和踏步出现局部破损，应及时修补。（4）坝端出现局部裂缝、坑凹，应及时填补，发现堆积物应及时清除。（5）坝坡养护应达到坡面平整，无雨淋沟缺，无荆棘杂草滋生；护坡砌块应完好，砌缝紧密，填料密实，无松动、塌陷、脱落、风化、冻毁或架空现象。（6）干砌块石护坡的养护。（7）混凝土或浆砌块石护坡的养护。（8）堆石或碎石护坡石料如有滚动，造成厚薄不均时，应及时进行平整。（9）草皮护坡的养护。（10）对无护坡土坝，如发现有凹凸不平，应进行填补整平；如有冲刷沟，应及时修复，并且改善排水系统；如遇风浪淘刷，应进行填补，必要时放缓边坡

三、排水设施管护

（1）排水、导渗设施应达到无断裂、损坏、阻塞、失效现象，排水畅通（2）排水沟（管）内的淤泥、杂物及冰塞，应及时清除。（3）排水沟（管）局部的松动、裂缝和损坏，应及时用水泥砂浆修补。（4）排水沟（管）的基础如被冲刷破坏，应先恢复基础，后修复排水沟（管）；修复时，应使用与基础同样的土料，恢复至原断面，并夯实；排水沟（管）如设有反滤层时，应按设计标准恢复。（5）随时检查修补滤水坝趾或导渗设施周边山坡的截水沟，防止山坡浑水淤塞坝趾导渗排水设施。（6）减压井应经常进行清理疏通，保持排水畅通；周围如果有积水渗入井内，应将积水排干，填平坑洼。

四、输、泄水建筑物管护

（1）输、泄水建筑物表面应保持清洁完好，及时排除积水、积雪、污垢及淤积的沙石和杂物等。（2）建筑物各部位的排水孔、进水孔、通气孔等均应保持畅通；墙后填土区发生塌坑、沉陷时应及时填补夯实；空箱岸（翼）墙内淤积物应适时清除。（3）钢筋混凝土构件的表面出现涂料老化，局部损坏、脱落、起皮等，应及时修补或重新封闭。（4）上下游的护坡、护底、陡坡、侧墙、消能设施出现局部松动、塌陷、隆起、淘空、垫层散失等，应及时按原状修复。（5）闸门外观应保持整洁，梁格、臂杆内无积水，及时清除闸门吊耳、门槽、弧形门支铰及结构夹缝处等部位的杂物。钢闸门出现局部锈蚀、涂层脱落时应及时修补；闸门滚轮、弧形门支钗等运转部位的加油设施应保持完好、畅通，并定期加油。

五、观测设施管护

（1）观测设施应保持完整，无变形、损坏、堵塞。（2）观测设施的保护装置应保持完好，标志明显，随时清除观测障碍物；观测设施如果有损坏，应及时修复，并重新校正。（3）测压管口应随时加盖上锁。（4）水位尺损坏时，应及时修复，并重新校正。（5）景水堰板上的附着物及堰槽内的淤泥或堵塞物，应及时清除。

第三节 堤防管理

一、堤防的工作条件

堤防是一种适应性很强，利用坝址附近的松散土料填筑、碾压而成的挡水建筑物。其工作条件如下：（1）抗剪强度低。由于堤防挡水的坝体是松散土料压实填成的，故抗剪强度低，易发生坍塌、失稳滑动、开裂等破坏。（2）挡水材料透水。坝体材料透水，易产生渗漏破坏。（3）受自然因素影响大。堤防在地震、冰冻、风吹、日晒、雨淋等自然因素作用下，易发生沉降、风化、干裂、冲刷、渗流侵蚀等破坏，故工作中应该符合自然规律，严格按照运行规律进行管理。

二、堤防的检查

堤防的检查工作主要有四个方面：①经常检查。②定期检查。③特别检查。④安全鉴定。

（一）经常检查

堤防的经常性检查是由管理单位指定有经验的专职人员对工程进行的例行检查，

并需填写有关检查记录。此种检查原则上每月至少应进行 1 ～ 2 次。检查内容主要包括以下几个方面：

第一，检查坝体有无裂缝。检查的重点应该是坝体与岸坡的连接部位，异性材料的接合部位，河谷形状的突变部位，坝体土料的变化部位，填土质量较差的部位，冬季施工的坝段等部位。如果发现裂缝，应检查裂缝的位置、宽度、方向和错距，并跟踪记录，观测其发展情况。对横向裂缝，应检查贯穿的深度、位置，是否形成或将要形成漏水通道；对于纵向裂缝，应检查是否形成向上游或向下游的圆弧形，有无滑坡的迹象。

第二，检查下游坝坡有无散浸和集中渗流现象，渗流是清水还是浑水；在坝体与两岸接头部位和坝体与刚性建筑物连接部位有无集中渗流现象；坝脚和坝基渗流出逸处有无管涌、流土和沼泽化现象；埋设在坝体内的管道出口附近有无异常渗流或形成漏水通道，检查渗流量有无变化。

第三，检查上下游坝坡有无滑坡、上部坍塌、下部塌陷和隆起现象。

第四，检查护坡是否完好，有无松动、塌陷、垫层流失、石块架空、翻起等现象；草皮护坡有无损坏或局部缺草，坝面有无冲沟等情况。

第五，检查坝体上和库区周围排水沟、截水沟、集水井等排水设备有无损坏、裂缝、漏水或被土石块和杂草等阻塞。

（二）定期检查

定期检查是在每年汛前、汛后和大量用水期前后组织一定力量对工程进行的全面性检查。检查的主要内容有：第一，检查溢洪道的实际过水能力。对不能安全运行，洪水标准低的堤防，要检查是否按规定的汛期限制水位运行。如果出现较大洪水，有没有切实可行的保坝措施，并是否落实。

第二，检查坝址处、溢洪道岸坡或库区及水库沿岸有无危及坝体安全的滑坡、塌方等情况。

第三，坝前淤积严重的坝体，要检查淤积库容的增加对坝体安全和效益所带来的危害。尤其要复核抗洪能力，以及采取哪些相应措施，以免造成洪水漫坝的危险。

第四，检查溢洪道出口段回水是否可能冲淹坝脚，影响坝体安全。

（三）特别检查

特别检查是当工程发生严重破坏现象或有重大疑点时，组织专门力量进行检查。通常在发生特大洪水、暴雨、强烈地震、工程非常运用等情况时进行。

（四）安全鉴定

工程建成后，在运用头三至五年内须对工程进行一次全面鉴定，以后每隔六至十年进行一次。安全鉴定应由主管部门组织，由管理、设计、施工、科研等单位等有关专业人员共同参加。

三、堤防的养护修理

堤防的养护修理工作主要包括下列内容：

（1）在坝面上不得种植树木以及农作物，不得放牧，铲草皮，搬动护坡和导渗设施的砂石材料等。（2）堤防坝顶应保持平整，不得有坑洼，并具有一定的排水坡度，以免积水。坝顶路面应经常养护，如有损坏应及时修复和加固。防浪墙和坝肩的路沿石、栏杆、台阶等如有损坏应及时修复。坝顶上的灯柱如有歪斜，线路和照明设备损坏，应及时调整和修补。（3）坝顶、坝坡和坝台上不得大量堆放物料和重物，以免引起不均匀沉陷或局部塌滑。坝面不得作为码头停靠船只和装卸货物，船只在坝坡附近不得高速行驶。坝前靠近坝坡如有较大的漂浮物和树木应及时打捞。（4）在距坝顶或坝的上下游一定的安全距离范围之内，不得任意挖坑、取土、打井和爆破，禁止在水库内炸鱼等对工程有害的活动。（5）对堤防上下游及附近的护坡应经常进行养护，如发现护坡石块有松动、翻动和滚动等现象，以及反滤层、垫层有流失现象，应及时修复。如果护坡石块的尺寸过小，难以抵抗风浪的淘刷，可在石块间部分缝隙中充填水泥砂浆或用水泥砂浆勾缝，从而增强其抵抗能力。混凝土护坡伸缩缝内的填充料如有流失，应该将伸缩缝冲洗干净后按原设计补充填料，草皮护坡如有局部损坏，应在适当的季节补植或更换新草皮。

第四节　水闸管理

一、水闸检查

水闸检查是一项细致而重要的工作，对及时准确地掌握工程的安全运行情况和工情、水情的变化规律，防止工程缺陷或隐患，都具有重要作用。主要检查内容包括：①闸门（包括门槽、门支座、止水及平压阀、通气孔等）工作情况；②启闭设施启闭工作情况；③金属结构防腐及锈蚀情况；④电气控制设备、正常动力和备用电源工作情况。

（一）水闸检查的周期

检查可分为经常检查、定期检查、特别检查和安全鉴定四类。

1. 经常检查

用眼看、耳听、手摸等方法对水闸的闸门、启闭机、机电设备、通信设备、管理范围内的河道、堤防和水流形态等进行检查。经常检查应指定专人按岗位职责分工进行。经常检查的周期按规定一般为每月不少于一次，但也应根据工程的不同情况另行规定。重要部位每月可以检查多次，次要部位或不易损坏的部位每月可只检查一次；在宣泄较大流景，出现较高水位及汛期每月可以检查多次，在非汛期可减少检查次数。

2. 定期检查

一般指每年的汛前、汛后、用水期前后、冰冻期（指北方）的检查，每年的定期检查应为 4 ～ 6 次。根据不同地区汛期到来的时间确定检查时间，比如华北地区可安排 3 月上旬、5 月下旬、7 月、9 月底、12 月底、用水期前后 6 次。

3. 特别检查

是水闸经过特殊运用之后的检查，如特大洪水超标准运用、暴风雨、风暴潮、强烈地震和发生重大工程事故之后。

4. 安全鉴定

应每隔 15 ～ 20 年进行一次，可以在上级主管部门的主持下进行。

（二）水闸检查内容

对水闸工程的重要部位和薄弱部位及易发生问题的部位，要特别注意检查观测。检查的主要内容有：（1）水闸闸墙背与干堤连接段有无渗漏迹象。（2）砌石护坡有无坍塌、松动、隆起、底部掏空、垫层散失，砌石挡土墙有无倾斜、位移（水平或垂直）、勾缝脱落等现象。（3）混凝土建筑物有无裂缝、腐蚀、磨损、剥蚀露筋；伸缩缝止水有无损坏、漏水槽、门坎的预埋件有无损坏。（4）闸门有无表面涂层剥落、门体变形、锈蚀、焊缝开裂或螺栓、铆钉松动；支承行走机构是否运转灵活、止水装置是否完好，开度指示器、门槽等能否正常工作等。（5）启闭机械是否运转灵活，制动准确，有无腐蚀和异常声响；钢丝绳有无断丝、磨损、锈蚀、接头不牢、变形；零部件有无缺损、裂纹、磨损及螺杆有无弯曲和变形；油压机油路是否通畅，油量、油质是否合乎规定要求，调控装置及指示仪表是否正常，油泵和油管系统有否漏油。备用电源及手动启闭是否可靠。

二、水闸养护

（一）建筑物土工部分的养护

对于土工建筑物的雨淋沟、浪窝、塌陷以及水流冲刷部分，应立即进行检修。当土工建筑物发生渗漏、管涌时，一般采用上游堵截渗漏、下游反滤导渗的方法进行及时处理。当发现土工建筑物发生裂缝、滑坡，应立即分析原因，根据情况可采用开挖回填或灌浆方法处理，但滑坡裂缝不宜采用灌浆方法处理。对于隐患，如蚁穴兽洞、深层裂缝等，应采用灌浆或开挖回填处理。

（二）砌石设施的养护

对干砌块石护坡、护底和挡土墙，如果有塌陷、隆起、错动时，要及时整修，必要时，应予更换或灌浆处理。

对浆砌块石结构，如有塌陷、隆起，应重新翻砌，无垫层或垫层失效的均应补设或整修。遇有勾缝脱落或开裂，应冲洗干净后重新勾缝。浆砌石岸墙、挡土墙有倾覆或滑动迹象时，可采取降低墙后填土高度或增加拉撑等办法予以处理。

（三）混凝土及钢筋混凝土设施的养护

混凝土的表面应保持清洁完好，对苔藓、蕲贝等附着生物应定期清除。对混凝土表面出现的剥落或机械损坏问题，可以根据缺陷情况采用相应的砂浆或混凝土进行修补。

对于混凝土裂缝，应分析原因及其对建筑物的影响，拟定修补措施。裂缝的修补方法参阅项目三有关内容。

水闸上、下游，特别是底板、闸门槽、消力池内的砂石，应定期清理打捞，以防止产生严重磨损。

伸缩缝填料如有流失，应该及时填充，止水片损坏时，应凿槽修补或采取其他有效措施修复。

（四）其他设施的养护

禁止在交通桥上和翼墙侧堆放砂石料等重物，禁止各种船只停靠在泄水孔附近，禁止在附近爆破。

三、水闸的控制运用

水闸控制运用又称水闸调度，水闸调度的依据是：①规划设计中确定的运用指标；②实时的水文、气象情报、预报；③水闸本身及上下游河道的情况和过流能力；④经过批准的年度控制运用计划和上级的调度指令。在水闸调度中需要正确处理除水害与兴水利之间的矛盾，以及城乡用水、航运、放筏、水产、发电、冲淤、改善环境等有关方面的利害关系。在汛期，要在上级防汛指挥部门的领导下，做好防汛、防台、防潮工作。在水闸运用中，闸门的启闭操作是关键，要求控制过闸流量，时间准确及时，保证工程和操作人员的安全，防止闸门受漂浮物的冲击以及高速水流的冲刷而破坏。

为了改进水闸运用操作技术，需要积极开展有关科学研究和技术革新工作，如：改进雨情、水情等各类信息的处理手段；率定水闸上下游水位、闸门开度与实际过闸流量之间的关系；改进水闸调度的通信系统；改善闸门启闭操作的系统；装置必要的闸门遥控、自动化设备。

四、水闸的工程管理

水闸常见安全问题和破坏现象有：在关闸挡水时，闸室的抗滑稳定；地基及两岸土体的渗透破坏；水闸软基的过量沉陷或不均匀沉陷；开闸放水时下游连接段及河床的冲刷；水闸上、下游的泥沙淤积；闸门启闭失灵；金属结构锈蚀；混凝土结构破坏、老化等。针对这些问题，需要在运用管理中做好检查观测、养护修理工作。

第五节　土石坝监测

一、测压管法测定土石坝浸润线

测压管法是在坝体选择有代表性的横断面，埋设适当数量的测压管，通过测量测压管中的水位来获得浸润线位置的一种方法。

（一）测压管布置

土石坝浸润线观测的测点应根据水库的重要性和规模大小、土坝类型、断面型式、坝基地质情况以及防渗、排水结构等进行布置。通常选择有代表性、能反映主要渗流情况以及预计有可能出现异常渗流的横断面，作为浸润线观测断面。例如，选择最大坝高、老河床、合龙段以及地质情况复杂的横断面。在设计时进行浸润线计算的断面，最好也作为观测断面，以便与设计进行比较。横断面间距一般为 100 ～ 200m，如果坝体较长、断面情况大体相同，可以适当增大间距。对于一般大型和重要的中型水库，浸润线观测断面不少于 3 个，一般中型水库应不少于 2 个。

每一个横断面内测点的数量和位置，以能使观测成果如实地反映出断面内浸润线的几何形状及其变化，并能描绘出坝体各组成部位如防渗排水体、反滤层等处的渗流状况。要求每个横断面内的测压管数量不少于 3 根。

（二）测压管的结构

测压管长期埋设在坝体内，要求管材经久耐用。常用的有金属管、塑料管和无砂混凝土管。无论哪种测压管均由进水管、导管和管口保护设备三部分组成。

1. 进水管

常用的进水管直径为 38 ～ 50mm，下端封口，进水管壁钻有足够数信的进水孔。对埋设于粘性土中的进水管，开孔率为 15% 左右；对砂性土，开孔率为 20% 左右。孔径一般为 6mm 左右，沿管周分 4 ～ 6 排，呈梅花形排列。管内壁缘毛刺要打光。

进水管要求能进水且滤土。为了防止土粒进入管内，需在管外周包裹两层钢丝布、玻璃丝布或尼龙丝布等不易腐烂变质的过滤层，外面再包扎棕皮等作为第二过滤层，最外边包两层麻布，然后用尼龙绳或铅丝缠绕扎紧。

进水管的长度：对于一般土料与粉细砂，应自设计最高浸润线以上 0.5 至最低浸润线以下 1m，对于粗粒土，则不短于 3m。

2. 导管

导管与进水管连接并伸出坝面，连接处应不漏水，其材料以及直径与进水管相同，但管壁不钻孔。

3. 管口保护设备

护测压管不受人为破坏，防止雨水、地表水流入测压管内或者沿侧压管外壁渗入坝体，避免石块和杂物落入管中，堵塞测压管。

（三）测压管的安装埋设

测压管一般在土石坝竣工后钻孔埋设，只有水平管段的L形测压管，必须在施工期埋设。首先钻孔，再埋设测压管，最后进行注水试验，以检查是否合格。

1. 钻孔注意事项

（1）测压管长度小于10m的，可用人工取土器钻孔，长度超过10m的测压管则需用钻机钻孔。（2）用人工取土器钻孔前，应将钻头埋入土中一定的深度（0.5m）后，再钻进。若钻进中遇有石块确实不易钻动时，应取出钻头，并以钢钎将石块捣碎后再钻。若钻进深度不大时，可更换位置再钻。（3）钻机一般在短时间内即能完成钻孔，如短期内不易塌孔，可不下套管，随即埋设测压管。若在砂壤土或砂砾料坝体中钻孔，为防止孔壁坍塌；可先下套管，在埋好测压管后将套管拔出，或者采用管壁钻了小孔的套管，万一套管拔不出来也不会使测压管作废。（4）建议钻孔采用麻花钻头干钻，尽量不用循环水冲孔钻进，以免钻孔水压对坝体产生扰动破坏及可能产生裂缝。（5）钻孔的终孔直径应不小于110mm，以保证进水段管壁与孔壁之间有一定空隙，能够回填洗净的干砂。

2. 埋设测压管注意事项

第一，在埋设前对测压管应作细致检查，进水管和导管的尺寸与质量应合乎设计要求，检查后应作记录。管子分段接头可采用接箍或对焊。在焊接时应将管内壁的焊疤打去，以避免由于焊接使管内径缩小，造成测头上下受阻，管子分段连接时，要求管子在全长内保持顺直。

第二，测压管全部放入钻孔后，进水管段管壁与孔壁之间应回填粒径约为0.2mm的洗净的干砂。导管段管壁与孔壁之间应回填粘土并夯实，以防雨水沿管外壁渗入。由于管与孔壁之间间隙小，回填松散粘土往往难以达到防水效果，导管外壁与钻孔之间可回填事先制备好的膨胀粘土泥球，直径1～2cm，每填1 m，注入适觉稀泥浆水，以浸泡粘土球使之散开膨胀，封堵孔壁。

第三，测压管埋设后，应及时做好管口保护设备，记录埋设过程，绘制结构图，最后将埋设处理情况以及有关影响因素记录在考证表内。

二、渗流观测资料的整理与分析

（一）土石坝渗流变化规律

土石坝渗流在运用过程中是不断变化的。引起渗流变化的原因，通常有库水位发生变化、坝体的不断固结、坝基沉陷、泥沙产生淤积、土石坝出现病害。其中，前四种原因引起的渗流变化属于正常现象，其变化具有一定的规律性：一是测压管水位和渗流量随库水位的上升而增加，随库水位的下降而减少；二是随着时间的推移，由于坝体固结、坝基沉陷、泥沙淤积等原因，在相同库水位条件下，渗流观测值趋于减小，最后达到稳定。当土石坝产生坝体裂缝、坝基渗透破坏、防渗或排水设施失效、白蚁等生物破坏或含在土中的某些物质被水溶出等病害时，其渗流就不符合正常渗流规律，出现各种异常渗流现象。

（二）坝身测压管资料的整理和分析

1. 实测浸润线与设计浸润线对比分析

土坝设计的浸润线都是在固定水位（如正常高水位，设计洪水位）的前提下计算出来的，而在运用中，一般情况下正常高水位或设计洪水位维持时间极短，其他水位也变化频繁。因此，设计水位对应时刻的实测浸润线并非对应于该水位时的浸润线，如果库水位上升达到高水位，则在高水位下的比较往往出现“实测浸润线低于设计浸润线”；相反，用低水位的观测值比较，又会出现“实测浸润线高于设计浸润线”。事实上，只有库水位达到设计库水位并维持才有可能直接比较，或者设法消除滞后时间的影响，否则很难说明问题。

2. 测压管水位与库水位相关分析

对于一座已建成的坝，测压管水位只与上下游水位有关，当下游水位基本不变时，可以时间为参数，绘制测压管水位与库水位相关曲线，相关曲线形状有下列几种。

（1）测压管水位与库水位曲线相关

坝身土料渗透系数较大，滞后时间较短时通常是曲线相关。

（2）测压管水位与库水位呈圈套曲线

当坝身土料渗透系数较小时，相关曲线往往呈圈套状，这是由于滞后时间所造成的。按时间顺序点绘某一次库水位升降过程（例如在一年内）的库水位与测压管水位关系曲线，经过整理就可得出一条顺时针旋转的单圈套曲线。这时对应于相同的库水位就有不同的测压管水位，库水位上升过程对应的测压管水位低，库水位下降过程对于测压管的水位高，这属于正常现象。如果出现反时针方向旋转的情况，属于不正常，其资料不能用。

第六节　混凝土坝渗流监测

一、混凝土坝压力监测

混凝土坝的筑坝材料不是松散体，不必担心发生流土和管涌，因此坝体内部的渗流压力监测没有土石坝那么重要，除了为监测水平施工缝设置少量渗压计外，一般很少埋设坝体内部渗流压力监测仪器。对混凝土坝特别是混凝土重力坝而言，大坝是靠自身的重力来维持坝体稳定的，从坝工设计到水库安全管理通常担心坝体与基础接触部位的扬压力，这是因为扬压力的增加等于减少了坝体自身的重量，也减少了坝体的抗滑稳定性，因此，混凝土坝渗流压力监测重点是监测坝体和坝基接触部位的扬压力以及绕坝渗流压力。

（一）坝基扬压力监测

混凝土坝坝基扬压力监测的一般要求为：（1）坝基扬压力监测断面应根据坝型、规模、坝基地质条件和渗控措施等进行布置。一般设 1 ～ 2 个纵向监测断面，1、2 级坝的横向监测断面不少于 3 个。（2）纵向监测断面以布置在第一道排水幕线上为宜，每个坝段至少设 1 个测点；坝基地质条件复杂时，测点应适当增加，遇到强透水带或透水性强的大断层时，可在灌浆帷幕和第一道排水幕之间增设测点。（3）横向监测断面通常布置在河床坝段、岸坡坝段、地质条件复杂的坝段以及灌浆帷幕转折的坝段。支墩坝的横向监测断面一般设在支墩底部。每个断面设 3 ～ 4 个测点，地质条件复杂时，可适当加密测点。测点通常布置在排水幕线上，必要时可在灌浆帷幕前布少量测点，当下游有帷幕时，在其上游侧也应布置测点，防渗墙或板桩后也要设置测点。（4）在建基面以下扬压力观测孔的深度不宜大于 1m，深层扬压力观测孔在必要时才设置。扬压力观测孔与排水孔不能够相互替代使用。（5）当坝基浅层存在影响大坝稳定的软弱带时，应增加测点。测压管进水段应埋在软弱带以下 0.5 ～ 1m 的岩体中，并作好软弱带处进水管外围的止水，以防止下层潜水向上渗漏。

（二）坝基扬压力监测布置

坝基扬压力监测布置通常需要考虑坝的类型、高度坝基地质条件和渗流控制工程特点等因素，一般是在靠近坝基的廊道内设测压管进行监测。纵向（坝轴线方向）通常需要布置 1 ～ 2 个监测断面，横向（垂直坝轴线方向）对于 1 级或 2 级坝至少布置 3 个监测断面。

纵向监测最主要的监测断面通常布置在第一排排水帷幕线上，每个坝段设一个测点；若地质条件复杂，测点数应适当增加，遇大断层或强透水带时，在灌浆帷幕和第一道排水幕之间增设测点。

横向监测断面选择在最高坝段、地质条件复杂的谷岸台地坝段及灌浆帷幕转折的坝段。横断面间距一般为 50 ～ 100m。坝体较长、坝体结构和地质条件大体相同，可适当加大横断面间距。横断面上一般设 3 ～ 4 个测点，若地质条件复杂，测点应适当增加。若坝基为透水地基，如砂砾石地基，当采用防渗墙或板桩进行，防渗加固处理时，应在防渗墙或板桩后设测点，从而监测防渗处效果。当有下游帷幕时，应在帷幕的上游侧布置测点。另外也可在帷幕前布置测点，进一步监测帷幕的防渗效果。

坝基若有影响大坝稳定的浅层软弱带，应该增设测点。如采用测压管监测，测压管的进水管段应设在软弱带以下 0.5 ～ 1m 的基岩中，同时应作好软弱带导水管段的止水，防止下层潜水向上渗漏。

二、渗流量监测

当渗流处于稳定状态时，渗流量大小与水头差之间保持固定的关系。当水头差不变而渗流量显著增加或减少时，则意味着渗流出现异常或防渗排水措施失效。因此，渗流量监测对于判断渗流和防渗排水设施是否正常具有重要意义，是渗流监测的重要项目之一。

（一）渗流量监测设计

渗流量监测是渗流监测的重要内容，它直观反映了坝体或其他防渗系统的防渗效果，历史上很多失事的大坝也都是先从渗流量突然增加开始的，因此渗流量监测是非常重要的监测项目。

渗流量设施的布置，可根据坝型和坝基地质条件、渗流水的出流和汇集条件等因素确定。对于土石坝，通常在大坝下游能够汇集渗流水的地方设置集水沟和量水设备，集水沟及量水设备应布置在不受泄水建筑物泄洪影响以及坝面和两岸雨水排泄影响的地方。将坝体、坝基排水设施的渗水集中引至集水沟，在集水沟出口进行观测。也可以分区设置集水沟进行观测，最后汇至总集水沟观测总渗流量。混凝土坝渗流量的监测可在大坝下游设集水沟，而坝体渗水由廊道内的排水沟引到排水井或集水井观测渗流量。

（二）渗流量监测方法

比较常用的渗流量监测方法有容积法、量水堰法和测流速法，可根据渗流量的大小和汇集条件选用。

1. 容积法

适用渗流量小于 3L/s 的渗流监测。具体监测时，可采用容器（如量筒）对一定时间内的渗水总量进行计量，然后除以时间就能得到单位时间的渗流量。如渗流量较大时，也可采用过磅称重的方法，对渗流量进行计量，同样可求出单位时间的渗流量。

2. 量水堰法

适用渗流量 1 ～ 300L/s 时的渗流监测。用水尺量测堰前水位，根据堰顶高程计算出堰上水头再由〃按量水堰流量公式计算渗流量。量水堰按断面可分为直角三角形堰、梯形堰、矩形堰三种。

3. 测流速法

适用流最大于 300L/S 时的渗流监测。将渗流水引入排水沟，只要测量排水沟内的平均流速就能得到渗流量。

三、绕坝渗流监测

当大坝坝肩岩体的节理裂隙发育，或存在透水性强的断层、岩溶和堆积层时，会产生较大的绕坝渗流。绕坝渗流不公影响坝肩岩体的稳定，而且对坝体和坝基的渗流状况也会产生不利影响。因此，对绕坝渗流进行监测是十分必要的。

第十一章 水利工程建设项目施工及环境安全管理

施工现场是施工生产因素的集中点，主要由多工种立体作业。因此，施工现场属于事故多发的作业现场。控制人的不安全行为和物的不安全状态，是施工现场安全管理的重点，也是预防与避免伤害事故，保证生产处于最佳安全状态根本环节。

第一节 施工安全管理

一、施工安全管理的概念

施工安全管理是指在项目施工的全过程中，通过法规、技术和组织等手段，消除或减少不安全因素。为了保障直接从事施工操作的人的安全，必须强化动态中的安全管理活动。其中，施工安全管理主要有以下几点：①贯彻落实国家安全生产法规，落实“安全第一，预防为主”的安全生产方针；②对职工伤亡及生产过程中各类事故进行调查、处理和上报；③制定并落实各级安全生产责任制；④积极采取各种安全工程技术措施，进行综合治理，使企业的生产机械设备和设施达到本质化安全的要求；⑤推动安全生产目标管理，推广和应用现代化安全管理技术与方法，深化企业的安全管理。

二、施工安全管理的特点

（一）安全管理的复杂性

水利工程施工具有项目固定性、生产流动性、外部环境影响不确定性，这些决定了施工安全管理的复杂性。其中，生产流动性主要指生产要素的流动性，它是指生产过程中人员、工具以及设备的流动，主要表现在以下几个方面：①同一工序不同工程部位之间的流动；②同一工地不同工序之间的流动；③同一工程部位不同时间段之间的流动；④施工企业向新建项目迁移的流动。

外部环境对施工安全影响因素很多，主要表现在：露天作业多；气候变化大；地质条件变化；地形条件影响；地域和人员交流障碍影响。这些生产因素和环境因素的影响使施工安全管理变得复杂，考虑不周会出现安全问题。

（二）安全管理的多样性

受客观因素影响，水利工程项目具有多样性的特点，建筑产品的单件性使得施工作业要根据特定条件和要求进行，安全管理也就具有了多样性的特点，表现在以下几个方面：①不能按相同的图纸、工艺和设备进行批量重复生产；②因项目需要设置组织机构，项目结束后组织机构随即不存在，生产经营的一次性特征突出；③新技术、新工艺、新设备、新材料的应用给安全管理带来新的难题；④人员的改变、安全意识、经验不同带来安全隐患。

（三）安全管理的强制性

由于建设工程市场的竞争，工程标价往往会被压低，造成施工单位不按有关规定组织生产，减少安全管理费用投入，不安全因素增加。同时，施工作业人员文化素质低，并处在动态调整的不稳定状态中，给施工现场的安全管理带来很多不利因素。因此要求建设单位和施工单位重视安全管理经费的投入，达到安全管理的要求，政府也要加大对安全生产的监管力度。

三、施工安全控制

安全管理重在控制，重点控制人的不安全行为以及物的不安全状态及环境的不安全因素。

（一）安全控制的概念

安全生产是指施工企业使生产过程避免人身伤害、设备损害及其不可接受的损害风险的状态。安全控制是指企业通过对安全生产过程中涉及的计划、组织、监控、调节和改进等一系列致力于满足施工安全措施所进行的管理活动。不可接受的损害风险通常是指超出了法律、法规和规章的要求，超出了人们普遍接受要求的风险。安全与否是一个相对的概念，要根据风险接受程度来判断。

（二）安全控制的方针与目标

1. 安全控制的方针

安全控制的方针是“安全第一，预防为主”。安全第一是指把人身安全放在第一位，生产必须保证人身安全，充分体现以人为本的理念。

2. 安全控制的目标

安全控制的目标是减少和消除生产过程中的事故，保证人员健康安全，避免财产损失。安全控制目标具体包括：①减少和消除人的不安全行为的目标；②减少和消除设备、材料不安全状态的目标；③改善生产环境和保护自然环境的目标。

（三）施工安全控制的特点

1. 安全控制面大

由于建设规模大、生产工序多、工艺复杂，水利工程生产过程中不确定因素多，安全控制涉及范围广、控制面广。

2. 安全控制的动态性

水利枢纽工程由许多单项工程所组成，使得生产建设所处的条件不同，施工作业人员进驻不同的工地，面对不同的环境，需要时间去熟悉，对工作制度和安全措施进行调整。

由于工程建设项目的分散性，现场施工分散于不同空间部位，作业人员面对具体的生产环境，除需熟悉各种安全规章制度和安全技术措施外，还要作出自己的判断和处理，即使有经验的人员也必须适应不断变化的新问题、新情况。

3. 安全控制体系的交叉性

工程项目的建设是一个开放系统，受自然环境和社会环境的影响，因此施工安全控制必然与工程系统、环境系统和社会系统密切联系、交叉影响，建立以及运行安全控制体系要与各相关关系统结合起来。

4. 安全控制的严谨性

安全事故的出现是随机的，偶然中存在必然性，一旦发生，就会造成伤害和损失。因此，预防措施必须严谨，如有疏漏就可能发展到失控，酿成事故。

（四）施工安全控制程序

1. 确定项目的安全目标

按目标管理的方法，将安全目标在以项目经理为首的项目管理系统内进行分解，从而确定每个岗位的安全目标，实现全员安全控制。

2. 编制项目安全技术措施计划

采取技术手段加以控制和消除生产过程中的不安全因素，是作为工程项目安全控制的指导性文件，落实预防为主的方针。

3. 项目安全技术措施计划的落实和实施

项目安全技术措施包括建立健全安全生产责任制、设置安全生产设施，安全检查、事故处理、安全信息的沟通和交流等，使生产作业的安全状况处于可以控制状态。

4. 项目安全技术措施计划的验证

项目安全技术措施计划的验证包括安全检查、纠正不符合因素、检查安全记录、安全技术措施修改与再验证。

5. 持续改进

根据项目安全技术措施计划的验证结果，不断对项目安全技术措施计划进行修改、补充及完善，直到工程项目全面工作完成为止。

四、施工现场安全要求

（一）排水施工

土方开挖应注重边坡和坑槽开挖的施工排水。坡面开挖时，应根据土质情况，间隔一定高度设置戗台，并在坡脚设置护脚和排水沟。石方开挖工区施工排水应合理布置，应符合以下要求：

①一般建筑物基坑（槽）的排水，采用明沟或明沟与集水井排水时，每隔30～40 m设一个集水井，集水井应低于排水沟至少1 m左右，井壁应做临时加固措施；②大面积施工场区排水时，应在场区适当位置布置纵向深沟作为干沟，干沟沟底应大于基坑1～2 m，使四周边沟、支沟与干沟连通将水排出；③岸坡或基坑开挖应设置截水沟，截水沟距离坡顶安全距离不小于5 m；明沟距道路边坡距离应不小于1 m；④工作面积水、渗水的排水，应设置临时集水坑，集水坑面积宜为2～3 m2，深1～2 m，并安装移动式水泵排水；⑤边坡工程排水设施，应该遵守下列规定：a. 周边截水沟，一般应在开挖前完成，截水沟深度及底宽不宜小于0.5 m，沟底纵坡不宜小于0.5%；长度超过500 m时，宜设置纵排水沟、跌水或急流槽；b. 急流槽与跌水，急流槽的纵坡不宜超过1 ∶ 1.5；急流槽过长时宜分段，每段不宜超过10 m；土质急流槽纵度较大时，应设多级跌水；c. 边坡排水孔宜在边坡喷护之后施工，坡面上的排水孔宜上倾10%左右，孔深3～10 m，排水管宜采用塑料花管；d. 采用渗沟排除地下水时，渗沟顶部宜设封闭层。渗沟施工应边开挖、边支撑、边回填，开挖深度超过6 m时，应采用框架支撑。渗沟每隔30～50 m或平面转折和坡度由陡变缓处宜设检查井。

（二）施工用电要求

在建工程（含脚手架）的外侧边缘和外电架空线路的边线之间应保持安全操作距离。

（三）高处作业的标准与防护措施

1. 高处作业的标准

凡超过高度基准面2 m和2 m以上，都有可能发生坠落的高处作业。高处作业的级别：高度在2～5 m时，称为一级高处作业；高度在5～15 m时，称为二级高处作业；高度在15～30 m时，称为三级高处作业；高度在30 m以上时，称为特级高处作业。

2. 安全防护措施

高处作业前，应检查排架、脚手板、通道、梯子以及防护设施，符合安全要求方可作业。若高处作业下方或附近有煤气、烟尘及其他有害气体，应采取排除或隔离等措施，否则不得施工。高处作业使用的脚手架平台，应铺设固定脚手板，临空边缘应设高度不低于1.2 m的防护栏杆。

（四）施工安全的收尾管理

项目收尾管理的内容，是指项目收尾阶段的各项工作内容，主要包括竣工收尾、竣工结算、竣工决算、回访保修和考核评价等方面的管理工作。

从宏观上看，工程项目竣工验收是全面考核项目建设结果，检验项目决策、设计、施工、设备制造、管理水平，总结工程项目建设经验的重要环节。工程项目竣工验收、交付使用，是项目生命期的最后一个阶段，也是工程项目从实施到投入运行使用的衔接转换阶段。

五、施工安全管理体系

（一）建立安全管理体系的作用

安全管理体系不同于安全卫生标准，它对企业环境的安全卫生状态规定了具体的要求和限定，使所有劳动者获得安全与健康，是社会公正、安全、文明、健康发展的基本标志，也是保持社会安定团结以及经济可持续发展的重要条件。通过科学管理应使工作环境符合安全卫生标准的要求，安全管理体系是项目管理体系中的一个子系统，其循环也是整个管理系统循环的一个子系统。

（二）建立安全管理体系的要求

1. 安全管理体系原则

安全生产管理体系应符合建筑企业和本工程项目施工生产管理现状及特点。建立安全管理体系并形成文件，是企业制定的各类安全管理的标准。

2. 安全生产策划

安全生产策划针对工程项目的规模、结构、环境、技术含量、施工风险和资源配置等因素进行策划。在配置上，必须确定控制和检查手段，确定危险部位和过程，对风险大和专业性较强的工程项目进行安全论证。同时确定整个施工过程中应执行的文件、规范，无论是在冬季、雨季还是在夜间都要采取相适应的安全技术措施，并得到有关部门的批准。

（三）安全生产保证体系

1. 安全保证体系

项目部成立以项目经理为首的安全领导小组，安全管理部门负责人全面负责安全工作，下设专职安全员和兼职安全员。

2. 安全生产目标

安全生产的目标是：杜绝因工死亡事故，不发生重大施工、交通和火灾事故，力争实现零事故。

3. 安全人员及职责范围

项目经理为施工安全第一责任人，下设以项目经理为组长，成员以安全管理部门负责人为主。安全管理部门负责人为施工安全的重要责任人，负责施工实施安全规章和落实全面的安保工作，检查施工现场的安全隐患。同时，安全人员要制定安全生产管理的措施及方法，把各部分工程、各工序的安全检查都能落实，把安全隐患消除在萌芽状态。

第二节　环境安全管理

一、施工现场环境保护的意义

根据《环境管理体系要求及使用指南》，环境管理体系的基本内容由 5 个一级要素和 17 个二级要素构成。

（1）保护和改善施工环境是保证人们身体健康和社会文明的需要采取专项措施防止粉尘、噪声和水源污染，保护好作业现场及其周围的环境是保证职工和相关人员身体健康、体现社会总体文明的一项利国利民的重要工作。

（2）保护和改善施工现场环境是消除外部干扰和保护施工顺利进行的需要随着人们的法制观念和自我保护意识的增强，尤其对距离当地居民或公路等较近的项目，施工扰民和影响交通的问题比较突出，项目经理部应针对具体情况及时采取防治措施，减少对环境的污染和对他人的干扰，这也是施工生产顺利进行的基本条件。

（3）保护和改善施工环境是现代化大生产的客观要求

现代化施工广泛应用新设备、新技术、新的生产工艺，对环境质量的要求很高，如果粉尘、振动超标就可能损坏设备、影响功能发挥，使设备难以发挥作用。

（4）节约能源、保护人类生存环境、保证社会和企业可持续发展的需要人类社会即将面临环境污染危机的挑战。为了保护子孙后代赖以生存的环境，每个公民和企业都有责任和义务保护环境。良好的环境和生存条件也是企业发展的基础和动力。

二、施工现场的噪音控制

（一）施工现场噪声的控制措施

噪声控制技术可以从声源、传播途径、接收者防护等方面来考虑。

1. 从噪声产生的声源上控制

①尽量采用低噪声设备和工艺代替高噪声设备与工艺，如低噪声振捣器、风机、电机空压机、电锯等；②在声源处安装消声器消声，即在通风机、压缩机、燃气机、内燃机及各类排气放空装置等进出风管的适当位置设置消声器。

2. 从噪声传播的途径上控制

在传播途径上控制噪声的方法主要有以下几种：①吸声。利用吸声材料或由吸声结构形成的共振结构吸收声能，降低噪声；②隔声。应该用隔声结构，将接收者与噪声声源分隔；③消声。利用消声器阻止传播，允许气流通过消声器降噪是防治空气动力性噪声的主要装置；④减振降噪。通过降低机械振动减小噪声，改变振动源与其他刚性结构的连接方式等。

3. 对接收者的防护

让处于噪声环境下的人员使用耳塞、耳罩等防护用品，避免轻噪声对人体的危害。

4. 控制强噪声作业的时间

凡在人口稠密区进行强噪声作业时，须严格控制作业时间，一般晚 10 点到次日早 6 点之间停止强噪声作业。确系特殊情况必须昼夜施工时，尽量采取降低噪声的措施，并出安民告示，求得群众谅解。

5. 严格选用符合国家环保标准的施工机具

对工程施工中需要使用的运输车辆以及打桩机、混凝土振捣棒等施工机械提前进行噪声监测，直至达到要求为止。加强机械设备的日常维护以及保养，降低施工噪声对周边环境的影响。

（二）施工现场噪声的控制标准

根据国家标准《建筑施工场界噪声限值》的要求，对不同施工作业的噪声限值如表 11-1 所列。在距离村庄较近的工程施工中，要特别注意噪声尽量不得超过国家标准的限值，尤其是夜间工作时。

表 11-1 不同施工阶段作业噪音限值

单位：dB/#

施工阶段	主要噪声源	噪声限制	
		昼间	夜间
土石方	推土机、挖掘机、装载机等	75	75
打桩	各种打桩机	85	禁止施工
结构	混凝土、振捣棒、电锯等	70	55
装修	吊车、升降机等	62	55

三、施工现场环境保护措施

（一）建立环境保护体系

施工企业在施工过程中要认真的贯彻落实国家有关环境保护的法律、法规和规章，做好施工区域的环境保护工作。质量安全部全面负责施工区及生活区的环境监测和保护工作，定期对本单位的环境事项及环境参数进行监测，最大限度地减少施工活动给周围环境造成的不利影响。

工程开工前，施工单位要编制详细的施工区和生活区的环境保护措施计划，根据具体的施工计划制定与工程同步的防止施工环境污染的措施，认真的做好施工区和生活营地的环境保护工作，防止工程施工造成施工区附近地区的环境污染和破坏。

（二）保护空气质量

①减少开挖过程中产生大气污染的措施。工程开挖施工中，岩石层尽量采用凿裂法施工。其次，钻孔和爆破过程中尽量减少粉尘污染。最后，凿裂和钻孔施工尽量采用湿法作业，减少粉尘，保护空气质量。

②水泥、粉煤灰的防泄漏措施。在水泥、粉煤灰运输装卸过程中，保持良好的密封状态，所有出口配置袋式过滤器，并定期对其密封性能进行检查和维修。

③混凝土拌和系统防尘措施。混凝土拌和楼安装除尘器，在拌和搂生产过程中，除尘设施同时运转使用。

④机械车辆使用过程中，加强维修以及保养，使用0#柴油和无铅汽油等优质燃料，防止汽油、柴油、机油的泄露，减少有毒、有害气体的排放量。

⑤场内施工道路保持路面平整、排水畅通，并经常检查、维护及保养。晴天洒水除尘，道路每天洒水不少于 4 次，施工现场不少于 2 次。

（三）加强水质保护

在施工过程中，应加强水质的保护，包括砂石料加工系统生产废水、机修含油废水等，做到废水回用零排放。在沉淀池后设置调节池及抽水泵、排水沟、沉沙池，减少泥沙和废渣进入江河。同时，施工机械、车辆定时集中清洗，清洗水经集水池沉淀处理后再向外排放。另外，每月对排放的污水进行监测，发现排放污水超标，或排污造成水域功能受到实质性影响，立即采取必要治理措施进行纠正处理。

（四）固体废弃物处理

根据《中华人民共和国固体废物污染环境防治法》，固体废弃物应按设计和合同文件要求送至指定弃渣场。要采取工程保护措施，避免渣场边坡失稳和弃渣流失。完善渣场地表给排水规划措施，确保开挖的渣场边坡稳定，防止因任意倒放弃渣而降低河道的泄洪能力。施工后期对渣场坡面和顶面进行整治，使场地平顺，利于复耕或覆土绿化。

同时，保持施工区和生活区的环境卫生，在施工区和生活营地设置足够数量的临时垃圾贮存设施，遇有含铅、铭、神、汞、氤、硫、铜、病原体等有害成分的废渣，要报请当地环保部门批准，在环保人员指导下进行处理。

（五）文物保护

施工过程前，应对全体员工进行文物保护教育，提高保护文物的意识和初步识别文物的能力。在发现文物（或疑为文物）时，立即停止施工，采取合理保护措施，防止移动或破坏，同时将情况立即通知业主和文物主管部门，执行文物管理部门关于处

理文物的指示。

施工工地的环境保护不仅仅是施工企业的责任，同时也需要业主大力支持。在施工组织设计和工程造价中，业主要充分考虑到环境保护因素，并在施工过程中进行有效的监督和管理。

参考文献

[1] 王海雷，王力，李忠才．水利工程管理与施工技术 [M]. 北京：九州出版社，2018.

[2] 王东升，徐培蓁，朱亚光．水利水电工程施工安全生产技术 [M]. 徐州：中国矿业大学出版社，2018.

[3] 薛桦．水利水电工程施工技术 [M]. 郑州：黄河水利出版社，2018.

[4] 高占祥．水利水电工程施工项目管理 [M]. 南昌：江西科学技术出版社，2018.

[5] 王东升，常宗瑜．水利水电工程机械安全生产技术 [M]. 徐州：中国矿业大学出版社，2018.

[6] 刘勇，高景光，刘福臣．地基与基础工程施工技术 [M]. 郑州: 黄河水利出版社，2018.

[7] 沈凤生．节水供水重大水利工程规划设计技术 [M]. 郑州：黄河水利出版社，2018.

[8] 孙三民，李志刚，邱春．水利工程测量 [M]. 天津：天津科学技术出版社，2018.

[9] 赵永华; 李其海; 王青．水利企事业单位财务管理实务 [M]. 北京: 九州出版社，2018.

[10] 刘伟，马翠玲，王艳丽．土木与工程管理概论 [M]. 郑州：黄河水利出版社，2018.

[11] 王宪军，王亚波，徐永利．土木工程与环境保护 [M]. 北京：九州出版社，2018.

[12] 柯龙，刘成，黄丽平．土木工程概论 [M]. 成都：西南交通大学出版社，2018.

[13] 陈萍，程彦博，杨滨．水利工程施工技术 [M]. 延吉：延边大学出版社，2017.

[14] 梁朝军．水利水电工程施工 BIM 技术 [M]. 南京：河海大学出版社，2017.

[15] 丁尔俊，胡翔，冯晓红．现代水利施工技术与工程治理 [M]. 哈尔滨：东北林业大学出版社，2017.

[16] 何俊，韩冬梅，陈文江．水利工程造价 [M]. 武汉：华中科技大学出版社，2017.

[17] 尹红莲，王典鹤，赵旭升．水利水电工程造价与招投标技能训练 第2版 [M]．郑州：黄河水利出版社，2017.

[18] 耿敬，李明伟，张洋．水利枢纽建设三维动态可视化管理 [M]．哈尔滨：哈尔滨工程大学出版社，2017.

[19] 高喜永，段玉洁，于勉．水利工程施工技术与管理 [M]．长春：吉林科学技术出版社，2019.

[20] 牛广伟．水利工程施工技术与管理实践 [M]．北京：现代出版社，2019.

[21] 高明强，曾政，王波．水利水电工程施工技术研究 [M]．延吉：延边大学出版社，2019.

[22] 陈雪艳．水利工程施工与管理以及金属结构全过程技术 [M]．北京：中国大地出版社，2019.

[23] 吴志强，董树果，蒋安亮．水利工程施工技术与水工机械设备维修 [M]．哈尔滨：哈尔滨工业大学出版社，2019.

[24] 周峰，曹光超，宋先锋．水利工程与水电施工技术 [M]．长春：吉林科学技术出版社，2019.

[25] 王东升，徐培蓁．水利水电工程施工安全生产技术 [M]．北京：中国建筑工业出版社，2019.

[26] 贺芳丁，刘荣钊，马成远．水利工程施工设计优化研究 [M]．长春：吉林科学技术出版社，2019.

[27] 程伟．工程质量控制与技术 [M]．郑州：黄河水利出版社，2019.

[28] 袁俊周，郭磊，王春艳．水利水电工程与管理研究 [M]．郑州：黄河水利出版社，2019.

[29] 张云鹏，戚立强．水利工程地基处理 [M]．北京：中国建材工业出版社，2019.

[30] 孙祥鹏，廖华春．大型水利工程建设项目管理系统研究与实践 [M]．郑州：黄河水利出版社，2019.

[31] 张志呈．工程控制爆破 [M]．成都：西南交通大学出版社，2019.

[32] 谢文鹏，苗兴皓，姜旭民．水利工程施工新技术 [M]．北京：中国建材工业出版社，2020.

[33] 闫国新，吴伟．水利工程施工技术 [M]．北京：中国水利水电出版社，2020.

[34] 朱显鸽．水利水电工程施工技术 [M]．郑州：黄河水利出版社，2020.